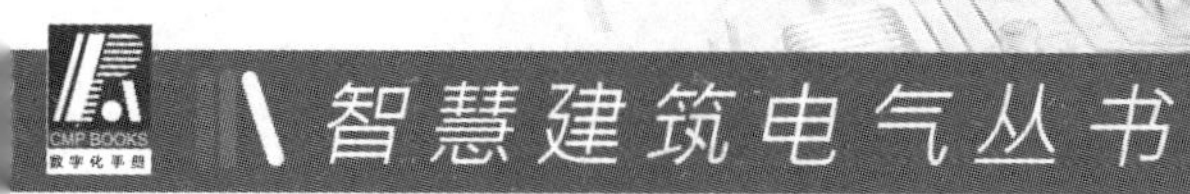

智慧酒店建筑

电气设计手册

中国勘察设计协会电气分会
亚太建设科技信息研究院有限公司
组编

机械工业出版社
CHINA MACHINE PRESS

本书以酒店建筑智能化、绿色节能为主要编写重点，同时兼顾后期运维的便利性，注重实用性。本书内容共分为总则，变配电系统，自备应急电源系统，电力配电系统，照明配电系统，线缆选择及敷设，防雷、接地与安全防护，火灾自动报警及消防控制系统，智能化系统，酒店专用系统，建筑节能系统以及优秀酒店案例共12章。

本书各章内容依据工程建设所需遵循的现行法规、标准和设计深度，并结合电气专业新技术、新产品以及工程经验进行介绍，编写内容系统、精炼，实用性强。

本书内容涉及系统和技术的设计要点和建议、技术前瞻性描述以及对未来趋势的判断，适合供电气设计人员、施工人员、运维人员等相关从业人员参考。

图书在版编目（CIP）数据

智慧酒店建筑电气设计手册/中国勘察设计协会电气分会，亚太建设科技信息研究院有限公司组编．—北京：机械工业出版社，2022.11

（智慧建筑电气丛书）

ISBN 978-7-111-72017-1

Ⅰ.①智… Ⅱ.①中… ②亚… Ⅲ.①饭店－电气设备－建筑设计－手册 Ⅳ.①TU85-62

中国版本图书馆CIP数据核字（2022）第212046号

机械工业出版社（北京市百万庄大街22号 邮政编码100037）
策划编辑：张 晶 责任编辑：张 晶 韩 静
责任校对：肖 琳 王 延 封面设计：魏皓天
责任印制：常天培
北京机工印刷厂有限公司印刷
2023年1月第1版第1次印刷
148mm×210mm · 11.75印张 · 4插页 · 343千字
标准书号：ISBN 978-7-111-72017-1
定价：79.00元

电话服务	网络服务
客服电话：010-88361066	机 工 官 网：www.cmpbook.com
010-88379833	机 工 官 博：weibo.com/cmp1952
010-68326294	金 书 网：www.golden-book.com
封底无防伪标均为盗版	机工教育服务网：www.cmpedu.com

《智慧酒店建筑电气设计手册》编委会

主　编：欧阳东　正高级工程师　国务院特殊津贴专家

会长　中国勘察设计协会电气分会

主任　中国建筑节能协会电气分会

社长　亚太建设科技信息研究院有限公司

副主编：

姓名	职称	职务	单位
陈　莹	正高级工程师	副总工	北京市建筑设计研究院有限公司

主笔人（排名不分先后）：

姓名	职称	职务	单位
许士骅	正高级工程师	主任工	中国建筑设计研究院有限公司
胡　峻	正高级工程师	副总工	中信建筑设计研究总院有限公司建筑科学研究院
魏志刚	高级工程师	副总工	中国建筑西北设计研究院有限公司第二机电设计院
肖　飞	高级工程师	副总工	广州设计院集团有限公司第二建筑设计院
韩占强	正高级工程师	电气总工	中国中建设计集团有限公司
祁汉逸	高级工程师	所长	上海建筑设计研究院有限公司机电二所
孟庆祝	正高级工程师	总工程师	北京国安电气有限责任公司
王希文	高级工程师	主任工	四川省建筑设计研究院有限公司
任宝立	正高级工程师	电气总工	哈尔滨工业大学建筑设计研究院

编写人（排名不分先后）：

姓名	职称	职务	单位
张　争	高级工程师	主任工	北京市建筑设计研究院有限公司
于　征	工程师		中国建筑设计研究院有限公司
刘　闵	正高级工程师	主任工	中信建筑设计研究总院有限公司
景利学	高级工程师	副总工	甘肃省建筑设计研究院有限公司
过仕佳	高级工程师	主任工	华南理工大学建筑设计研究院有限公司
董　艺	正高级工程师	设计总监	北京市建筑设计研究院有限公司三院
高晓明	高级工程师	主任工	上海建筑设计研究院有限公司
魏德福	高级工程师	副总工	北京国安电气有限责任公司
杨　皞	高级工程师	电气总工	中国建筑西南设计研究院有限公司设计十院
王海新	高级工程师	主任工	哈尔滨工业大学建筑设计研究院
熊文文		所长	亚太建设科技信息研究院有限公司
于　娟		主任	亚太建设科技信息研究院有限公司
陆　璐		编辑	亚太建设科技信息研究院有限公司
张红利		中国区战略运营总监	华为技术有限公司
王　昆		服务保障中心主任	中国人民解放军总医院
戴天鹰		产品专家	ABB（中国）有限公司
史　勋	高级工程师	北区经理	伊顿电气（上海）有限公司
王　楚		行业经理	施耐德电气信息技术（中国）有限公司
史文飞		设计经理	昕诺飞（中国）投资有限公司

林湧涛		副院长	广东博智林机器人有限公司智慧建筑研究院
陈锡良	高级工程师	应用经理	施耐德万高（天津）电气设备有限公司
张　谦		执行董事	广州莱明电子科技有限公司
陈　晖		总经理	优势线缆系统（上海）有限公司
付水華	高级工程师	总经理	安士缔（中国）电气设备有限公司
顾宗良	工程师	副总经理	上海大服数据技术有限公司
王志辉	高级工程师	常务副总	广州南洋电缆集团有限公司
费春鸣	工程师	项目经理	上海松江飞繁电子有限公司
吴徐明	主任工程师		华为技术有限公司

审查人（排名不分先后）：

孙成群	正高级工程师	电气总工	北京市建筑设计研究院有限公司
陈众励	正高级工程师	专业总师	上海华建集团股份有限公司
李雪佩	高级工程师	顾问总工	中国标准设计研究院有限公司

前　言

为全面研究和解析智慧酒店建筑的电气设计技术，中国勘察设计协会电气分会联合亚太建设科技信息研究院有限公司，组织编写了“智慧建筑电气丛书”之三《智慧酒店建筑电气设计手册》（以下简称“《酒店设计手册》”），由全国各地在电气设计领域具有丰富一线经验的青年专家组成编委会，由全国知名电气行业专家作为审委，共同就智慧酒店建筑相关政策标准、建筑电气和节能措施和数据分析、设备与新产品应用、酒店典型实例等内容进行了系统性梳理，旨在进一步推广新时代双碳节能建筑电气技术进步，助力智慧酒店建筑建设发展新局面，为业界提供一本实用工具书和实践项目参考。

《酒店设计手册》编写原则为前瞻性、准确性、指导性和可操作性；编写要求为正确全面、有章可循、简单扼要、突出要点、实用性强和创新性强。内容包括总则，变配电系统，自备应急电源系统，电力配电系统，照明配电系统，线缆选择及敷设，防雷、接地与安全防护，火灾自动报警及消防控制系统，智能化系统，酒店专用系统，建筑节能系统、优秀酒店案例共12章。

《酒店设计手册》提出了智慧酒店是根据酒店建筑的标准和用户的需求，统筹土建、机电、装修、场地、运维、管理、工艺等专业，利用互联网、物联网、AI、BIM、GIS、5G、数字孪生、数字融合、系统集成等技术，进行全生命周期的数据分析、互联互通、自主学习、流程再造、运行优化和智慧管理，为客户提供一个低碳环保、节能降耗、绿色健康、高效便利、成本适中、体验舒适的人性化的酒店建筑。

《酒店设计手册》提出了智慧酒店建筑电气十大设计关键点（详见表一）和智慧酒店的十大发展趋势（详见表二）。

表一　智慧酒店建筑电气十大设计关键点

序号	名称	主要内容
1	智慧酒店电气设计原则关键点	智慧酒店的建筑特点、电气系统设计原则、执行的电气标准、设计范围、顾问公司配合界面、智慧酒店的负荷分级、供电电源要求、典型区域用户用电负荷指标、节能变压器等
2	智慧酒店自备应急电源系统设计关键点	智慧酒店的柴发机组、EPS、UPS 的设置原则和设计要点等
3	智慧酒店厨房电气设计关键点	智慧五星级酒店粗加工厨房、中餐厨房、全日餐厨房、特色厨房、西餐出厨房、宴会厨房、行政酒廊备餐、酒吧备餐、职工厨房、冷库等的负荷等级、供电方式、电量预留、事故风机配电方案、照明灯具选择、消防设计等
4	智慧酒店典型区域照明设计关键点	智慧酒店典型区域照明指标要求、国标和酒店管理公司标准的差异及解决办法、各区域照明控制方式、应急照明设计等
5	智慧酒店线缆及母线选型设计关键点	智慧酒店消防与非消防动力照明配电干线和支干线的线缆母线选型原则、火灾自动报警系统的线缆选型原则、厨房锅炉房等特殊场合对电缆敷设的要求、智慧电缆和智能母线的应用等。
6	智慧酒店防雷接地安全系统设计关键点	智慧酒店特殊场所安全防护系统、防雷系统、接地系统的设计要点等
7	智慧酒店消防设计关键点	智慧酒店的消防设计技术，按照国内规范、酒管公司的标准、消防顾问公司要求，进行各消防系统的对比
8	智慧酒店智能化系统设计关键点	智慧酒店的网络结构、AV 系统、安防系统的设计要点等
9	智慧酒店客房控制系统设计关键点	智慧酒店客房系统的功能、主流产品的技术特点、智慧酒店客房的发展趋势、客控系统的设计图表达方式等
10	智慧低碳酒店电气节能设计关键点	智慧酒店的能耗特点分析、低碳酒店的节能措施、节能新产品及新技术的应用等

表二　智慧酒店的十大发展趋势

序号	名称	主要内容
1	智慧酒店配电系统智慧化创新技术	着眼于“低碳、高效、安全、智能”是数字经济发展的必然趋势，智能配电系统整合中低压电气技术与物联网技术，实现酒店中低压配电资产一站式数字化运营，开辟了管理提升、技术提升、业务价值提升的新局面
2	智慧酒店电气产品/系统智慧化创新技术	UPS智慧电池安全预警系统、智能双电源自动转换开关在线监控系统、智慧消防配电柜、智慧三箱/终端能效管理系统、智慧电缆安全预警系统、母线槽智能测控系统、SPD智能监测系统等技术的应用为智慧酒店提供高品质、高可靠性的供配电系统
3	智慧酒店客房管理系统智慧化创新技术	无线物联网智慧客控系统技术的应用，取代传统RCU架构模式，设备末端自带无线模块，实现底层网络无线自由组网，减少中间架构的系统配置，降低运维难度和成本
4	智慧酒店生命安全系统智慧化创新技术	利用消防设施物联网技术手段把消防设施与互联网相连接进行信息交换，实现将物理实体和虚拟世界的信息进行交换处理并做出反应，提升酒店生命安全系统的智能管理水平
5	智慧酒店综合能源管理系统智慧化创新技术	综合智慧能源管理系统是运用面向服务的设计理念，以先进的现场终端数据采集、传感技术为基础，结合网络通信技术、云平台而提出的以配电为核心，汇集各类基础设施重要设备在线监测、预警、分析及远程运营维护于一体的综合型解决方案
6	智慧酒店低碳化节能创新技术	通过可再生能源整体技术解决方案，实现酒店低碳环保、节能减排的运营目标
7	智慧酒店智慧运维平台创新技术	结合BIM三维可视化应用，建设智慧集成管理平台，实现三维可视化运维管理、移动终端运维管理、全过程数字化运维管理。通过最顶层的平台搭建，重新定义智慧酒店的管理，集成各子系统，在同一平台进行呈现和操作，赋予智慧酒店全生命周期管理的概念，提升酒店品牌价值
8	智慧酒店智慧营销服务创新技术	利用互联网大数据分析技术，更快地感知和获取客户需求，进行精准地分析整合，建立客人数据档案，发现新的营销机会，改善客户服务，协调酒店核心基础功能，定制个性化的特色服务，优化客人入驻酒店的交互体验，提高酒店竞争优势

（续）

序号	名称	主要内容
9	智慧酒店智慧体验创新技术	从客人APP自行办理入住及退房、客房智慧导航 、人脸识别开房门、机器人提供人工智能服务到信息终端智慧体验，即客人通过手机APP或ipad控制房间内各种硬件设施，支持音视频点播、游戏、订餐、订车、订票、洗衣等，为客人提供全过程的智慧体验
10	智慧酒店智慧运营管理创新技术	利用互联网、物联网、人工智能、可视化技术、控制技术等新技术，为客户提供舒适、安全、高效的酒店环境；解析酒店运营中的各类经营数据，精准控制房价，提高酒店经营收入；统一管理资产和用品变动等资产信息，合理调配酒店资源，实现酒店资源利用最大化，提升运营效率

《酒店设计手册》力求为政府相关部门、建设单位、设计单位、研究单位、施工单位、产品生产单位、运营单位及相关从业者提供准确全面、可引用、能决策的数据和工程案例信息，也为创新技术的推广应用提供途径，适用于电气设计人员、施工人员、运维人员等相关从业人员进行建筑电气设计及研究参考。

在本书编写的过程中，得到了电气分会的企业常务理事和理事单位的大力支持。对ABB（中国）有限公司、施耐德万高（天津）电气设备有限公司、施耐德电气信息技术（中国）有限公司、伊顿电气（上海）有限公司、昕诺飞（中国）投资有限公司、广东博智林机器人有限公司、广州莱明电子科技有限公司、优势线缆系统（上海）有限公司、安士缔（中国）电气设备有限公司、上海大服数据技术有限公司、广州南洋电缆集团有限公司、上海松江飞繁电子有限公司等企业给予的大力帮助，表示衷心的感谢。

由于本书编写均是业余时间完成，编写周期紧迫，技术水平所限，有些技术问题是目前的热点、难点和疑点，争议很大，答案是相对正确的，仅供参考，有不妥之处，敬请批评指正。

中国勘察设计协会电气分会　会长
中国建筑节能协会电气分会　主任
亚太建设科技信息研究院有限公司　社长

2022年3月5日

目　录

第1章　总　　则

1.1　总体概述

1.1.1　酒店的定义

1. 酒店的定义

酒店，又称旅馆、旅社、宾馆、度假村等。酒店一词是舶来品，起源于西方。在我国，现行的《旅馆建筑设计规范》（JGJ 62—2014）中，将“旅馆”解释为“通常由客房部分、公共部分、辅助部分组成，为客人提供住宿及餐饮、会议、健身和娱乐等全部或部分服务的公共建筑”。[1]服务性和公共性是酒店建筑的重要特征，也是不同类型酒店的区别所在。由于酒店不再是单一地提供住宿，而是通过提供多样而全面的服务，使酒店建筑体现了公共生活的社会属性，为人们的业余生活提供了不同的选择。

2. 智慧酒店的定义

智慧酒店，依托于智能建筑、智能楼宇等技术的飞速发展。随着计算机及互联网技术的发展，在20世纪七八十年代，美国、日本和欧洲等国家和地区相继提出智慧大厦的概念，将智能技术融入酒店运营与管理，将个人喜好通过智慧系统设置为服务模式应用于酒店，从而实现酒店高效、节能、舒适的客户体验。在2012年5月由北京市旅游发展委员会颁布的《北京智慧酒店建设规范（试行）》里，对智慧酒店解释为：运用物联网、云计算、移动互联网、信息智能终端等新一代信息技术，通过酒店内各类旅游信息的自动感知、及时传送和数据挖掘分析，实现酒店“食、住、行、游、购、娱”旅游六大要素的电子化、信息化和智能化，最终为宾客提供舒适、便捷的体验和服务。这是我国第一次明确提出智慧酒店的定义，将物联网等先进网络技术与酒店的运营、管理以及服务相结合，形成酒店独有的一套智慧体系。[2]它是以满足用户个性化需求为前提，提升服务品质，实现酒店效能最大化。这是一场技术与管理相结合的管理变革，也是一场技术与服务相融合的高端设计。依托各类智能技术和智慧平台，酒店在节能降耗运营的同时，实现减员增效，提高盈利收入，增强客户体验，真正实现让科技服务于客户。

1.1.2　酒店的分类

酒店一般依据建筑规模、用途、建筑风格、地理位置、经营管理方式等进行分类。

1. 按酒店建筑规模划分

按酒店建筑规模可分为小型酒店建筑（面积小于5000m^2）、中型酒店建筑（面积大于5000m^2 且小于20000m^2）以及大型酒店建筑（面积大于20000m^2）。

2. 按酒店星级划分

按酒店星级可分为一星级、二星级、三星级、四星级、五星级（含白金五星级）。

3. 按酒店用途划分

按酒店用途可分为商务型酒店、度假型酒店、会议会展型酒店、公寓型酒店、政务接待酒店等。

4. 按酒店的建筑风格划分

按酒店的建筑风格可分为主题酒店、精品酒店、庭院酒店、设计酒店等。

5. 按酒店的地理位置划分

按酒店的地理位置可分为汽车站酒店、火车站酒店、机场酒店、邮船酒店以及码头酒店等。

6. 按酒店经营管理方式划分

按酒店经营管理方式可分为单体酒店、家族经营的非上市酒店、连锁酒店、集团品牌酒店等。

民宿是一种提供有限服务，主要以客房服务为主的小型酒店类型。国家旅游局发布了《旅游民宿基本要求与评价》，明确规定了民宿行业标准，规定了旅游民宿的定义、评价原则、基本要求、管理规范和等级划分条件。《旅游民宿基本要求与评价》（LB/T 065—2019）于2019年7月3日起实施。在此标准中，对旅游民宿（homestay inn）是这样定义的：利用当地民居等相关闲置资源，经营用客房不超过4层、建筑面积不超过800m^2，主人参与接待，为游客提供体验当地自然、文化与生产生活方式的小型住宿设施。

1.1.3 酒店的等级

1. 国内酒店的分级

《旅馆建筑设计规范》（JGJ 62—2014）中，将旅馆建筑由低至高划分为一、二、三、四、五级5个建筑等级，建筑等级的内容涉及使用功能、建筑标准、设备设施等硬件要求。

目前在国际上比较认可和通用的是，按照旅馆的建筑规模、设备条件、服务及管理水平等形成的五星等级划分标准。我国的酒店分级是根据政府制定的标准进行评定的。国家旅游局依据《旅游饭店星级的划分与评定》（GB/T 14308—2010）中的评级标准，用星的颜色和数量，来表明酒店等级。该标准从酒店的建筑规模、硬件设施、服务项目及水平、运营管理质量、消防安全、绿色环保以及突发事件应急处置能力等方面综合评定，逐项评级打分。星级越高，酒店的综合能力越全面，则显示酒店的级别越高。一星级、二星级、三星级酒店能够提供的服务是单一或有限的，酒店的住宿设施与服务是评定该类星级酒店时的重点内容；四星级和五星级（含白金五星级）酒店所能提供的服务是全面的和多样化的，该类酒店评星定级的主要内容则是对酒店整体综合能力的全面核定。我国酒店评级标准的设立，规范了酒店行业标准，提高了酒店运营的专业性，使酒店的服务全面且流畅，让酒店多样化以及个性化，为国内酒店与国际接轨打开局面。

特别要说明的是，旅馆的建筑等级虽与旅游饭店星级在硬件设施上有部分关联，但它们之间并没有直接对应关系，旅游饭店星级是通过旅馆的硬件设施和软件服务分项得分综合而评定的。

2. 国际酒店的分级

目前，国际酒店行业评级体系主要分为3类：政府、协会和第三方组织。以中国、意大利、英国、埃及等为代表的国家，出于行业管理的要求，采用了由政府主导的酒店分级形式。由政府出台相关法规或标准，对国内酒店按不同分级标准进行管控。以德国、瑞士、法国、奥地利等为主的欧洲国家，成立了“酒店星级联盟”，该联盟出台实施了欧洲酒店行业的质量评价体系以及酒店分级标准，便于行业的自我管理和约束。而美国则采用第三方组织对酒店进行评价定级，主要有两个组织：其一是美国汽车协会（American automobile association），以“钻石”数量将酒店分级；另一个是前身为美孚石油公司的福布斯杂志，以“星级”数量对酒店分级。虽然各国的酒店分级体系略有不同，但大都从硬件设施、运营管理以及服务水平等方面的不同标准出发，给予不同数量的“星”或“钻石”。酒店评级体系基本遵循了“星”“钻石”数量越多，酒店的等级和档次就越高的原则。全球酒店评级体系的相近，增强了酒店的核心竞争力，促进了集团化品牌的快速成长，为全球酒店行业蓬勃发展打下了坚实基础。

1.2 设计规范标准

1.2.1 设计通用标准及行业规范

1. 通用标准

包括但不限于下列设计标准及规范：

《民用建筑电气设计标准》GB 51348—2019

《民用建筑设计统一标准》GB 50352—2019

《低压配电设计规范》GB 50054—2011

《供配电系统设计规范》GB 50052—2009

《20kV及以下变电所设计规范》GB 50053—2013

《3~110kV高压配电装置设计规范》GB 50060—2008

《建筑电气工程电磁兼容技术规范》GB 51204—2016

《旅馆建筑设计规范》JGJ 62—2014
《并联电容器装置设计规范》GB 50227—2017
《城市夜景照明设计规范》JGJ/T 163—2008
《建筑照明设计标准》GB 50034—2013
《消防应急照明和疏散指示系统技术标准》GB 51309—2018
《建筑物防雷设计规范》GB 50057—2010
《建筑物电子信息系统防雷技术规范》GB 50343—2012
《建筑物防雷工程施工与质量验收规范》GB 50601—2010
《建筑电气工程施工质量验收规范》GB 50303—2015
《智能建筑设计标准》GB 50314—2015
《智能建筑工程施工规范》GB 50606—2010
《安全防范工程技术标准》GB 50348—2018
《入侵报警系统工程设计规范》GB 50394—2007
《视频安防监控系统工程设计规范》GB 50395—2007
《出入口控制系统工程设计规范》GB 50396—2007
《数据中心设计规范》GB 50174—2017
《数据中心基础设施施工及验收规范》GB 50462—2015
《公共广播系统工程技术标准》GB/T 50526—2021
《厅堂扩声系统设计规范》GB 50371—2006
《红外线同声传译系统工程技术规范》GB 50524—2010
《有线电视网络工程设计标准》GB/T 50200—2018
《民用闭路监视电视系统工程技术规范》GB 50198—2011
《视频显示系统工程技术规范》GB 50464—2008
《视频显示系统工程测量规范》GB/T 50525—2010
《综合布线系统工程设计规范》GB 50311—2016
《通信管道与通道工程设计标准》GB 50373—2019
《建筑设计防火规范》GB 50016—2014（2018 年版）
《汽车库、修车库、停车场设计防火规范》GB 50067—2014
《火灾自动报警系统设计规范》GB 50116—2013
《火灾自动报警系统施工及验收标准》GB 50166—2019
《消防控制室通用技术要求》GB 25506—2010
《公共建筑节能设计标准》GB 50189—2015

《节能建筑评价标准》GB/T 50668—2011

《绿色建筑评价标准》GB/T 50378—2019

《民用建筑绿色设计规范》JGJ/T 229—2010

《建筑机电工程抗震设计规范》GB 50981—2014

《无障碍设计规范》GB 50763—2012

《绿色饭店建筑评价标准》GB/T 51165—2016

《建筑与市政工程抗震通用规范》GB 55002—2021

《建筑节能与可再生能源利用通用规范》GB 55015—2021

《建筑环境通用规范》GB 55016—2021

《建筑与市政工程无障碍通用规范》GB 55019—2021

《既有建筑维护与改造通用规范》GB 55022—2021

《宿舍、旅馆建筑项目规范》GB 55025—2022

《建筑电气与智能化通用规范》GB 55024—2022

2. 行业主要法律法规

《绿色旅游饭店》LB/T 007—2015

《住宿业卫生规范》卫生部、商务部颁布

《中华人民共和国消防法》（2008 年修订）全国人民代表大会常务委员会颁布

《中国旅游饭店行业规范》（2009 年修订）中国旅游饭店业协会颁布

《商品房屋租赁管理办法》（2010 年修订）住房和城乡建设部颁布

《中国饭店管理公司运营规范（试行）》中国旅游饭店业协会颁布

《旅馆业治安管理办法》（2022 年修订）国务院颁布

《中华人民共和国消费者权益保护法》全国人民代表大会常务委员会颁布

《中华人民共和国食品安全法》全国人民代表大会常务委员会颁布

《公共场所卫生管理条例》（2016 年修订）国务院颁布

《旅馆业治安管理条例（征求意见稿）》公安部颁布

《食品经营许可管理办法》（2017 年修订）国家食品药品监督

管理总局颁布

《公共场所卫生管理条例实施细则》（2017 年修订）国家卫生和计划生育委员会颁布

1.2.2 酒店管理公司技术标准

国际化、集团化酒店品牌的出现，不仅提高了酒店的竞争力，也促进了酒店规范化、标准化的产业形态的形成。

1. 品牌设计与建造标准

品牌是酒店集团的一种无形资产。品牌包含了酒店集团的服务理念、企业文化，代表了酒店的经营特点、服务功能与质量，以及有特色的文化氛围，在客户心中形成了具体的品牌形象。酒店集团一般采用定位不同客户群、选用不同建造标准、制定不同品牌，进而全面掌控市场的经营策略。酒店多将以人为本作为原则导向，引进先进的智慧系统设施、提供管家式的服务品质，采用标准化的后勤管理体系，形成一套完整的酒店经营与服务的生命体系，达到酒店品牌的可持续发展的最终目标。

2. 工程设计标准

酒店品牌的建造标准和运营原则等技术要求形成了各酒店集团的《管理技术标准》。该标准的编制吸收了管理公司的知识和经验，内容包括建筑设计、酒店业标准以及市场的最新趋势。一般包括品牌介绍、基础硬件设施、内部装饰、机电安装设计要求、智慧系统等内容。通过这些材料，业主就可以了解哪些选项是必需的，哪些是可选择的，形成量化概念，并对品牌有了充分的认知；设计人员以此为依据，在设计过程中，既要满足国家相关规范和标准，同时也要满足管理公司技术标准的需要。

3. 酒店运营手册

酒店运营是依照一定原则、制度和方法，协调和组织酒店的各项物质资料，帮助酒店经营活动顺利进行的活动过程。管理公司的终极目标是用最少的支持费用，让所有酒店的运行在客人的眼中保持一致性。在酒店管理过程中，销售和餐饮系统，通过电子日记可以从酒店的任何一台计算机上查询是否有空房或商务活动场所，让酒店不再需要记录本而实时掌握现场数据；资产管理系统可以轻松统计酒店的软硬件库存，提高效率，节省时间和金钱。依托强大的智慧系统，以最少的劳动支出取得最大的经济效益，让酒店的运营更加高效、环保、绿色、节能。

4. 总部所在地相关标准及组织

在酒店的建造过程中，除了要遵守建造地的规范和标准外，还应遵守酒店品牌集团所在地的相关标准，包括但不限于，主要有：

NFPA（National Fire Protection Association）美国消防协会

IBC（International Building Code）国际建筑规范

ISO（International Organization for Standardization）国际标准化组织

NEC（National Electrical Code）美国国家电气法规

IEEE（Institute of Electrical and Electronics Engineers）电气和电子工程师协会

CIBSE（Chartered Institution of Building Services Engineers）英国皇家注册设备工程师协会

CIBSE Guide 英国暖通设计手册

1.3 酒店的发展历程及趋势

1.3.1 酒店的发展历程

第一个阶段：客栈时期

我国直到晋代，才出现了带有商业色彩的客栈。其最初仅作为客商的临时货栈，逐渐过渡为面向普通百姓开放的可供吃住的商家。但其硬件条件差，设备简陋，服务单一。

第二个阶段：豪华饭店时期

19 世纪初，在法国出现了以乡间别墅为载体的豪华饭店，用来维系贵族和富裕阶层的关系和利益而举办休闲和商务活动。豪华饭店成为资本主义获取商业利益的途径，此时进入商业酒店最初期。随着英国蒸汽革命的发生，交通日益便利，物质资料逐渐丰富，酒店的建设位置也相继发生改变。

第三个阶段：商业酒店时期

20世纪初的美国，出现了第一家商业酒店。商业酒店大多建设在交通发达的城市中心或者公路附近，能够提供舒适的房间、便捷的服务，且价格合理，逐渐被大众接受。而随着经济的繁荣、工业化发展以及汽车业的发展和高速公路网的建成，旅游逐渐发展成全球性、大众性的活动，让商业酒店迎来了快速发展的时代。

第四个阶段：现代酒店时期

20世纪40年代，酒店逐渐出现标准化连锁经营模式。互联网技术的产生和应用，使酒店不再是简单地提供住宿服务，其功能变得丰富而全面，从而出现多样化、智能化以及个性化的特点。而大众旅游的普遍性，促进了酒店行业更加繁荣和发展。尤其西方国家逐渐形成了酒店集团品牌，使其服务变得专业、标准而全面。科技给酒店注入了新的生命力。

第五个阶段：智慧酒店时期

进入21世纪，美国的宾夕法尼亚州的科波诺山度假区引入“射频识别手腕带系统”，标志着智慧酒店时期的开启。酒店通过物联网、人工智能等技术建立酒店智能化系统，为客人提供个性化服务；线上操作、无纸化系统以及智能识别系统等，增加了客人住店的科技体验，同时追求绿色低碳、节能环保。

2014年1月15日中国智慧酒店联盟成立，我国进入智慧酒店时代。

1.3.2 酒店的发展趋势

1. 智慧营销

整合酒店客人的碎片化、多样化以及个性化的服务需求，通过云计算等大数据分析，而形成服务特色和品牌价值，以精准营销的模式投放给潜在的酒店客户。

互联网时代下的大数据分析，优秀的数据洞察力可以更快地感知和获取客户需求，更精准地分析和整合，从而发现新的营销机会，改善客户服务，提高竞争优势。

2. 智慧管理

解析酒店运营中的各类经营数据，精准控制房价，提高酒店经营收入。

统一管理资产和用品变动等资产信息，合理调配酒店资源，实现酒店资源利用最大化，提升运营效率。

发挥酒店运用智慧的能力，统筹人力资源管理，将员工的工作模式和协作模式实现平台化管理，提高工作效率，降低人力成本。

构建酒店智慧化管理平台，实现酒店智慧资源整体统筹、统一管理。

3. 智慧运营

利用互联网、物联网、人工智能、可视化技术、控制技术等新技术，为客户提供舒适、安全、高效的酒店环境。

通过人工智能和智慧运维技术，实现酒店的低碳、节能、环保的运行模式。

无线物联网智慧客控系统技术的应用，取消了传统 RCU 架构模式，使设备末端自带无线模块，实现底层网络无线自由组网，减少中间架构的系统配置，降低运维难度和成本。

4. 智慧服务

以人工智能技术为核心，对客人从入住酒店到离开酒店的全过程进行事件场景分析、设计，建立客人数据档案，全方位整合与协调酒店核心基础功能，定制个性化的特色服务，优化客人入住酒店时的交互体验，让客人得到智慧管家般的贴心服务。

智慧化的客户服务体验从客人与酒店接触的一刻全面开始，通过各个方面展现服务中的智慧化能力。

5. 智慧建筑

合理设置电气设备及系统，健全建筑调控系统，节约能源、降低能耗，提高建筑效能，形成集节能、环保、绿色为一体的智慧酒店建筑体系。

利用物联网技术，构建完善的酒店智能化系统，将酒店各类管理平台互联互通，整合信息资源，进行智能决策分析，从而生成多维度的酒店大数据，把互联网思维运用到酒店运营管理中，实现酒店营销、管理、服务的一体化和智慧化，展现个性化服务能力，实现品牌价值。

6. 智慧体验

无纸化入住/退房系统：客户通过手机 APP 自行办理入住登记及退房手续，会员及 VIP 客人可凭借专用通道享受一系列便捷服务。

客房智慧导航系统：客人走出电梯，进入客房区域，系统便自动感应房卡信息数据，通过导引标识，指引客人走到预订的房间。或在内部导航上确定要去的房间，生成内部地图，帮助客人导航至目的地。

人工智能服务：在前台、大堂、餐厅、走廊等区域设有机器人，从酒店入住、人脸识别打开房门至行李运送以及娱乐互动等，随时为客人提供周到、细致的服务。

智能信息终端：客人通过手机 APP 或 iPad 控制房间内各种硬件设施，且支持音视频点播、游戏、订餐、订车、订票、洗衣等，以及实现在店与友人互动等项目，还可登录酒店商业平台消费和进行积分兑换。

1.3.3 本书的主要内容

本书首先从建筑设计的通用设计角度，分析和说明了酒店建筑的设计思路，内容包括：变电室设计选址、变压器的选择、高低压系统设计、柴油发电机系统和不间断电源（UPS）系统设计；电力配电系统、照明配电系统、线缆的选择与敷设、防雷、接地与安全防护、火灾自动报警及消防控制系统以及智能化系统设计。其次，解析酒店娱乐系统、客控系统、管理系统以及酒店物联网系统的构成与应用，构建酒店建筑的专用系统。根据酒店建筑的能耗特点，选择适宜的电气节能措施，并着重说明以可再生能源应用和 BIM 技术应用为主要趋势的电气节能新技术。最后，列举了实际工程中酒店建筑的典型设计案例。

第2章　变配电系统

2.1　概述

2.1.1　设计原则

1. 供电可靠

电力供应是主要原动力，为酒店提供可靠的电源保障，最大限度减少电源中断概率，是保证酒店正常运营的重要条件。

2. 使用安全

电气系统设计应保证酒店工作人员和入住客人的用电安全，通过各级配电系统的故障识别和保护功能，消除用电过程的安全隐患，保障人身和财产安全。

3. 运行稳定

电气系统的设计应采用成熟的系统技术和电气产品，保证系统运行的稳定性和运维的便利性。避免电气系统或电气设备故障引起的中断供电及用电安全事故，进而引起客人投诉，对品牌酒店的口碑产生不良的社会影响。

4. 绿色节能

通过使用节能设备、元件和技术，在设计中综合利用设备监控系统和能源监测管理系统，有效地节约能源消耗量，降低运营成本，实现酒店绿色低碳的设计和运营目标。

2.1.2 负荷分级

1. 国内规范的负荷分级

在进行酒店项目的电气设计时，首先要对用电负荷进行合理的分级，根据负荷等级确定供电方式。酒店建筑进行负荷分级时，主要依据的规范标准有：

1)《民用建筑电气设计标准》(GB 51348—2019)。

2)《旅馆建筑设计规范》(JGJ 62—2014)。

3)《供配电系统设计规范》(GB 50052—2009)。

4)《建筑设计防火规范》(GB 50016—2014)(2018 年版)。

在《旅馆建筑设计规范》(JGJ 62—2014) 中的负荷分级要求见表 2-1-1。

表 2-1-1 旅馆建筑负荷分级

用电负荷名称	旅馆建筑等级		
	一、二级	三级	四、五级
经营及设备管理用计算机系统用电	二级负荷	一级负荷	一级负荷*
宴会厅、餐厅、厨房、门厅、高级套房及主要通道等场所的照明用电，信息网络系统、通信系统、广播系统、有线电视及卫星电视接收系统、信息引导发布系统、时钟系统及公共安全系统用电，乘客电梯、排污泵、生活水泵用电	三级负荷	二级负荷	一级负荷
客房、空调、厨房、洗衣房动力	三级负荷	三级负荷	二级负荷
除上栏所述之外的其他用电设备	三级负荷	三级负荷	三级负荷

注：“*”为一级负荷中特别重要负荷。

在《民用建筑电气设计标准》(GB 51348—2019) 附录 A 中，旅馆建筑的负荷分级情况见表 2-1-2。

表 2-1-2　旅馆建筑负荷分级

用电负荷名称	负荷等级
四星级及以上旅游饭店的经营管理用计算机系统用电	一级负荷*
四星级及以上旅游饭店的宴会厅、餐厅、厨房、康乐设施、门厅及高级客房、主要通道等场所的照明用电；厨房、排污泵、生活水泵、主要客梯用电；计算机、电话、电声和录像设备、新闻摄影用电	一级负荷
三星级旅游饭店的宴会厅、餐厅、厨房、康乐设施、门厅及高级客房、主要通道等场所的照明用电；厨房、排污泵、生活水泵、主要客梯用电；计算机、电话、电声和录像设备、新闻摄影用电	二级负荷

国宾馆属于特殊的旅馆性质建筑，国宾馆主会场、接见厅、宴会厅照明、电声、录像、计算机系统用电属于一级负荷中特别重要负荷。国宾馆客梯、总值班室、会议室、主要办公室、档案室等用电属于一级负荷。

上面的两个表中，表 2-1-1 是按照《旅馆建筑设计规范》中对旅馆进行一级、二级、三级、四级及五级旅馆的划分进行的负荷分级。表 2-1-2 是按照《旅游饭店星级的划分与评定》对旅馆建筑进行一星级、二星级、三星级、四星级和五星级的划分进行的负荷分级。

2. 酒店管理公司的负荷分级

对于五星级酒店，不同品牌的酒店管理公司（简称酒管公司）都会有机电设计标准，负荷分级也要满足酒店管理公司设计标准的要求。一般酒店管理公司的负荷分级要求会高于国家标准的负荷分级要求。表 2-1-3 为某国际品牌五星级酒店的负荷分级情况。

表 2-1-3　某国际品牌五星级酒店负荷分级

负荷等级	用电负荷名称
一级负荷中特别重要负荷	酒店的经营及设备管理用计算机系统电源
一级负荷	值班照明、警卫照明、安全防范系统、电信机房的交流电源、网络机房和通信机房的交流电源、消防设备电源、安防设备电源、变电室及柴油发电机机房（又称柴发机房）电源、客梯电源、生活泵、排污泵、主要通道照明、重要办公室及重要会议室、财务室、冷库电源、宴会厅照明、酒店的康体娱乐、酒店餐厅及厨房照明、酒店大堂照明、航空障碍灯及擦窗机、电伴热电源

(续)

负荷等级	用电负荷名称
二级负荷	空调、锅炉房、热力机房、中水机房、客房、洗衣房、酒店厨房等电源
三级负荷	泛光照明、景观照明及动力、广告照明、地下车库普通照明、电动汽车充电桩,除一、二级负荷外的其他负荷均为三级负荷

国际品牌的五星级酒店在进行负荷分级和确定供电电源方式时，要考虑供电中断时，是否会影响客人的入住体验，是否会对客人的生命安全产生威胁，是否会造成客人投诉或者不良的社会影响。

说明:《建筑电气与智能化通用规范》(GB 55024—2022)自2022年10月1日开始实施，在该规范当中，用电负荷按照特级、一级、二级、三级负荷进行分级，取消了“一级负荷中特别重要负荷”的说法。本书鉴于编写时间早于规范颁布实施时间，故仍旧延用一级负荷中特别重要负荷的分级方式。电气工程师在设计时，应根据《建筑电气与智能化通用规范》(GB 55024—2022)中用电负荷分级依据进行负荷分级。

2.1.3 负荷计算

1. 负荷计算内容

负荷计算通常包括下列内容:

1) 负荷计算:包括有功功率、无功功率、视在功率、功率因数补偿计算，可作为按发热条件选择变压器、导体及电气设备的依据，并用来计算电压损失和功率损耗。

2) 尖峰电流计算:校验电压波动和选择保护电器。

3) 一、二级负荷计算:用来确定备用电源或应急电源及其容量。

4) 季节性负荷计算:确定变压器的容量和台数及经济运行方式。

2. 负荷计算方法

(1) 方案设计阶段

方案设计阶段，通常采用负荷密度法进行估算，普通酒店可按照60~100V·A/m^2估算酒店变压器的装机容量，四星级及以上酒店可按照80~120V·A/m^2估算变压器的装机容量，正常工作时变压器的负荷率在75%左右。

估算负荷时，应根据不同酒店的建筑功能、房间配置情况、设备冷热源设置情况、酒店的星级标准、管理公司的相关要求等，选择合适的单位装机密度数值。有些酒店同时设置粗加工厨房、中餐厨房、全日餐厨房、特色餐厨房、职工厨房、宴会厨房等，甚至有些厨房不具备燃气条件而采用电厨房，此时，可适当提高单位装机密度指标。另外，大部分高星级的酒店会自设冷热源系统，但某些特殊情况下，有些城市要求必须采用市政集中冷源，此时，可适当降低单位装机密度指标。

（2）初步设计和施工图设计阶段

在初步设计和施工图设计阶段，通常采用需用系数法进行负荷计算。在进行负荷计算时，有以下几点注意事项：

1）双路电源供电的设备只计算一次，不能主供回路重复计算。

2）备用设备不应参与负荷计算。

3）不同时段使用的季节性负荷，如夏季制冷设备和冬季采暖设备，不同时使用时，应两者之间取大者计入负荷计算的设备容量。

4）消防设备在进行变压器装机容量的计算时，不应计算在内，平时兼消防用设备，只把平时用设备容量计入负荷计算当中。

2.2 高压配电系统

2.2.1 市政电源要求

在方案设计阶段，应明确项目的市政电力供应情况、设计数据、供电可靠性的相关信息等，最好能得到当地供电部门确认的供电方案。

对于建在城市中的酒店，通常市政电源可满足要求，但对于建在海岛、郊区或者当地电网情况不能满足酒店对外电源的要求时，需要配合业主积极与当地供电部门沟通，落实市政电源解决方案。

四星级及以上酒店应申请两路市政电源供电（两路市电分别引自不同的区域变电站或一个区域变电站的两个不同母线段），当一路市政电源检修或发生故障时，另一路市政电源应能保持正常供电，每路电源均应满足酒店用电负荷需求。通常酒店管理公司的技术标准中要求酒店高压配电系统采用双路市政高压供电，两路高压同时使用，互为备用，也就是平时每路各带50%负荷，其中一路市电发生故障失电时，另一路能负担100%用电负荷。10kV（20kV、35kV）系统的设计，宜采用单母线分段，中间设置母联开关，母联开关是否配置备自投功能，需要根据当地供电部门的意见执行。一般情况下，供电部门不允许母联自动合闸，要求必须采用人工手动操作合闸。在有两路市电的情况下，还应设置柴油发电机组作为酒店消防负荷及重要保障负荷的应急电源。

2.2.2 高压主接线形式

当外电源按照一路市政电源、两路市政电源带母联、两路市政电源不带母联的情况进行划分时，可以有如下高压主接线方式和运行方式：

1. 一路市政电源

有的地区供电条件不是很好，只能按照图2-2-1所示的接线方式，提供一路市政电源，那么对于四级及以上酒店来说，是不满足供电电源要求的，必须设置自备电源，通常采用柴油发电机组作为自备电源，柴油发电机组的容量不仅要满足酒店管理公司对于保障负荷、消防负荷的要求，还应满足酒店所有一、二级负荷的供电要求。

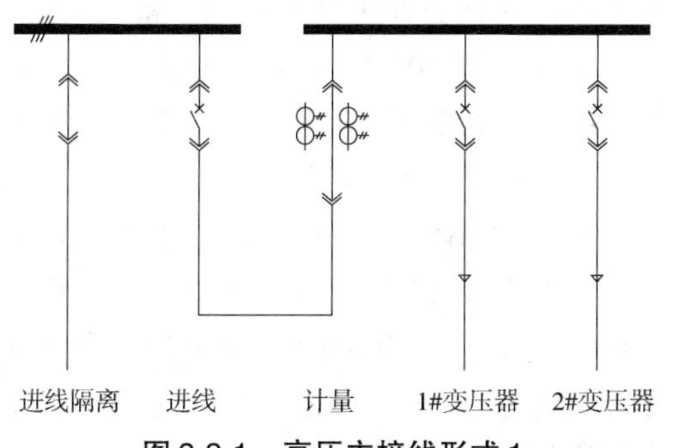

图2-2-1　高压主接线形式1

如果单路市政电源采用架空线，除非酒店管理公司有特殊要求必须设置柴油发电机组外，该方案是可以满足三级及以下酒店的供电电源要求的，对于三级酒店的经营及设备管理计算机系统用电，可以采用市电加 UPS 的方式提供电源保证。

2. 两路市政电源带母联

图 2-2-2 所示的主接线形式，可以有两种运行方式。

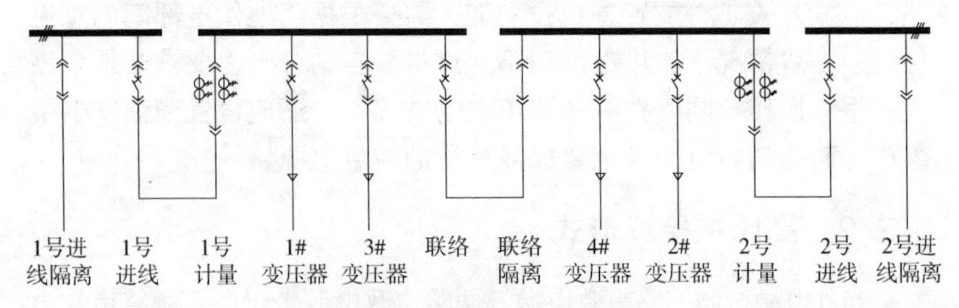

图 2-2-2　高压主接线形式 2

运行方式 a：两路高压同时供电，单母线分段运行，平时各带 50% 用电负荷，母联开关平时处于分闸状态。当一路市电失电时，断开该路进线开关，母联开关合闸，另外一路能负担全部 100% 用电负荷。假设每台变压器装机容量都为 1600kV·A，那么两路市政电源的装机容量需求都为 6400kV·A。此种接线方式和运行方式的供电可靠性很高，可以满足四星级及以上酒店对供电电源的要求，是国际品牌酒店管理公司最为推荐采用的方案。

运行方式 b：两路高压为一主一备供电，平时正常运行时，主供电源进线开关和母联开关处于合闸状态，备供电源进线开关处于分闸状态，主供电源承担 100% 的用电负荷。当主供电源失电时，母联开关分闸，备供电源进线开关合闸，备供电源承担 50% 的用电负荷。假设每台变压器装机容量都为 1600kV·A，那么主供市政电源的装机容量需求为 6400kV·A，备供电源的装机容量需求为 3200kV·A。对于四星级及以上酒店，通常一、二级负荷会占全部负荷的 70% ~80%，如果供电部门要求采用主备供电方案，那么备用市政电源容量通常应为主供电源容量的 75% 左右。我们可以将此接线方式稍作调整，如图 2-2-3 所示，将 3#、4#变压器所带负荷全被调整为一、二级负荷后，将这两台变压器都调整到Ⅱ母线段。这样调整后，主供市政电源的装机容量需求为 6400kV·A，备供电源的装机容量需求为4800kV·A，如果经过负荷计算，备用电源的容量可以满足一、二级负荷的电源需求，那么酒店管理公司也可以接受这样的主接线形式和运行方式。

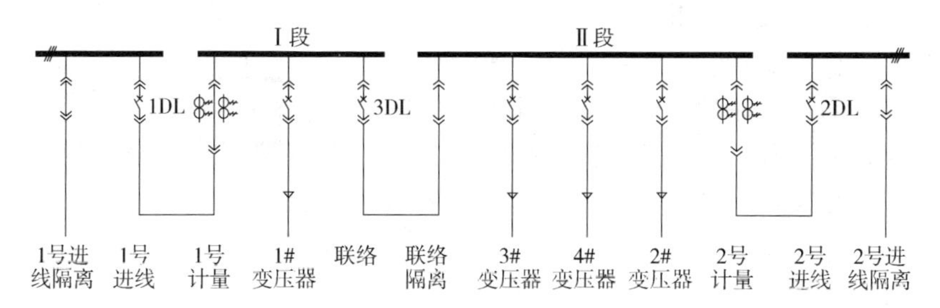

图2-2-3　高压主接线形式3

3. 两路市政电源不带母联

两路市政电源不带母联可以有两种主接线形式。

主接线形式a：

若当地供电部门不允许采用高压母联的主接线方式，而是提供图2-2-4所示的主接线形式，平时每路各带50%负荷，其中一路市电故障失电时，有50%的变压器将断电停用，此时可以将低压母联合闸，通过另外50%的变压器带起全部一、二级负荷。假设每台变压器装机容量都为1600kV·A，那么两路市政电源的装机容量需求都为3200kV·A。在做高星级酒店的供配电方案设计时要考虑适当增加单台变压器装机容量，使正常运行时变压器负载率不超过75%，这样才能保证单台变压器在承担成对变压器组的全部一、二

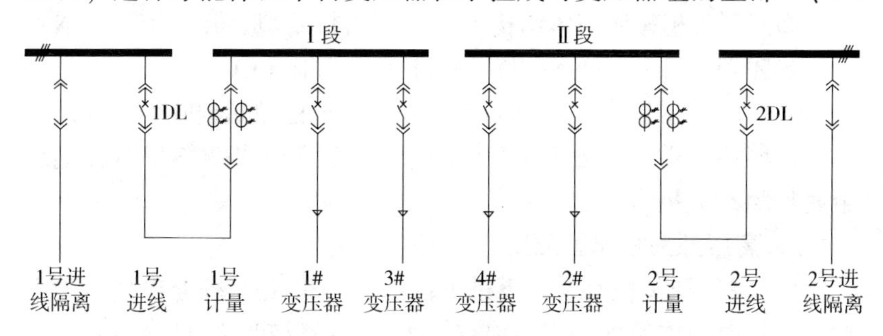

图2-2-4　高压主接线形式4

级负荷的同时，不会长时间处于超载状态。目前有些地区的供电部门对于不是重要用户所提供的供电方案，常常采用上述主接线形式。

主接线形式 b：

图 2-2-5 所示的主接线方案为两路市政电源供电，一主一备，不设母联，采用单母线接线方式。两路电源开关 1DL、2DL 之间设置联锁，任何情况只能闭合其中一个开关，变压器出线回路数量根据需要增减。假设每台变压器装机容量都为 1600kV·A，那么两路市政电源的装机容量需求都为 6400kV·A。此接线形式也可以满足规范和酒店管理公司对市政电源的要求。

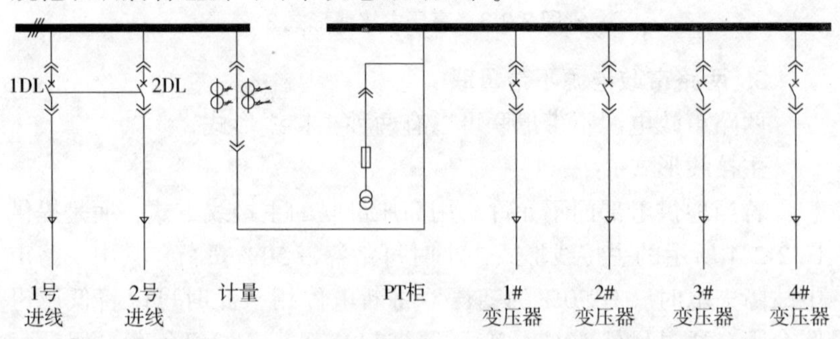

图 2-2-5　高压主接线形式 5

2.2.3　高压设备选择

1. 高压开关柜种类

高压开关柜按照柜体结构可分为金属封闭铠装开关柜（KYN）、金属封闭箱式开关柜（XGN）、敞开式开关柜（GGA）。

按照断路器置放位置可分为中置式手车柜、落地式手车柜。

按照绝缘类型可分为空气绝缘金属封闭开关柜和 SF_6 气体绝缘金属封闭开关柜。

2. 高压开关柜选型原则

1）高压开关柜宜采用下进下出线，当采用上进上出线时，需加宽或加厚柜体尺寸，或增加空柜用于电缆反转。

2）密闭充 SF_6 气体的负荷开关柜不能采用上进上出线。

3）标准 10kV 断路器柜宜选用 800mm 柜宽，当受安装场地尺寸限制或进行工程改造时，可采用 500 ~ 650mm 的窄柜型。

4）除加强绝缘型外，20kV 断路器柜不宜选用窄柜型。

5）无柜后检修要求的密闭充 SF_6 气体负荷开关柜可靠墙或距墙 100mm 安装。

6）安装在海拔 1000m 以上地区的高压开关柜，应选择加强外绝缘、提高器件分断能力等措施的高原产品。

7）安装在湿热带地区的高压开关柜，应选择符合《湿热带型高压电器》（JB/T 832—1998）规定的产品。如果设备安装在有连续空调环境的室内时，室内温湿度满足《高压交流开关设备和控制设备标准的共用技术要求》（GB/T 11022—2020）中的有关规定，则可以选用非湿热带型产品。

8）安装于沿海地区或附近可能产生腐蚀性气体场所的室内高压配电装置，应选择加强防腐型的产品。

3. 操作电源的选择

1）配变电站采用高压断路器柜并设置继电保护装置时，宜选用直流电源作为操作电源和继电保护电源。

2）非重要配变电站及高压冷冻机组等高压设备现场开关柜，可采用 AC 220V 电源作为操作电源。

3）无特殊要求时，安装 10 台及以下高压开关柜的配变电站宜配置 65A·h 直流电源，安装 12 台及以上高压开关柜的配变电站宜配置 100A·h 直流电源。

4）无特殊要求时，采用弹簧储能操作机构的开关柜，宜配置 DC 110V 直流电源。采用电磁操作机构、直流电源安装位置远离开关柜或供电部门有明确规定时，可采用 DC 220V 直流电源。

5）直流电源装置应由双路交流电源供电，并自带双电源转换装置，宜采用高频开关型，配双充电机、单组蓄电池。特别重要的配变电站可选用双组蓄电池型直流电源。

6）设有值班室的配变电所应设置中央信号屏。中央信号屏应具备灯光和音响双重信号功能，应能显示各类故障的预告及事故信号。中央信号屏电源应接自操作电源，信号显示可采用 LED、LCD

等多种显示装置，显示装置应具备自检功能及应对自身故障的冗余措施。

2.3 变压器

2.3.1 变压器负荷率

变压器长期工作时的负荷率在40%～65%时，其利用效率最高，能够有效地减少电能浪费。酒店建筑变压器负荷率通常建议控制在60%～80%，不超过85%。变压器负荷率的选择要综合考虑市政电源条件、高压主接线形式，以及不同品牌的酒店管理公司的具体要求等因素，通过负荷计算才能确定。表2-3-1是某国际品牌酒店对变压器负荷率的要求。该酒店品牌的技术标准中也特别强调，若当地供电部门不允许采用高压母联的主接线形式时，变压器的负荷率不应该超过75%。

表2-3-1 某国际品牌五星级酒店变压器负荷率要求

供电模式	电源数量	每路供电能力(总装机容量)	变压器负荷率
高压供电	1	100%	80%
	2	75%	75%～80%
	3	40%	75%～80%

2.3.2 变压器选择

1. 变压器选择原则

1）酒店建筑不选用油浸式变压器，优先选用环氧树脂浇注式干式变压器。

2）无特殊要求时，位于建筑物内的用户电力变压器应选用联结组标号为Dyn11的干式三相配电变压器，其空载损耗和负载损耗不应高于现行的国家标准《电力变压器能效限定值及能效等级》(GB 20052—2020）规定的能效限定值。

3）变压器宜选用全国统一型号的最新定型序列，酒店建筑不建议选择 SCB11 及以下序列产品。

4）变压器绝缘等级不低于 F 级，应配置强迫风冷风机及温控器，在变压器绕组温度超过 60℃时应启动排风机。允许变压器短时过载 120% ~140% 运行。

5）变压器宜配置防护等级为 IP20 的铝合金或不锈钢外壳。当其外壳防护等级高于 IP20 时，除与制造商有特别约定外，应考虑变压器降容使用。

6）无特殊要求时，630kV·A 以下用户电力变压器宜选用阻抗电压 $U_k=4\%$，630kV·A 以上用户电力变压器宜选用阻抗电压 $U_k=6\%$，2500kV·A 及以上电力变压器可选用阻抗电压 $U_k=8\%$。当供电部门有明确规定，或有限制低压侧短路电流要求，或为提高保护灵敏度而需要增大短路电流时，应根据规定或短路电流计算结果选择变压器阻抗电压。

7）同一配变电室内，变压器台数不宜超过 6 台，规格不宜超过两种。

2. 变压器能效指标要求

变压器损耗主要有空载损耗、负载损耗、介质损耗和杂散损耗，其中介质损耗和杂散损耗可忽略不计。我们常用空载损耗和负载损耗评价变压器的能效。电力变压器的能效等级分为三级，其中 1 级能效最高，能耗最小，3 级能效最低，能耗最大。

用于酒店建筑的 10kV 干式变压器的能耗限定值，也就是空载损耗和负载损耗限值不应高于《电力变压器能效限定值及能效等级》（GB 20052—2020）中表 2 的数值。在选择变压器时，应选择空载损耗和负载损耗为 2 级或者 1 级的变压器，不应选择能耗 3 级的变压器。

表 2-3-2 是某品牌 SCB 系列满足 2 级能效指标要求的变压器的主要参数。

3. 新型节能变压器

变压器是输配电的基础设备，变压器损耗约占配电电力损耗的 40%。加快绿色节能变压器推广应用，提升能源利用效率，有助于推动绿色低碳和高质量发展。

表 2-3-2　某品牌 SCB 系列 2 级能效 10kV 变压器参数

序号	技术参数		单位	技术参数				
1	型号			SCB-NX2-1600/10（6.3）	SCB-NX2-1250/10（6.3）	SCB-NX2-1000/10（6.3）	SCB-NX2-800/10（6.3）	SCB-NX2-630/10（6.3）
2	额定容量		kV·A	1600	1250	1000	800	630
3	额定工作电压	高压	kV	10.5；10；6；6.3	10.5；10；6；6.3	10.5；10；6；6.3	10.5；10；6；6.3	10.5；10；6；6.3
		低压	kV	0.4	0.4	0.4	0.4	0.4
		高压分接范围	%	±2×2.5%	±2×2.5%	±2×2.5%	±2×2.5%	±2×2.5%
4	相数		相	3	3	3	3	3
5	频率		Hz	50	50	50	50	50
6	阻抗电压		%	6	6	6	6	6
7	联结组标号			Dyn11 或 Yyn0	Dyn11 或 Yyn0	Dyn11 或 Yyn0	Dyn11 或 Yyn0	Dyn11 或 Yyn0
8	调压方式			无励磁调压	无励磁调压	无励磁调压	无励磁调压	无励磁调压
9	绝缘水平			LI75AC35/AC3	LI75AC35/AC3	LI75AC35/AC3	LI75AC35/AC3	LI75AC35/AC3
10	绝缘耐热等级			H 级	H 级	H 级	H 级	H 级
11	温升限值		K	125	125	125	125	125
12	局部放电		pC	5	5	5	5	5
13	外绝缘泄露比距		cm/kV	2.5	2.5	2.5	2.5	2.5
14	空载损耗		W	≤1665	≤1420	≤1205	≤1035	≤885
15	负载损耗（120℃）		W	≤10555	≤8720	≤7315	≤6265	≤5365
16	空载电流		%	0.5	0.5	0.5	0.5	0.6
17	防护等级		不带外壳	IP00	IP00	IP00	IP00	IP00
			带外壳	IP2X	IP2X	IP2X	IP2X	IP2X
18	冷却方式			AN/AF	AN/AF	AN/AF	AN/AF	AN/AF
19	噪声水平		dB	70（声功率级）	70（声功率级）	68（声功率级）	68（声功率级）	67（声功率级）
20	参考本体外形尺寸		mm	1470×1100×1410	1440×1000×1270	1430×1000×1230	1380×910×1160	1290×910×1100
21	带外壳外形尺寸（下进上出）		mm	2050×1500×1900	2000×1450×1700	1900×1450×1700	1900×1400×1600	1800×1400×1600
22	带外壳外形尺寸（下进侧出）		mm	2050×1500×2200	2000×1450×2200	1900×1450×2200	1900×1400×2200	1800×1400×2200
23	参考本体重量		kg	4000	3300	2750	2300	2100
24	参考带外壳重量		kg	4300	3600	3050	2550	2350
25	使用地点			户内	户内	户内	户内	户内

（1）新型材料节能变压器

1）非晶合金节能变压器。非晶合金又称为金属玻璃或液态金属。用于变压器铁心材料的非晶合金带材，是新型的高性能绿色金属材料，具有高磁导率、低损耗的特点，非晶合金变压器的节能性能优于各类硅钢变压器，尤其是其空载损耗低，不到硅钢的40%。

非晶合金是全生命周期的节能材料，在制造、应用、回收等方面都具有绿色节能优势，符合国家产业政策和电网节能降耗的要求，今后有可能逐步取代传统硅钢片铁心变压器，作为新一代节能降耗配电产品被广泛应用。

非晶合金立体卷铁心作为一种结构新颖的非晶铁心，相对于平面卷铁心，立体卷铁心的导磁方向与铁心的磁路方向完全一致。但是非晶带材特性而产生的噪声问题依然难以控制，亟待另辟蹊径针对现有非晶合金立体卷铁心进行优化设计，以克服上述缺陷，部分非晶立体卷铁心变压器噪声已经达到硅钢水平。

2）硅橡胶节能变压器。环氧树脂是难燃、阻燃、自熄的固体绝缘材料，环氧树脂浇注式干式变压器目前依然是民用建筑市场上的主流产品。由于整个线圈导体都被环氧树脂的固体绝缘层所包封，因而不仅潮气难于侵入，而且也完全阻断了导体被各种有害气体和腐蚀化学成分侵害的可能，因而其防潮与防污的性能特别好，可工作于极端恶劣的环境条件下。但环氧树脂包封绝缘容易开裂，高压绕组主绝缘有风险，防潮能力稍差，同时，环氧树脂绝缘材料中需加入阻燃剂，否则它是一种可燃材料。

现如今，市场上出现了采用硅橡胶作为绝缘材料的干式变压器，硅橡胶干式变压器采用绿色技术（硅橡胶节能配电变压器技术）制成。固体硅橡胶作为高强度电气绝缘材料已经得到普遍认可，其综合性能优于环氧树脂：采用一级能效的叠铁心工艺设计，应用独特的设计方案消除线包内部局放隐患；具有极强的环境适用性，抗污染、防盐霜、防灰尘，可用于高海拔地区、高寒地区、海边地区等；不泄漏污染物和易燃物，无毒无味，不挥发气体；采用超耐用材料，无缺陷固体绝缘安全防护，真正免维护，使用寿命长；机械强度高，有较强的防震能力，即使在地震多发地区也能够安全使用；具有应对负载变化、过载及短路的优秀特性。

硅橡胶变压器不仅提高了变压器的安全性，更实现了变压器全寿命周期绿色环保。首先，硅橡胶材料无毒无味；生产硅橡胶包封变压器的能耗仅仅是生产环氧树脂包封变压器能耗的10%。其次，硅橡胶变压器满足《电力变压器能效限定值及能效等级》（GB 20052—2020）能效1级要求，变压器运行期间不仅损耗低，且噪声极低（小于50dB）。最后，硅橡胶变压器所使用的硅钢、铜材、硅橡胶等主材均可回收利用，可回收率大于99%。因此，硅橡胶变压器是一款绿色节能变压器。

（2）新型结构节能变压器

变压器铁心结构分为叠铁心和卷铁心。

由于卷铁心是沿着取向硅钢片的最佳导磁方向卷绕而成，完全、充分地发挥了取向硅钢片的优越性能，磁路畸变小，因此比叠片式铁心空载损耗及空载电流都要小，所以从节能性能上来说，卷铁心具有优势；另外，叠铁心用料较卷铁心要消耗大一些。但卷铁心制造工艺要求高，较叠铁心变压器制造难度大，可维修性也较叠铁心要弱。

还有一种铁心结构为立体卷铁心。立体卷铁心的每个单框由开料机曲线剪切开料形成的若干根硅钢带薄片连续卷绕而成，卷绕后呈梯形状，每个单框横截面接近半圆形，整装拼合后的横截面为接近整圆的准多边形。

立体卷铁心结构变压器从技术提出到全面应用已经历数十年的发展，立体卷铁心等高效节能铁心结构实现了产业化应用。目前，立体卷铁心变压器技术从理论分析、结构设计、绕组、铁心带材开料、退火、装配生产工艺及配套的制造装备已日趋完善，完全可以满足目前市场的立体卷铁心变压器批量生产需求。

非晶合金立体卷铁心变压器突破了传统非晶合金变压器的平面卷铁心结构，将立体卷铁心结构与非晶合金低损耗特性结合，符合“绿色、环保、低碳”的社会发展要求，是名副其实的绿色制造产品。

2.3.3 变压器数字化管理

1. 变压器监测装置

变压器数字化是提升变压器管理效率的基础。智慧型干式变压器集数字化变压器监测装置于一体，可以对变压器运行状态进行全面监视，实现供电质量实时分析、供电量统计及损耗评估等，从而提升变压器全寿命周期管理水平。基于无线通信技术，可以将变压器监测装置采集及分析的数据共享给变压器管理平台或第三方监控平台，提高变压器自动化管理水平。

变压器监测装置基于电子技术、数字信息技术的应用，为变压器可视化状态监视、智慧运维和数字化管理提供了解决方案。

变压监测装置搭配变压器智慧云监测软件，构成完整的干式变压器监测系统，监视变压器运行状态、供电质量，实现供电量统计及变压器损耗电量评估。

2. 数字化管理功能

(1) 变压器运行状态监视

绕组温度直接影响绝缘寿命，了解绕组温度情况，保障绝缘系统工作在合适的温度范围，可以延长变压器寿命。通过预埋在变压器绕组中的温度传感器，可获取三相绕组的实时温度。实现温度系统自动控制，高温报警、超温跳闸，自动启/停风机；对变压器运行数据进行统计，如负载率、年带电时间、年最大负载和最大负载利用小时数等。

(2) 变压器供电量统计

变压器监测装置可以统计变压器传输电能的数据，包括双向电能统计、有功电量、无功电量等。

(3) 变压器损耗电能评估

变压器在电能传输过程中会有电能损耗，主要包含空载损耗和负载损耗。变压器监测装置充分考虑绕组温度、负载率对损耗的影响，并对变压器寿命周期内的电能损耗进行评估，为变压器全寿命周期管理提供基础数据。

(4) 变压器供电质量监视

变压器是为负载提供电能的设备，掌握变压器供电质量，对变压器进行数字化管理是非常重要的。变压器供电质量监视涉及电压/电流谐波有效值、谐波含量、间谐波、电压暂降和暂升、电压中断、冲击电流、三相不平衡等。丰富的告警信息有助于用户对电能质量事件进行追溯，可以快速、正确地定位电能质量问题。

2.4 低压配电系统

2.4.1 一般原则

低压配电系统是否合理，直接影响酒店能否正常运营。酒店低压配电系统的基本设计原则如下：

1）低压配电系统设计须满足供电可靠性、灵活性、安全、检修方便及减少损耗等原则。

2）低压主配电柜应预留20%～30%的备用出线回路，且备用出线回路应分散预留在每面低压柜中。

3）低压配电柜中630A以上的断路器宜采用框架式断路器，630A及以下的断路器宜采用塑壳型断路器，低压配电柜内断路器宜采用电子式脱扣器，塑壳断路器的整定值和延时时间一般要求在现场可调整。

4）消防负荷设置在专用的低压配电柜内，不与其他非消防负荷共用低压出线柜。

5）一般动力照明设备配电回路由低压配电柜引出，采用树干式，经楼层配电小间，配电至各层配电箱或各区域配电箱，由各层配电箱或各区域配电箱送电至各用电点。

6）生活水泵房、制冷机房、厨房、餐厅、大堂、宴会厅、健身中心、洗衣房等大容量负荷采用放射式配电。

7）酒店各功能区域应设置独立的照明配电箱，如大堂、宴会厅、餐厅、SPA和桑拿、游泳池、酒吧等。

8）标准客房层一般均为树干式配电。采用单密集母线送至各层配电箱，由各层配电箱放射式配电给各酒店客房配电箱，每间客房设置单独的配电箱。

9）楼体外立面照明、户外广告及商业效果用电、园林照明及动力应采用独立回路供电。

10）用电回路不应经过出租区域或者潮湿区域，如厨房、厕所等，以便将来检修。

11）备用柴油发电机须有足够容量，供应所有消防设备（包括所有区域的应急照明），以及其他重要负荷，如：冷库、地下室排水泵、电话交换机、生活/热水供水泵、电梯，以及大堂、大堂吧、宴会厅、宴会前厅、员工餐厅、全日餐厅等重要场所的备用照明，总统套房、残疾人客房用电，宴会厅 AV 设备，变电房、柴油发电机房配电，弱电机房、消防控制中心、安防控制中心用电箱，所有厨房内的事故排风机。

12）柴油发电机应在低压总配电柜进线断路器处取失电信号，10～15s 内自动启动（根据酒店管理公司的具体要求确定启动时间）。

13）柴油发电机组的室外油罐储油量，根据酒店管理公司的要求确定持续供电时间，一般须满足 24～72h 额定工作时间。

14）酒店管理公司对宴会厅、多功能厅、室外草坪等场所会有电气预留条件的特别要求，设计时应予以考虑。

2.4.2 低压系统设计

1. 主接线形式

四级酒店宜设自备电源，五级酒店应设自备电源，通常采用柴油发电机组作为自备电源。三级及以下酒店应根据市政电源要求和负荷等级对供电电源的要求，决定是否设置自备电源以及采用哪种形式的自备电源。

变压器低压侧 0.4kV 采用单母线分段。低压母联断路器应采用设有自投自复、自投手复、自投停用三种状态的位置选择开关，自投时应设有一定的延时，当变压器低压侧总开关因过负荷或短路故障而分闸时，母联断路器不得自动合闸，电源主断路器与母联断路器之间应有电气联锁。

常见酒店建筑的低压主接线有如下几种形式：

（1）无柴油发电机电源接入

对于三级酒店，如有两路高压市政电源且能满足消防负荷的供电要求，1#变压器和2#变压器分别引自高压的两个母线段，酒店管理公司没有设置柴油发电机组（又称柴发机组）的要求时，则可以采用图2-4-1所示的接线形式。

（2）无柴油发电机电源接入且带分段开关

低压配电系统主接线方案，目前国内建筑电气工程中通常采用不分组设计或分组设计两种设计方案。不分组方案，如图2-4-1所示的低压主接线形式1，消防负荷与非消防负荷共用同一进线断路器和同一低压母线段。这种方案主接线简单、造价较低，但这种方案使消防负荷受非消防负荷故障的影响较大。分组设计方案，如图2-4-2所示的低压主接线形式2，从变电站低压侧封闭母线处设置分段开关K4与K5，将非消防负荷设置于分段开关之后，通过分段开关，将消防负荷和非消防负荷形成相对独立的系统，这种方案主接线相对复杂、造价增加，但这种方案使消防负荷受非消防负荷故障的影响较小，且在消防紧急情况状态时，提供了可迅速切断所有非消防电源的条件。

对于三级酒店，如有两路高压市政电源且能满足消防负荷的供电要求，1#变压器和2#变压器分别引自高压的两个母线段，酒店管理公司无设置柴油发电机组的要求，且对消防负荷和非消防负荷有分组要求时，则可以采用此种接线形式。

（3）有柴油发电机电源接入

四级及以上酒店，根据规范要求或者酒店管理公司的要求，通常都会设置柴油发电机组作为自备电源。三级及以下酒店，如果市政电源不能满足负荷分级对电源的要求，也会设置柴油发电机组作为自备电源，则可以采用图2-4-3所示的接线形式。

（4）有柴油发电机电源接入且带分段开关

根据规范要求或者酒店管理公司的要求，设置柴油发电机组作为自备电源，同时对消防负荷和非消防负荷有分组要求时，则可以采用图2-4-4所示的接线形式，K4与K5为分段开关。该接线方式常用于四级、五级酒店的低压系统设计中。

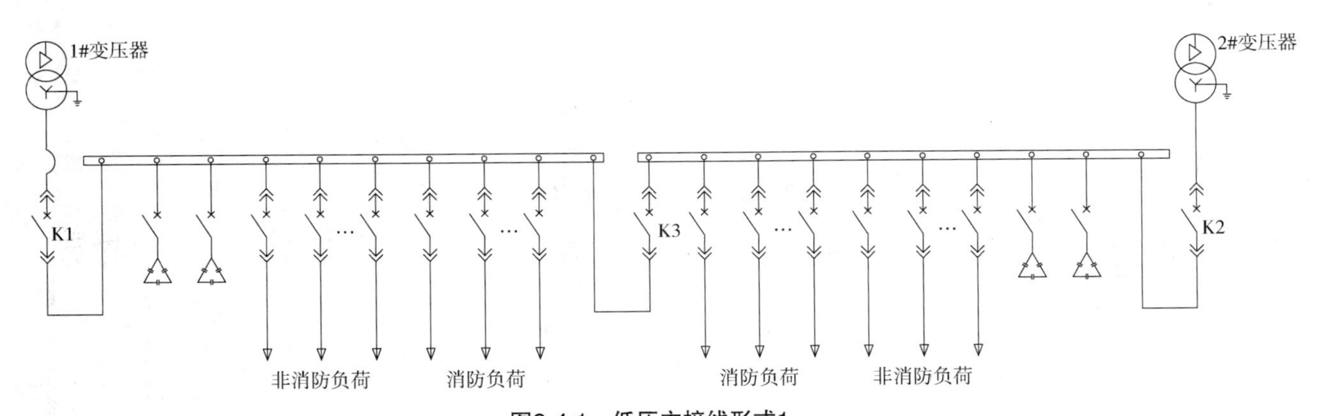

图2-4-1　低压主接线形式1

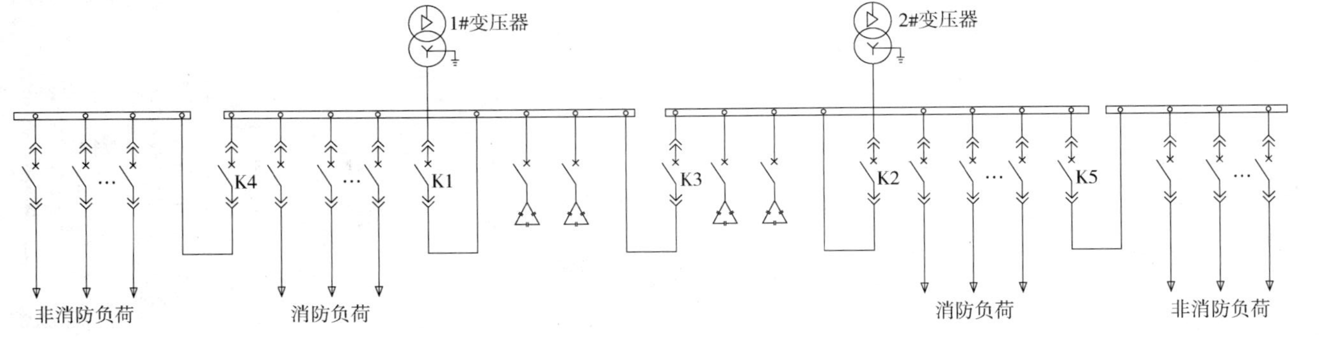

图2-4-2　低压主接线形式2

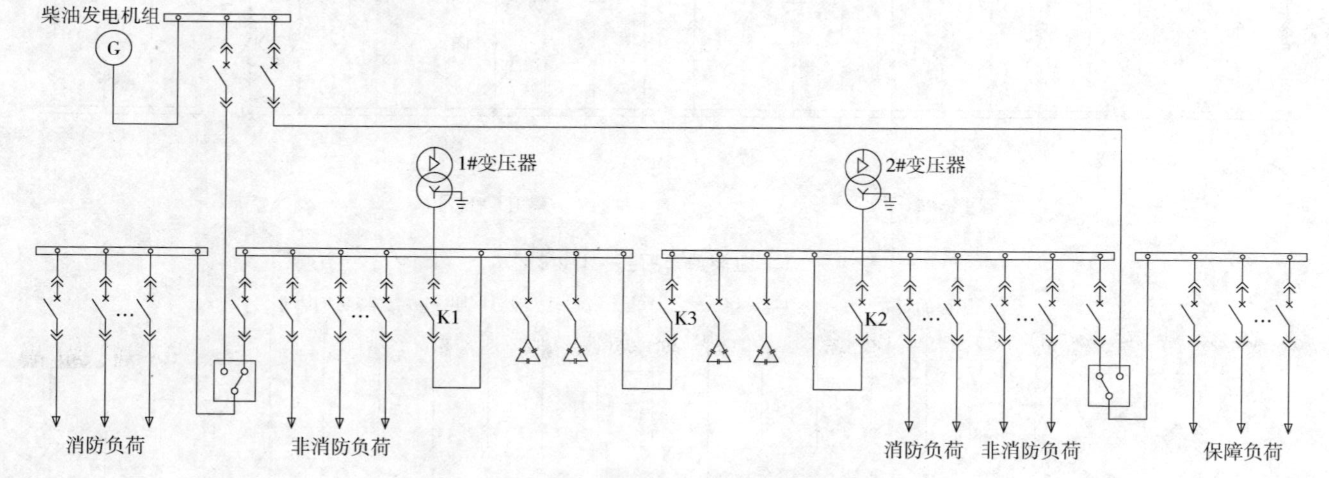

图2-4-3　低压主接线形式3

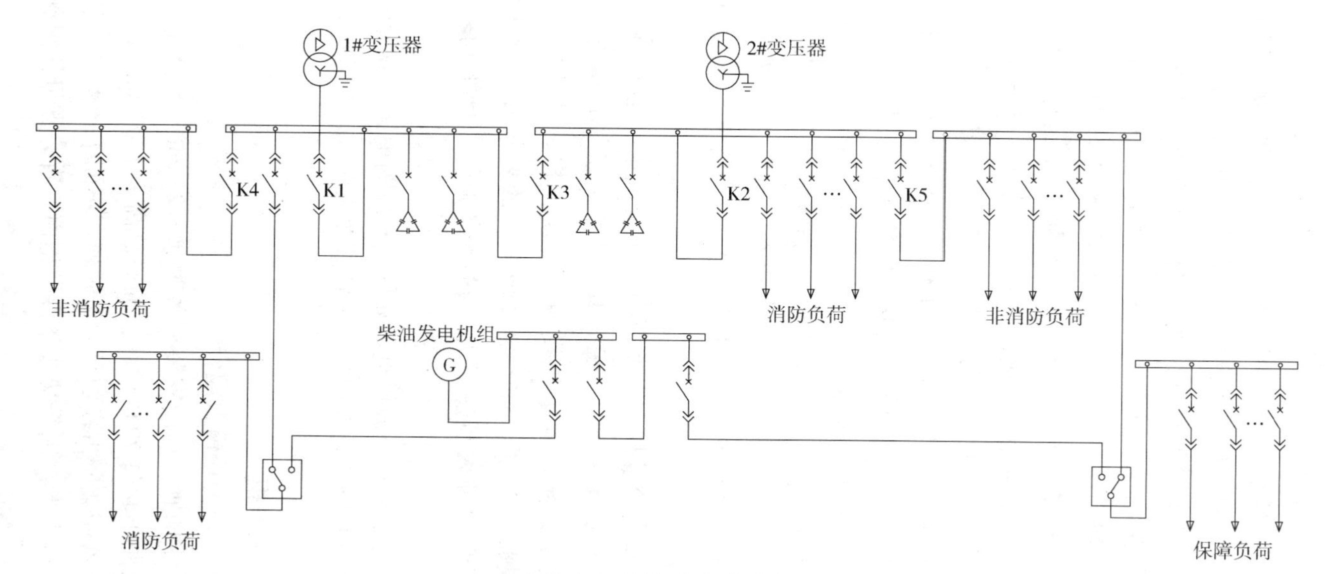

图2-4-4　低压主接线形式4

(5) 全保障接线方式

考虑到有些酒店项目所在地的气候条件，比如有台风季的地区，市电中断会对酒店运营产生不利影响，充分利用柴油发电机组的带载能力，采用图 2-4-5 所示的一种“全保障”接线形式，即在市电失电时，柴油发电机组尽可能多地保证更多负荷用电。

在其中一段低压母线增设一组应急电源进线开关 K6，此开关采用手动投切方式。在发生两路市电中断的情况下，柴油发电机投入运行，首先保障备用母线段、应急母线段的负载正常运行。管理人员观察负载情况，切除主母线上除应急/备用段母线段之外的全部负荷，主母线联络开关 K3 手动闭合，在此之后 K6 手动闭合；根据柴油发电机的可用余量，观察实际负载电流情况，手动闭合主母线侧低压出线中相关重要负荷，直到充分利用柴油发电机的带载能力。当市电恢复时，手动依次断开 K6、K3，在此之后闭合 K1、K2，发电机停机，ATS（自动转换开关）动作，备用母线、应急母线段由市电供电。依次投入Ⅰ段、Ⅱ段母线未投入的负荷，直到全部负荷均正常供电。

该接线方式较常规方案要复杂，投资成本也会有所增加。增设一组应急电源进线开关，导致其与主进开关、母联开关的逻辑关系变得复杂，柴油发电机投切的时候，打破了原有两进线一母联的常规联锁关系。对运维管理人员的要求高，整个操作过程复杂，需要运维人员熟悉并了解操作步骤，且手动完成操作过程。

所以，对于市政电源供电可靠性相对较高地区，或者市政电源供电可靠性一般但酒店管理公司无特别要求时，不建议采用此接线方式。

2. 低压配电柜

(1) 低压开关柜模数配合

常用低压抽屉柜标准安装模数为 $M = 25$mm，每台开关柜抽屉安装空间按照不超过 $72M$ 设计，抽屉总高为 1800mm。表 2-4-1 为不同的断路器壳架所占模数尺寸参考值，不同生产商的产品略有差异，此表仅供参考。因受接线条件及柜内垂直分支母线限制，每台

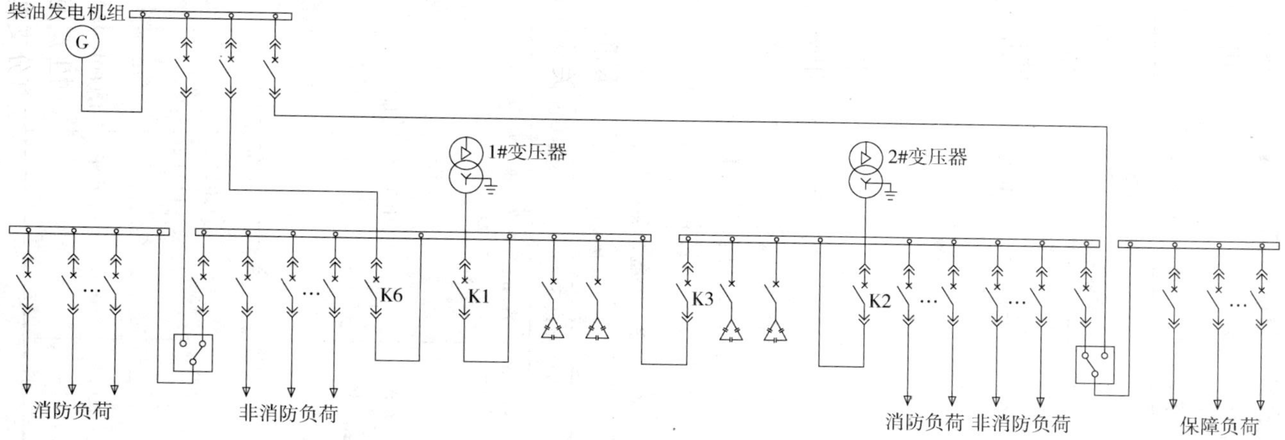

图2-4-5　低压主接线形式5

开关柜内安装框架断路器数量不宜超过两台。框架断路器与塑壳断路器不宜在同一柜体内拼装。

表 2-4-1 低压开关柜模数配合表

模数参考值	低压断路器壳架电流/A			
	塑壳断路器 MCCB		框架断路器 ACB	
	100 ~ 250	400 ~ 630	800 ~ 3200	4000 ~ 6300
单台断路器所占模数	$6M \sim 8M$	$12M \sim 16M$	$18M \sim 30MM$	$66M \sim 72M$
每台开关柜安装断路器最大数量	9			
		4		
			2	
				1

(2) 低压开关柜柜体尺寸

在无法确定柜型时，宜按每台开关柜柜高 2200mm，柜宽和柜深尺寸可按表 2-4-2 给出的参考数值进行设计和土建条件的预留。

表 2-4-2 低压开关柜柜体尺寸表

出线形式	柜体尺寸				备注
	3200A 及以下		4000A 及以上		
	宽/mm	深/mm	宽/mm	深/mm	
柜后出线	650 ~ 800	1000	1000 ~ 1100	1200 ~ 1400	柜底出线电缆沟开洞位于低压柜柜深后 1/3 范围。柜深内包含功能单元后侧设置的 400 ~ 600mm 深后出线电缆室
柜侧出线	1000	600	1100 ~ 1200	600	柜宽内包含功能单元右侧设置的 350 ~ 650mm 宽侧出线电缆室
柜内安装两台框架开关和一台 ATS (自动转换开关)	不小于 1200	1000	不小于 1600	1200 ~ 1400	宜与制造商根据具体柜型确定

（3）低压系统保护设置

低压主断路器采用过载长延时保护、短路短延时保护、接地故障保护，短路短延时保护的动作时间为0.3s，采用电动操作；母联断路器采用过载长延时保护、短路短延时保护，短路短延时保护的动作时间为0.2s，采用电动操作；馈线断路器整定值大于400A采用过载长延时保护、短路短延时保护和短路速断保护，小于等于400A采用过载长延时保护和短路速断保护。

表2-4-3和表2-4-4为低压主进断路器、母联断路器和馈线断路器整定值参数，仅供参考，如当地供电部门有特殊要求，以当地供电部门要求为准。

表2-4-3　低压主进和母联断路器整定值

变压器参数	主进断路器（电子脱扣器）				母联断路器（电子脱扣器）			
额定容量/kV·A	框架/壳架电流 I_n/A	脱扣器额定电流 I_o/A	过载长延时整定值 I_r/A	短路短延时整定值 I_{sd}/延时时限 T(A)/s	框架/壳架电流 I_n/A	脱扣器/电流互感器额定电流 I_o/A	过载长延时整定值 I_r/A	短路短延时整定值 I_{sd}/延时时限 T(A)/s
500	1000	1000	800	3200/0.3	1000	1000	640	2500/0.2
630	1250	1250	1000	4000/0.3	1250	1250	800	3200/0.2
800	1600	1600	1250	5000/0.3	1600	1600	1000	4000/0.2
1000	2000	2000	1600	6400/0.3	2000	2000	1280	5000/0.2
1250	2500	2500	2000	8000/0.3	2500	2500	1600	6400/0.2
1600	3200	3200	2500	10000/0.3	3200	3200	2000	8000/0.2
2000	4000	4000	3200	12800/0.3	4000	4000	2500	10000/0.2

低压主进长延时电流定值应可靠躲过变压器负荷电流，电流定值一般取（1.2～1.3）倍变压器额定电流，变压器最大负荷电流不宜超过变压器额定电流的1.3倍。短延时电流定值一般取（3.5～4）倍变压器额定电流。应校验并保证低压主开关定值与配电变压器高

压侧继电保护定值之间的配合关系，必要时可适当提高变压器高压侧过电流保护的电流定值，以确保低压设备故障时，高压侧继电保护设备不越级跳闸。

低压联络开关长延时电流定值一般取低压主开关最小长延时电流定值的75%～80%，短延时电流定值一般取低压主开关最小短延时电流定值的75%～80%。

馈线断路器长延时电流定值不应大于主开关长延时最小电流定值的75%～80%；有联络开关时，不应大于联络开关长延时电流定值的75%～80%。瞬时保护电流定值一般不应大于2倍变压器额定电流。

表2-4-4　低压馈线断路器整定值

断路器规格	馈线断路器＞400A（电子脱扣器）		馈线断路器≤400A（电子脱扣器或热磁脱扣器）	
保护方式	短路短延时整定值 I_{sd}/延时时限 T(A)/s	短路瞬动（速断）整定值 I_i/A	过载长延时整定值 I_r/A	短路瞬动（速断）整定值 I_i/A
参数	$4I_r$/0.1	$6I_r$	I_r	$(6\sim10)I_r$

2.4.3　变电所无功补偿及谐波治理

1. 无功补偿

在变配电所采用低压侧集中自动补偿方式，每台变压器的低压侧，各装设一组串联低压滤波补偿电容器和电抗器。采用模块化结构、专用控制器实现电容器与电抗器组的自动顺序投切。控制器应具有RS485标准接口（支持Modbus等标准通信规约），接入电力监控管理系统。补偿后功率因数不低于0.95。

方案设计或初步设计阶段缺少用电负荷统计数据时，可采用按变压器容量的20%～25%估算补偿容量，补偿后功率因数不应低于0.9，在缺少供电部门关于功率因数补偿的具体要求时，可按补偿后功率因数不应低于0.95计算补偿容量。单台低压电容器柜补偿容量不宜大于300kvar。

为避免谐波产生的谐振过电压烧毁电容器，在并联电力电容器组回路中串接电抗器。当配电系统中存在大量整流电源、变频装置等晶闸管设备，谐波含量以5次谐波为主时，并联电力电容器组串联电抗器比率宜为4.5%～7%；当配电系统中存在大量气体放电光源、个人计算机、日用电子设备等非线性负荷，谐波含量以3次谐波为主时，并联电力电容器组串联电抗器比率宜为12%～14%。

2. 谐波治理

酒店建筑中有大量的非线性负载，如水泵、空调机组、送排风机、电梯等设备的变频控制器、照明的调光控制模块、UPS、大量的电子设备等都会产生谐波，产生的谐波流入配电系统，会污染电网，不仅会对无功功率补偿设备造成潜在影响，还会影响各类电气设备正常运行，降低用电设备的使用寿命，增加运维成本，对供电系统的可靠性产生不良影响，甚至造成严重危害，所以酒店项目的电气系统设计应考虑谐波治理措施。有些酒店对谐波治理也会有明确的要求，如某国际品牌酒店管理公司提出以下谐波治理要求：

1）酒店变电所应预留滤波装置的安装位置。常见谐波源场所需考虑谐波抑制措施，总谐波失真控制在10%以下。

2）宴会厅、多功能厅的AV控制设备配电箱应设置就地滤波装置。

3）会议室音视频电源应为同相电源。

4）酒店调光系统应自带谐波抑制器。

5）设备变频器应自带滤波装置。

6）UPS应自带滤波装置。

2.4.4 电力监控系统

1. 系统架构

变电室的电力监控系统采用分散、分层、分布式结构设计，整个系统分为现场监控层、通信管理层和系统管理层，工作电源全部由UPS提供。

有人值守的配变电站宜设置电力监控系统，无人值守的配变电站应设置电力监控系统。设有主配变电站时，各分配变电站的监控数据应汇总至主配变电站。

高压配电系统宜采用安装电力监控系统监控模块或智能仪表的实施方案。当利用高压配电系统自有的测控一体型综保继电器代替电力监控系统监控模块组成的电力监控系统实现测控功能时，应保证电力监控系统能够兼容综保继电器的通信接口或传输协议。

电力监控系统主机宜装设于配变电室值班室内，用于监控数据的显示、统计、存储、分析、打印等。当工程项目设有智能系统集成平台时，电力监控系统数据应上传集成平台。

2. 系统功能

无特殊要求时，电力监控系统（或称智能仪表系统、电源管理系统等）宜实现遥信和遥测两种功能，检测数据包括低压主进开关、低压母联开关和出线开关的电压、电流、谐波、频率、功率因数、功率、有功/无功电能计量、断路器状态、故障跳闸信号等；高压系统采集电压、电流、频率、功率因数、功率、电能、断路器状态、手车位置、电机储能状态、故障信号、接地刀闸位置等。当供电部门有明确规定，且投资条件允许时，安装于低压配电系统中的电力监控系统可增加遥调和遥控功能。消防负荷的配电开关不宜装设遥调和遥控功能。

10kV 开关柜：采用微机保护测控装置对高压进线回路的断路器状态、失电压跳闸故障、过电流故障、单相接地故障遥信；对高压出线回路的断路器状态、过电流故障、单相接地故障遥信；对高压进线回路的三相电压、三相电流、零序电流、有功功率、无功功率、功率因数、频率、电能等参数，高压出线回路的三相电流进行遥测；对高压进线回路采取速断、过电流、零序、欠电压保护；对高压出线回路采取速断、过电流、零序、变压器超温跳闸保护。

变压器：高温报警，对变压器冷却风机工作状态、变压器故障报警状态遥信。

低压开关柜：对进线、母联回路和重要出线回路的三相电压、电流、有功功率、无功功率、功率因数、频率、有功电能、无功电能、谐波进行遥测；对低压一般出线回路的电流、电压遥测；对电容器出线的电流、电压、功率因数、温度遥测；对低压进线回路的进线开关状态、故障状态、电操储能状态、准备合闸就绪、保护跳闸类型遥信；对低压母联回路的进线开关状态、过电流故障遥信；对低压出线回路的分合闸状态、开关故障状态遥信；对电容器出线回路的投切步数、故障报警遥信。

直流系统：提供系统的各种运行参数：充电模块输出电压及电流、母线电压及电流、电池组的电压及电流、母线对地绝缘电阻；监视各个充电模块工作状态、馈线回路状态、熔断器或断路器状态、电池组工作状态、母线对地绝缘状态、交流电源状态；提供各种保护信息：输入过电压报警、输入欠电压报警、输出过电压报警、输出低电压报警。

柴油发电机组：监视柴油机的转数；监视发电机的运行参数：发电机的输出电压、电流、频率、有功功率、无功功率、功率因数等；日用油箱的油量。

2.4.5 智能配电系统

1. 设计理念

着眼于“低碳、高效、安全、智能”是数字经济发展的必然趋势。如图 2-4-6 所示，Eaton 智能配电设计理念充分整合中低压电气行业知识与物联网技术，实现了中低压配电资产一站式数字化运营，开辟了管理提升、技术提升、业务价值提升的新局面：

1）实现从现场数据采集、追踪、运营评价到二次优化的闭环运营，提高人员效率。

2）实现从设备上线、持续运营到更新迭代全生命周期管理，提高设备可用性与业务连续性。

3）实现设备日常运维与综合管理决策的融合与协调统一，成就业务监管创新，见微知著，挖掘数字化价值。

4）实现了行业大数据知识共享，内置场景化业务基线，让用户知己知彼，知短期目标，知远期方向。

5）实现了解决方案模块化，用户信息持续集成，用户价值持续交付，最大程度降本增效。

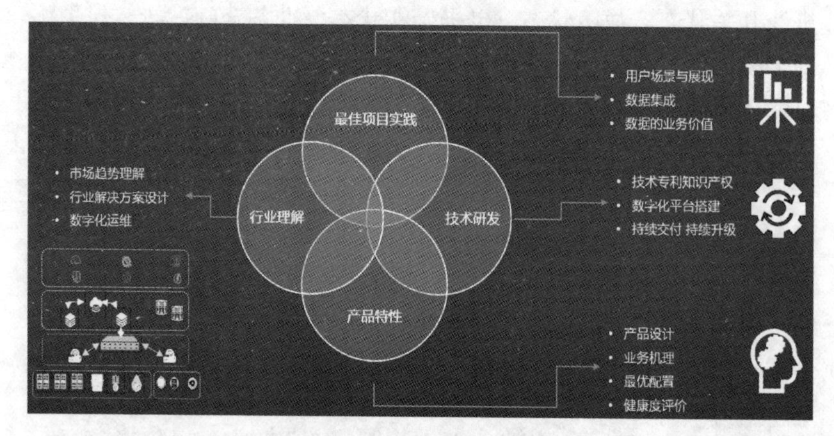

图 2-4-6　智能配电设计理念

2. 方案架构

Eaton 智能化解决方案具备以下典型特征：

1）可接入项目现场中的海量设备。

2）可接入广泛的数据类型，包括时序数据、结构化数据、非结构化数据。

3）具备高弹性的大量数据处理能力，满足跨时空集团用户、高负载场景应用要求。

4）内置中低压配电行业知识、行业数据基线与数据服务，支持多维数据对比。

5）支持云计算与大数据分析、机器学习。

6）支持内部或第三方应用程序开发。

Eaton 智慧配电解决方案包含数据采集层、平台处理层、业务应用层，如图 2-4-7 所示。

（1）数据采集层

支持本项目中及未来扩展所需物联接入的智能设备，包括智能断路器（如 ACB、MCCB）、智能电表、温湿度传感器、温度传感器以及必要的网关和交换机等智能设备的数据采集和统一物联接入，支持 Modbus-RTU/TCP 等通用工业协议，以此来满足各种形式的能源数据的实时计算及协同优化展示。

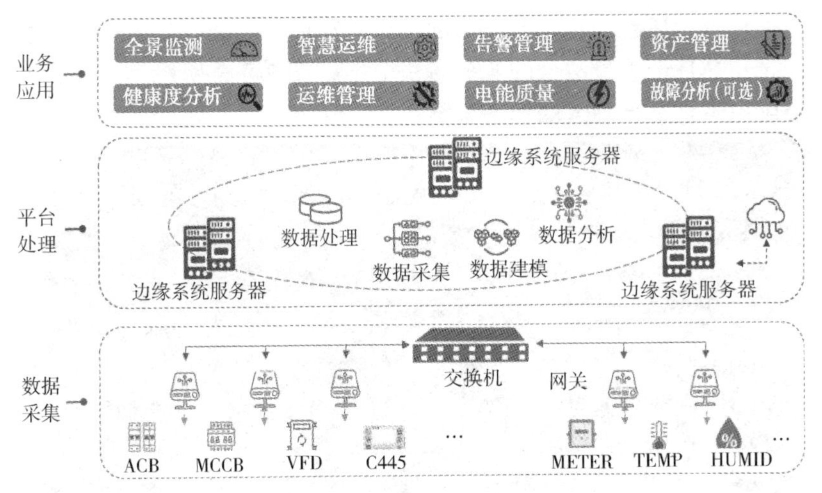

图 2-4-7　智慧配电方案架构

通过内嵌智能边缘软件系统的边缘计算节点完成设备数据收集、设备控制、数据规范化、基于设备模型的实时计算等能力。边缘计算节点能执行数据规约协议的转换，需支持 MQTT、HTTP 等主流物联网协议，并提供设备全生命周期的管理，支持未来将数据统一上传至云端物联网操作系统的扩展能力，具有断点保存并续传的功能，并能将必要计算进行现场计算处理，实现末端控制。并支持固件一站式远程升级。

（2）平台处理层

平台处理层沉淀有常用设备的模型与规约，可缩短将来新物联接入设备的接入时间，同时支持第三方开发者在其上开发新建设备模型、使用原有模型进行开发，支持对大数据进行数据分析和挖掘工作。云平台模块化程度高，可按需扩展，兼具业务扩展性与成本经济性。云平台支持时间序列数据库和预定义统计分析算法，具备应用灵活度；支持应用与数据隔离，数据冗余备份，具备高可用性。

（3）业务应用层

业务应用层需包含全景监测、智慧运维、资产管理、告警管理、运维管理、电能质量、健康度分析等模块。对于未来的定制化扩展功能需求，无须依赖于底层管理程序，提供可视化应用快速开发模块，可以帮助有开发能力的用户针对自身场景的多样化特点方便、快速地部署最适合的业务解决方案。图 2-4-8 所示为 Eaton 智慧配电本地部署和云端部署方案。

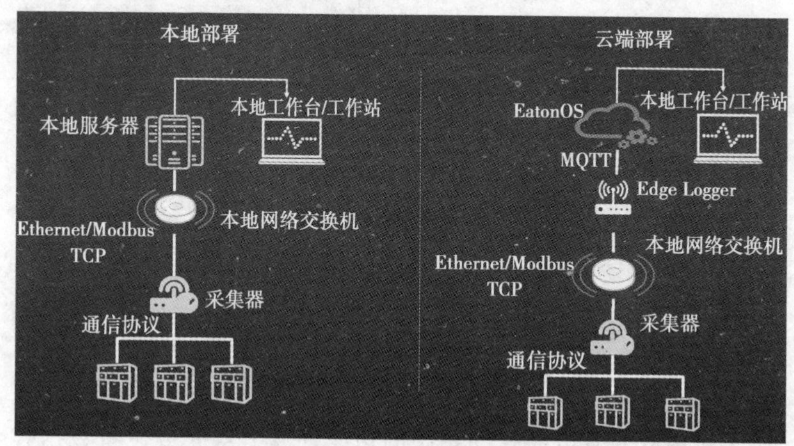

图 2-4-8　Eaton 智慧配电本地部署和云端部署方案

Eaton 智慧配电解决方案可以部署在私有云和公有云上，通过专属的硬件资源进行网络隔离并具有敏捷的业务扩展能力，同时支持通过 VPN 等连接服务，在保证网络连接的同时可有效保障客户数据安全。

EatonOS 智慧配电解决方案遵循一系列行业指导规范，如 ISA、ISO，并在设计、开发、交付、运维等各环节建立完备的安全机制，保障用户隐私与信息安全。

3. 典型场景

智慧配电解决方案提供以下典型场景，可满足不同用户多层次应用需求。图 2-4-9 给出了以智慧配电硬件产品为基础的数字化运营体系。

（1）全景监测

全景监测页面通过整体概览数据，方便用户直观掌握站点宏观情况，重点体现资产以及运维两大主要内容信息，包括设备接入信息、站点告警情况等。同时，全景监测页面与智慧运维界面紧密耦合，单击具体站点即可跳转至相应运维界面。

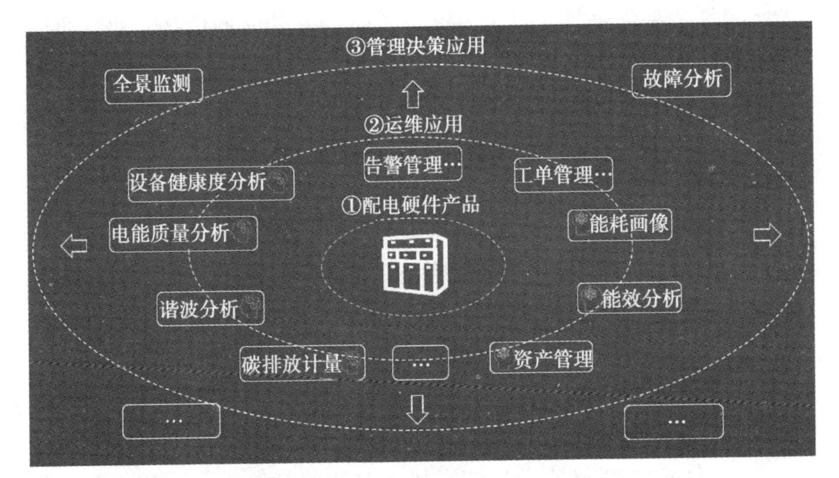

图 2-4-9　以智慧配电硬件产品为基础的数字化运营体系

（2）智慧运维

智慧运维指的是通过一次接线图以及实景建模，清晰还原配电房资产信息、告警信息以及关联告警处理等的运维操作。用户可以通过智慧运维界面，直观地掌握配电房各回路的运行数据、设备状态以及告警信息，使运维人员无须去到现场即可掌握第一手的运维信息。

智慧运维功能模块应具备平面监测（一次接线图）与立体监测（实景建模）两种模式，两种功能可动态相互切换。

（3）资产管理

资产管理主要针对用户配电资产的管理，如变压器、开关柜等，资产管理页面与物联平台紧密连接，可以一键导入配电资产信息，并进行实时数据的查看。同时，直接反应资产当前状态，如有无告警、健康状态如何等。用户通过资产管理可以清晰定位资产位置以及从属关系，针对断路器等重要设备，用户也可进行设备详情的查看。本模块同时与智慧运维、告警管理、运维工单、事件管理、设备健康度分析等模块紧密耦合。

（4）告警管理

告警管理页面将告警分为未解除与已解除两大类供用户进行查

询。同时，告警管理页面作为整个产品告警功能的依托，是大部分告警详情跳转的承载页面，与其他功能模块的告警信息紧密耦合。本模块展示告警信息的具体内容，包括告警的设备、所属位置、告警类型、告警级别、告警时间、当前状态、告警时间等内容，给处理人员准确、直观的信息，判断设备状况及处理方案。

（5）运维管理

满足用能企业用户、物业配电运维服务商用户及地方供配电管理用户的配电运维需求。支持分配部门管理员、班组长用户和工作班成员用户三级使用角色，调整工单生成的流程，增加多级派发、执行完成审核的部分。

（6）设备健康度分析

需依托智能断路器设备健康状态自评估的能力，采集断路器健康状态相关设备监测点，通过设备健康度分析模块向用户提供查询该类设备健康度的页面，方便用户提前识别出健康度较差设备，预先执行维护工作。同时，页面呈现导致断路器老化的主要原因——断路器脱扣，记录脱扣次数与时间，方便用户分析其老化原因。

（7）电能质量

支持对配电房各进线线路电能质量进行智能检测与分析，包括功率因数过低、电压偏差、三相电流不平衡、谐波等典型的电能质量问题，支持用户开展电能质量原因分析。此分析预测能力需具备离线横向比较和迭代能力。

（8）能耗分析

支持对配电房各进线线路进行能耗监控、分析、展示，支持后期的能耗优化。

2.5 变电所的选址

2.5.1 一般要求

1. 选址要求

1）变电所不允许有其他无关的设备管道和电气管线穿越。

2）变电所不应贴邻潮湿场所，例如卫生间浴室、土建水池、泳池等，当条件所限必须贴邻时，可采用走廊隔开或采用双层墙体，并进行双层防水处理。

3）电气机房的上方不得有平常积水的房间，不能有结构伸缩缝；电气设备正上方不得设置吊装口；电气设备正上方不得有结构后浇带，当条件所限后浇带通过设备正上方时，应采取有效地防水措施；电气机房上方楼板设有地板辐射采暖时，宜采取刚性防水或柔性防水措施。

4）变电所正上方楼板必须采取刚性防水或柔性防水措施。

5）变电所位于建筑最底层时，宜使变电室地面高于附近地面，且应设置电缆夹层并同时设置机械排水设施。

6）供电部门直管站及高压分界室，应设于首层。

2. 设备运输和荷载

1）配变电室、自备发电机房及其内部设备布置，必须设计变压器、发电机组运输通道。

2）变压器、发电机组运输，优先考虑采用电气专业自用的吊装孔、吊装竖井；当条件所限必须与设备专业合用吊装孔、运输通道时，应保证工程投入运行后，运输通道的畅通，且运输路径涉及的结构楼板均能承受变压器、发电机组运输荷载。

3）变压器、发电机组不宜利用汽车坡道运输。当条件所限，必须利用汽车坡道和汽车库运输变压器、发电机组时，运输路径涉及的结构楼板均须能承受变压器、发电机组运输荷载；汽车坡道和汽车库的净高须大于变压器、发电机组高度加运输设施高度之和；汽车坡道转弯半径须满足变压器、发电机组运输要求。

4）当超高层建筑在避难层或楼顶设有配变电室时，须保证至少有一台通往避难层或楼顶的电梯梯井尺寸和门洞尺寸能够满足变压器运输需要。

5）变压器、发电机组运输荷载除考虑设备净重外，尚需计算包装及运输设施的重量。发电机组安装位置楼板活荷载除考虑发电机组净重外，尚需计算 400～500mm 高度混凝土安装基础的重量，以及发电机组运行振动造成的冲击。上述荷载数据应以书面方式提供给结构专业。

6）配变电室、电子信息设备机房、发电机房、UPS 机房或电池室等电气用房的活荷载，应以书面方式提供给结构专业。

7）上进上出配变电室配出大量电缆、母线出线时，应考虑配变电室上层楼板吊装负荷问题并提供给结构专业。

2.5.2 对其他专业的要求

1. 对建筑专业的要求

变电所的建筑面积通常与变压器的台数、装机容量有关系，在方案阶段和初步设计阶段向建筑专业提资时，可参考表 2-5-1 给出的面积及层高要求。

表 2-5-1 变电所面积及层高要求

机房名称	面积	层高
配变电室	安装变压器 2 台、容量 1000kV·A 以下的变电站，使用面积 200～250m^2 安装变压器 2 台、容量 1000kV·A（含）以上的变电站，使用面积 250～300m^2 安装变压器 4 台、容量 1000kV·A（含）以上的变电站，使用面积 450～500m^2 一座配变电室不宜安装 4 台以上变压器	下进下出配变电室层高宜不小于 4m，梁下净高宜不小于 3.5m，电缆夹层层高不小于 2.1m，不宜大于 3m 上进上出配变电室层高应不小于 5m
高压分界室	标准 2 进 6 出分界室面积 30～40m^2	分界室层高不小于 3m；电缆夹层层高不小于 2.1m，不宜大于 3m

2. 对结构专业的要求

变电所地面板楼活荷载设计指标应满足电气装置安装和安全运行的要求，见表 2-5-2。

表 2-5-2 变电所荷载要求

机房名称	净高	荷载	备注
高压分界室	梁下净高3m	楼板活荷载按 4～7（kN/m^2）考虑	

（续）

机房名称	净高	荷载	备注
配变电室	梁下净高不小于3.2m	楼板活荷载按4～7(kN/m²)考虑	高压开关柜成排布置，按自重1000kg/m考虑 低压开关柜、低压电容器柜成排布置，按自重500kg/m考虑 变压器安装位置和运输路径考虑承受6500kg荷载（变压器底面积2400×1500mm²） 高压断路器柜在分闸操作时，考虑1000kg/台向上冲击力
配变电室电缆夹层	层高2.1m		位于配变电室正下方投影范围内，面积同配变电室

3. 对设备专业的要求

进行变电所设计时，应向设备专业提供变电所主要设备发热量，有些设备发热量可在生产厂家提供的技术数据中查到，在不确定供货厂家时，可参考表2-5-3给设备专业提供资料。

表2-5-3　变电所主要设备发热量

设备名称	发热量
变压器	按《电力变压器能效限定值及能效等级》(GB 20052—2020)，变压器空载损耗+(负载损耗×变压器负载率)之和计算
高压开关柜(W/每台)	200～300
C～GIS柜(W/每台)	<30
高压电容器柜(W/kvar)	3
低压开关柜(W/每台)	300～500
低压电容器柜(W/kvar)	4
直流屏	按输入功率的3%～5%计算，一般按200～300W/组计算

第3章　自备应急电源系统

3.1　应急电源综述

3.1.1　自备应急电源概念

1. 应急电源的基本概念

自备应急电源是由用户自行配备的，是在正常供电电源全部发生中断的情况下，能为用户应急负荷提供可靠供电的独立电源。

自备应急电源设置的目的是保证建筑供电可靠性。在市政电源失电情况下，维持建筑中重要负荷正常工作，避免引起重大安全事故和生命财产损失。

酒店属于人员密集场所，建筑功能复杂。具有重要数据多、人员疏散难度大、必保的重要负荷种类多、容量大的特点。

在市政电源不能正常工作时，除维持酒店正常运行外，还需确保重要数据保存和人员的生命财产安全；因发生火灾导致市电失电时，除保证人员安全疏散外，还需保证消防设备正常供电、应急指挥系统稳定运行。

因此，设置自备应急电源，可以提高酒店供电可靠性，确保酒店正常运行，保证数据安全，保障人员财产不因意外情况受损，它是酒店建筑供配电系统中的重要一环，扮演着人员和财产安全的守护者。

2. 自备应急电源的设置原则

酒店建筑中自备应急电源的设置原则：

1）根据有关规范和酒店管理公司设计标准的要求。

2）根据酒店的等级、用电负荷的特殊性和重要性。

3）根据城市电网的供电可靠性。

4）根据技术及经济的方案比较结果。

3. 酒店管理公司关于应急电源的要求

根据《旅馆建筑设计规范》（JGJ 62—2014）的要求，四级旅馆建筑宜设置自备电源；五级旅馆建筑应设置自备电源，设置容量需满足实际运行负荷的需求。

考虑到应急电源的必要性和重要性，各酒店管理公司对应急电源均有明确的要求。

表 3-1-1 中，酒店管理公司 1 对室外储油罐的设置要求，高于《建筑设计防火规范》（GB 50016—2014）的要求，实际情况也很难达到这个距离要求，有时建筑红线范围的室外小市政空间可能都没有 15m 的距离。对于酒店管理公司 3，将室外储油罐安装于地面上，不得埋地安装的要求，非常少见，如果技术标准中列出这样的要求，需要和酒店管理公司进行沟通，结合工程实际情况，确定最终的实施方案。

表 3-1-1　酒店管理公司对应急电源的要求

酒店管理公司	柴油发电机		
	切换时间	供电时间	储油罐设置要求
酒店管理公司 1	10s	48h，城市酒店 24h	距裙房不低于 15m 距高层建筑不低于 17.5m
酒店管理公司 2	15s	24h	设置于室外，当酒店方圆 5km 内有加油站时，可不设置
酒店管理公司 3	10s	24h，高风险区域 72h	安装于地面上，不得埋地设置

3.1.2 常用自备应急电源的种类和特点

1. 自备应急电源的种类

自备电源独立于市政电源，在酒店建筑中常见的自备应急电源可分为三种形式：柴油发电机组、不间断电源装置（UPS）和应急电源装置（EPS）。其中不间断电源装置（UPS）和应急电源装置（EPS）属于蓄电池组。

柴油发电机组是以柴油机作为动力，通过发电机向外部供电的设备，目前常见的有10kV和0.4kV两个电压等级。

不间断电源装置（UPS）包括整流器、逆变器、旁路/静态开关、输入/输出开关和蓄电池组，可分为在线式和后备式。

应急电源装置（EPS）包括逆变器、整流模块、充放电管理模块及蓄电池。常见的有直流型和交流型。

2. 常用自备应急电源的主要特点和使用场景

柴油发电机组供电时间较长，可根据不同的负荷需求调整储油量，确保供电时间。但是柴油发电机组供电接入时间较长，一般为30s，如中断供电时间需求较高，可选用起动时间为15s的快速自起动柴油机组。

不间断电源装置（UPS）中断供电时间为毫秒级，适用于对连续供电时间较高的建筑（系统），如数据中心、安防系统等。

应急电源装置（EPS）具有启动时间短的特点，应用在集中电源型的应急照明及疏散指示系统中。该系统技术要求详见第5章的有关内容。

本章主要对柴油发电机组和UPS的自备应急电源系统进行介绍。

3.2 柴油发电机系统

3.2.1 柴油发电机组概述

1. 柴油发电机组简介

当市电不能正常工作时，为保证酒店重要负荷用电，常设置柴油发电机组作为备用电源。柴油发电机组有主用功率和备用功率。主用功率是指机组在24h内，可以连续使用的最大功率；备用功率是指在每12h内，机组有1h可在主用功率基础上超载10%。

2. 柴油发电机组的组成

柴油发电机组通常由柴油机、三相交流同步发电机和控制系统等组成，如图3-2-1所示。移动式柴油发电机组的柴油机、发电机和控制屏（箱）均安装在公共底座上；固定式机组的柴油机和发电机安装在公共底座上，且底座是固定在钢筋混凝土基地上的，而控制屏和燃油箱等设备则与机组分开安装。

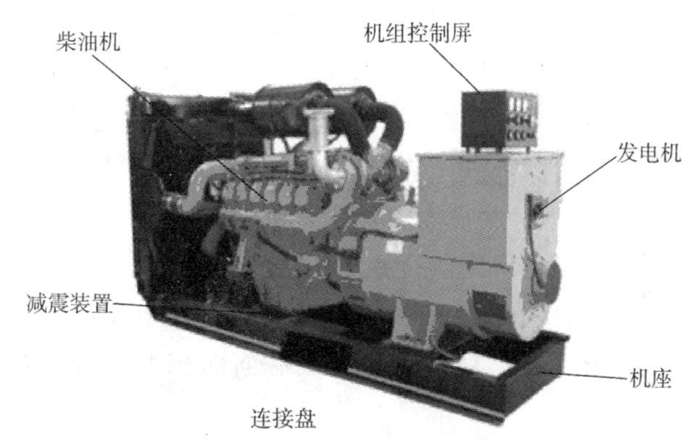

图3-2-1 柴油发电机组构成

柴油机的飞轮壳与发电机前端盖轴向采用凸肩定位，连接成一体，使柴油机驱动发电机转子运动。同时，为了减小噪声，机组一般需要安装专用消声器；为了减小机组工作时的振动，在柴油机、发电机、水箱和电气控制箱等主要组件与公共底座的连接处，一般装有减震器或橡皮减震垫。

3. 柴油发电机组的特点

在酒店建筑中，柴油发电机组普遍被用作自备电源，其特点如下：

（1）容量等级多

柴油发电机组容量跨度范围大，可满足建筑的多种用电需求。

常见柴油发电机组容量有120kW、250kW、400kW、500kW、600kW、800kW、1000kW、1500kW、1800kW、2000kW、2500kW等（均指机组主用功率）。

如有更多的容量需求，可通过设置多台柴油发电机组解决。各机组可独立运行，也可并机运行。

（2）配套设备完善，维护简单

柴油发电机组经过多年的使用和发展，已形成完善的操作、维护、保养体系，配套设备结构紧凑、故障率低，各设备厂家具有完整的售后网络。

（3）0.4kV和10kV柴油发电机组，满足不同项目需求

10kV柴油发电机组组的优点是：供电距离长，节能性好，节省设备安装空间，可解决因容量大需设多台发电机组并联运行的问题；缺点是：辅助设备多，系统相对复杂，运行成本高，需专业人员操作。

0.4kV柴油发电机组的优点是：系统简单，运行成本低，在低压侧切换电源，可靠性高，便于接入临时发电车；缺点是：供电距离受限，低压出线回路多且导线截面面积大，对管井面积要求大。

3.2.2 柴油发电机组在酒店设计中的供电范围

根据《民用建筑电气设计标准》（GB 51348—2019）规定，一级负荷中特别重要负荷，应设置应急电源供电。考虑到酒店建筑内部布局和功能，各大酒店管理公司对柴油发电机供电范围均有明确的要求，表3-2-1为某品牌五星级酒店柴油发电机组供电范围。

表3-2-1 柴油发电机组供电范围

保障负荷类型	保障负荷内容
消防负荷	消防水泵、防排烟风机、消防分控室设备、应急照明、消防电梯、防火卷帘、变配电室及柴发机房用电等

（续）

保障负荷类型	保障负荷内容
非消防负荷	酒店经营及设备管理用计算机系统(酒店管理系统、建筑设备监控系统、IT 系统、安防系统、卫星及有线电视系统、财务室等)用电,客梯、排水泵、生活泵、冷库及抽油烟机、航空障碍灯电源、擦窗机、锅炉房用电,全日餐厅及厨房、宴会厅、康体娱乐、大堂、公共卫生间、康体区、主要通道等场所的照明用电,工程部用电,宴会厅电声用电,总统套房、残疾人客房、残疾人卫生间、电伴热用电等

注：部分酒店管理公司对柴油发电机组供电范围要求见本书附录。

3.2.3 柴油发电机组的容量选择

1. 电压等级选择建议

综合考虑经济性、供电可靠性等因素，在选择 0.4kV 或 10kV 柴油发电机组时有如下建议：低压系统优先，不能满足要求时，宜分区分段考虑，低区低压，高区高压。

（1）供电半径小于 300m

供电半径小于 300m 时，选用 0.4kV 柴油发电机组和 10kV 柴油发电机组的方案初期投资差别不大，考虑到 0.4kV 机组系统技术相对成熟、供电可靠性高、运营维护要求较低，建议选用 0.4kV 柴油发电机组。

（2）供电半径在 300～400m 之间

供电半径在 300～400m 之间时，选用 0.4kV 柴油发电机组和 10kV 柴油发电机组的方案初期投资有一定差别。综合考虑供电可靠性、维护成本等因素，建议选用 0.4kV 柴油发电机组。

（3）供电半径大于 400m

供电半径大于 400m 时，受供电线路电压降影响，建议在建筑高区选用 10kV 柴油发电机组，低区可选用 0.4kV 或 10kV 发电机组，需根据具体项目实际情况，综合各方面因素考虑。

2. 容量选择建议

（1）方案/初步设计阶段

在确定柴油发电机组容量时，需综合考虑应急或备用负荷大小及单台电动机最大起动容量等因素。

在方案或初步设计阶段，按下述方法估算并选择其中容量最大者：

1）按建筑面积估算。建筑面积在10000m^{2}以上的大型建筑按15~20W/m^{2}设计，建筑面积在10000m^{2}及以下的中小型建筑按10~15W/m^{2}设计。

2）按配电变压器容量估算。按照配电变压器容量的10%~20%进行估算。

3）按电动机起动容量估算。当允许发动机端电压瞬时压降为20%时，发电机组直接起动异步电动机的能力为每1kW电动机功率，需要5kW柴油发电机组功率。若电动机减压起动或软起动，由于起动电流减小，柴油发电机容量也按相应比例减小。按电动机功率估算后，然后进行规整，即按照柴油发电机组的标定系列估算容量。

（2）施工图阶段

在施工图阶段可根据一级负荷、消防负荷以及某些重要的二级负荷容量，按下述方法计算并选择其中容量最大者：

1）按稳定负荷计算发电机容量：

$$S_{G1}=\frac{P_{\Sigma}}{\eta_{\Sigma}\cos\varphi} \tag{3-2-1}$$

式中 S_{G1}——按稳定负荷计算的发电机视在功率（kV·A）；

P_{Σ}——发电机总负荷计算功率（kW）；

η_{Σ}——所带负荷的综合效率，一般取$\eta_{\Sigma}=0.82\sim0.88$；

$\cos\varphi$——发电机额定功率因数，一般取$\cos\varphi=0.8$。

2）按尖峰负荷计算发电机容量：

$$S_{G2}=\frac{K_J}{K_G}S_M=\frac{K_J}{K_G}\sqrt{P_M^2+Q_M^2} \tag{3-2-2}$$

式中 S_{G2}——按尖峰负荷计算的发电机视在功率（kV·A）；

K_J——因尖峰负荷造成电压、频率降低而导致电动机功率下降的系数，一般取$K_J=0.9\sim0.95$；

K_G——发电机允许短时过载系数，一般取 $K_G=1.4\sim1.6$；

S_M——最大的单台电动机或成组电动机的起动容量（kV·A）；

P_M——S_M 的有功功率（kW）；

Q_M——S_M 的无功功率（kvar）。

3）按发电机母线允许压降计算发电机容量：

$$S_{G3}=\frac{1-\Delta U}{\Delta U}X_d'S_{st\Delta} \tag{3-2-3}$$

式中 S_{G3}——按母线允许压降计算的发电机视在功率（kV·A）；

ΔU——发电机母线允许电压降，一般取 $\Delta U=0.2$；

X_d'——发电机瞬态电抗，一般取 $X_d'=0.2$；

$S_{st\Delta}$——导致发电机最大电压降的电动机的最大起动容量（kV·A）。

选用 0.4kV 柴油发电机组时，单台机组容量不宜超过 1600kW；选用 10kV 柴油发电机组时，单台机组容量不宜超过 2400kW。

当用电负荷容量较大时，可采用多台机组并机运行，应急柴油发电机组并机的台数不宜多于 4 台，备用柴油发电机组并机时，台数不宜多于 7 台。0.4kV 柴油发电机组并机后总容量不宜超过 3000kW。并机运行时，需选择型号、规格和特性相同的机组和配套设备。

3. 酒店建筑特殊要求

在确定柴油发电机组容量时，还需结合酒店管理公司提出的设计标准，如某酒店工程设计技术标准中，要求设置柴油发电机时，需预留 15% ~20% 的冗余量，以备瞬时峰值负荷及未来的增容需求。

3.2.4 常见柴油发电机组的性能参数

目前市场常见的柴油发电机厂家有很多，本节选取三个品牌的柴油发电机组产品进行介绍，其常见参数特性见表 3-2-2，各品牌详细型号应用数据见表 3-2-3 ~ 表 3-2-5。

表 3-2-2　三个品牌柴油发电机组常见参数

		品牌一	品牌二	品牌三
机组参数	制造标准	GB/T 2820 系列、ISO 8528、IEC 34	GB/T 2820 系列、ISO 8528、ISO 3046、BS 5514	GB/T 2820 系列、ISO 8528
	防护等级	IP23		
	输出电压	400/230V		
	频率	50Hz		
	接线方式	三相四线(Y联结)		
	功率因数	0.8(滞后)		
	环境条件	环境温度≤40℃,相对湿度≤60%,海拔≤1000m		
柴油机参数	额定转速	1500r/min		
	气缸	V 型/16 缸、V 型/12 缸、V 型/8 缸、直列/6 缸		
	供油方式	电喷		
	调速方式	电子调速		
	冷却方式	水箱散热(环境温度 40℃),传送带驱动冷却风扇,带风扇安全护罩。机组具备采用远置式散热方案		
发电机参数	额定电压	400/230V		
	频率	50Hz		
	绝缘等级	H 级		
	励磁方式	无刷自励		
	调节方式	自动电压调节器		
其他特性		旋转磁场,单轴承,4 极,无刷,防滴漏结构,发电机可在沙石盐、海水和化学腐蚀的环境中使用	具有专利燃油系统,具有独特的超速保护装置。发电机低电抗设计使非线性负载下的波形失真极小,每 12h 允许 1h 超载 10%	高海拔功率下降少,每上升 1000m 功率下降≤2.5%;分步负载性能更优异,转速降低且恢复时间更短;更佳的低温冷起动性能;较大的排烟背压

表 3-2-3　品牌一应用数据

机组型号	发动机参数（1500r/min）											发电机参数（400V；50Hz；$\cos\varphi=0.8$）					
	发动机型号	最大功率	汽缸数	排量	平均燃油耗	冷却液容量	润滑油容量	风扇流量	燃烧空气	排气流量	排气温度	发电机型号	额定功率	效率（%）	励磁方式	防护等级	绝缘等级
		kW	缸	L	L/h	L	L	m^3/min	m^3/min	m^3/min	℃	斯坦福	kW				
KP120GF	1006TAG	141	6	6.0	28.5	37	19	154	11	31	595	UCI274E	112	91.5%	无刷励磁	IP23	H
KP160GF	1106C-E66TAG4	180	6	6.7	33.5	21	17	180	12	31	499	UCI274G	145	93.3%	无刷励磁	IP23	H
KP175GF	1306C-E87TAG3	205	6	8.7	45.2	37	26	375	14	37	524	UCI274H	160	93.0%	无刷励磁	IP23	H
KP200GF	1306C-E87TAG4	224	6	8.7	45.2	37	26	375	15	40	526	UCI274J	184	92.4%	无刷励磁	IP23	H
KP220GF	1306C-E87TAG6	246	6	8.7	46.6	37	26	375	16	45	526	UCD274K	200	92.7%	无刷励磁	IP23	H
KP300GF	2206A-E13TAG2	349	6	12.5	73	47	40	654	24	65	528	HCI444E	280	93.3%	无刷励磁	IP23	H
KP350GF	2206C-E13TAG3	412.5	6	12.5	85	51	40	654	26	72	630	HCI444F	320	93.4%	无刷励磁	IP23	H
KP400GF	2506C-E15TAG1	451	6	15.2	84.8	58	62	722	36	94	550	HCI544C	400	93.8%	无刷励磁	IP23	H
KP440GF	2506C-E15TAG2	495	6	15.2	93.2	58	62	722	37	98	550	HCI544C	400	93.8%	无刷励磁	IP23	H
KP550GF	2806A-E18TAG1A	592.7	6	18.1	114.1	61	62	702	36	104	571	HCI544FS	500	94.9%	无刷励磁	IP23	H
KP640GF	4006-23TAG2A	711	6	22.9	138.8	156	113	1200	71	180	430	LV634B	600	93.3%	PMG 永磁	IP23	H
KP700GF	4006-23TAG3A	786	6	22.9	152.1	156	123	1200	73	193	500	LV634C	640	93.7%	PMG 永磁	IP23	H
KP880GF	4008TAG2A	985	8	30.5	193.9	149	166	2000	64	200	465	LV634E	800	94.3%	PMG 永磁	IP23	H
KP1100GF	4012-46TWG2A	1217	12	45.8	237.6	201	178	1456	109	180	422	LV634G	1000	94.9%	PMG 永磁	IP23	H
KP1200GF	4012-46TWG3A	1314	12	45.8	258.6	201	178	1610	114	182	174	PI734B	1120	95.3%	PMG 永磁	IP23	H
KP1300GF	4012-46TAG2A	1459	12	45.8	285.2	210	178	1825	120	280	425	PI734C	1240	95.4%	PMG 永磁	IP23	H
KP1450GF	4012-46TAG3A	1643	12	45.8	313.7	210	178	1860	135	350	480	PI734D	1320	96.2%	PMG 永磁	IP23	H
KP1600GF	4016TAG1A	1741	16	61.1	316.9	316	214	1920	135	356	500	PI734E	1500	95.8%	PMG 永磁	IP23	H
KP1800GF	4016TAG2A	1937	16	61.1	380.2	316	214	1920	155	411	480	PI734F	1664	96.4%	PMG 永磁	IP23	H
KP2000GF	4016-61TRG3A	2183	16	61.1	373	316	214	1920	160	490	475	MX-1800-4	1800	96.6%	PMG 永磁	IP22	H

表 3-2-4　品牌二应用数据

机组型号	发动机参数(1500r/min)											发电机参数(400V;50Hz;$\cos\varphi=0.8$)						
	发动机型号	最大功率	汽缸数	排量	平均燃油耗	冷却液容量	润滑油容量	风扇流量	燃烧空气	排气流量	排气温度	发电机型号	额定功率		效率(%)	励磁方式	防护等级	绝缘等级
		kW	缸	L	L/h	L	L	L/s	L/s	L/s	℃	斯坦福	kW	kV·A				
KD28	4B3. 9-G2	27	4	3. 9	5. 2	16. 9	10. 9	1683	33	71	410	PI144E	20	25	85. 3	无刷励磁	IP23	H
KD41	4BT3. 9-G2	40	4	3. 9	7. 3	16. 9	10. 9	1683	45	108	487	PI144J	32	40	86. 6	无刷励磁	IP23	H
KD69	4BTA3. 9-G2	64	4	3. 9	9. 8	16. 9	10. 9	1683	57	155	485	UCI224F	58	73	89. 9	无刷励磁	IP23	H
KD105	6BT5. 9-G2	106	6	5. 9	17	24. 6	16. 4	2783	108	280	565	UCI274C	80	100	90. 4	无刷励磁	IP23	H
KD125	6BTA5. 9-G2	116	6	5. 9	20	28	16. 4	2783	130	306	570	UCI274D	96	120	90. 6	无刷励磁	IP23	H
KD140	6BTAA5. 9-G2	130	6	5. 9	23	31	16. 4	2783	145	324	492	UCI274E	112	140	91. 7	无刷励磁	IP23	H
KD200	6CTA8. 3-G2	180	6	8. 3	30	42	23. 8	4583	178	450	563	UCI274G	145	181	92. 7	无刷励磁	IP23	H
KD220	6CTAA8. 3-G2	203	6	8. 3	34	42	23. 8	4583	187	485	545	UCI274H	160	200	93. 3	无刷励磁	IP23	H
KD275	6LTAA8. 9-G2	240	6	8. 3	39	47	27. 6	5750	220	572	470	UCD274K	200	250	92. 7	无刷励磁	IP23	H
KC275	MTA11-G2A	257	6	11	42. 0	51	38. 6	8161	280	707	410	UCD274K	200	250	92. 7	无刷励磁	IP23	H
KC345	MTAA11-G3	310	6	11	44. 9	51	38. 6	9213	395	950	440	HCI444ES	260	325	93. 3	无刷励磁	IP23	H
KC250	NT855-G	225	6	14	37. 6	61	38. 6	8161	301	680	448	UCD274J	184	230	92. 6	无刷励磁	IP23	H
KC275	NT855-GA	254	6	14	41. 3	61	38. 6	8161	306	690	469	UCD274K	200	250	92. 7	无刷励磁	IP23	H
KC295	NTA855-G1	264	6	14	45. 2	61	38. 6	8161	345	852	498	HCI444D	240	300	93. 0	无刷励磁	IP23	H
KC315	NTA855-G1A	291	6	14	46. 1	61	38. 6	8161	379	936	498	HCI444D	240	300	93. 0	无刷励磁	IP23	H
KC345	NTA855-G1B	321	6	14	54. 3	61	38. 6	9213	418	1090	499	HCI444ES	260	325	93. 3	无刷励磁	IP23	H
KC345	NTA855-G2	321	6	14	54. 3	61	38. 6	9213	418	1119	499	HCI444ES	260	325	93. 3	无刷励磁	IP23	H
KC390	NTA855-G2A	343	6	14	54. 9	61	38. 6	9213	431	1095	558	HCI444E	280	350	93. 5	无刷励磁	IP23	H

KC395	NTA855-G4	351	6	14	57.5	72	38.6	9213	434	1225	541	HCI444E	280	350	93.5	无刷励磁	IP23	H
KC415	NTAA855-G7	377	6	14	64.7	72	38.6	10329	485	1237	497	HCI444FS	304	380	93.4	无刷励磁	IP23	H
KC440	NTAA855-G7A	406	6	14	67.8	72	38.6	10329	549	1240	473	HCI444F	320	400	93.4	无刷励磁	IP23	H
KC415	KTA19-G2	369	6	19	64	91	50	8180	446	1241	529	HCI444FS	304	380	93.4	无刷励磁	IP23	H
KC500	KTA19-G3	448	6	19	73	91	50	9800	533	1489	532	HCI544C	400	500	93.8	无刷励磁	IP23	H
KC550	KTA19-G4	504	6	19	82	91	50	9800	579	1604	557	HCI544C	400	500	93.8	无刷励磁	IP23	H
KC650	KTA19-G8	575	6	19	88.2	128	50	13889	732	1992	490	HCI544E	488	610	94.9	无刷励磁	IP23	H
KC625	KTAA19-G5	555	6	19	91	128	50	13889	697	1855	532	HCI544E	488	610	94.9	无刷励磁	IP23	H
KC650	KTAA19-G6	570	6	19	88.2	128	50	13889	732	1992	490	HCI544E	488	610	94.9	无刷励磁	IP23	H
KC690	KTAA19-G6A	610	6	19	95.2	128	50	13889	750	2050	584	HCI544FS	500	625	95.0	无刷励磁	IP23	H
KC690	KTAA19-G7	610	6	19	95.2	128	50	13889	750	2050	580	HCI544FS	500	625	95.0	无刷励磁	IP23	H
KC725	QSK19-G3	634	6	19	109	128	84	13889	810	2090	515	HCI544F	536	670	95.0	无刷励磁	IP23	H
KC690	KT38-G	615	12	38	104	194	135	28877	873	2525	546	HCI544FS	500	625	95.0	无刷励磁	IP23	H
KC825	KTA38-G2	731	12	38	128	210	135	30425	920	2643	552	LV634B	600	750	93.3	PMG 永磁	IP23	H
KC890	KTA38-G2B	789	12	38	135	210	135	30425	992	3018	506	LV634C	640	800	93.6	PMG 永磁	IP23	H
KC1000	KTA38-G2A	895	12	38	147	210	135	30425	1126	3225	536	LV634D	728	910	93.5	PMG 永磁	IP23	H
KC1100	KTA38-G5	970	12	38	161	210	135	30425	1213	3306	513	LV634E	800	1000	94.2	PMG 永磁	IP23	H
KC1250	KTA38-G9	1098	12	38	190	210	135	30425	1393	3540	529	LV6F	904	1130	94.7	PMG 永磁	IP23	H
KC1375	KTAA38-G9A	1195	12	38	207	210	135	30425	1550	4240	595	LV634G	1000	1250	94.9	PMG 永磁	IP23	H
KC1375	KTA50-G3	1227	16	50	199	260	177	30425	1546	4309	583	LV634G	1000	1250	94.9	PMG 永磁	IP23	H
KC1650	KTA50-G8	1429	16	50	222	280	204	30425	1655	4350	510	PI734C	1240	1550	95.4	PMG 永磁	IP23	H
KC2060	QSK60-G3	1789	16	60	266	454	280	26400	2317	5333	477	PI734E	1500	1875	95.8	PMG 永磁	IP23	H
KC2200	QSK60-G4	1915	16	60	296	454	280	26400	2400	5617	450	PI734F	1664	2080	96.0	PMG 永磁	IP23	H

表 3-2-5　品牌三应用数据

机组型号	发动机参数(1500r/min)											发电机参数(400V;50Hz;$\cos\varphi=0.8$)				
	发动机型号	最大功率	汽缸数	排量	平均燃油耗	冷却液容量	润滑油容量	风扇流量	燃烧空气	排气流量	排气温度	发电机型号		励磁方式	防护等级	绝缘等级
		kW	缸	L	L/h	L	L	L/s	L/s	L/s	℃	*斯坦福	马拉松			
KM660	S6R-PTA	555	6	24.5	95	113	100	9700	750	1850	500	HCI544E	MP-480-4A	无刷自励	IP23	H
KM750	S6R2-PTA	635	6	30.0	104	118	100	12000	833	2083	500	HCI544F	MX-560-4	无刷自励	IP23	H
KM825	S6R2-PTAA	710	6	30.0	128	118	92	12100	967	2550	520	LV634B	MX-600-4	永磁励磁	IP23	H
KM850	S12A2-PTA	724	12	33.9	131	215	120	19000	1017	2567	490	LV634C	MX-630-4	永磁励磁	IP23	H
KM1160	S12H-PTA	980	12	37.1	150	244	200	30000	1383	3350	500	LV634F	MX-850-4	永磁励磁	IP23	H
KM1375	S12R-PTA	1190	12	49.0	200	335	180	30000	1617	3917	520	LV634G	MX-1030-4	永磁励磁	IP23	H
KM1500	S12R-PTA2	1285	12	49.0	211	335	180	32500	1831	4217	530	PI734B	MX-1240-4	永磁励磁	IP23	H
KM1650	S12R-PTAA2	1404	12	49.0	220	335	200	32000	1931	4517	525	PI734C	MX-1240-4	永磁励磁	IP23	H
KM1875	S16R-PTA	1590	16	65.4	233	350	230	34000	2117	5150	510	PI734D	MX-1350-4	永磁励磁	IP23	H
KM2060	S16R-PTA2	1760	16	65.4	314	445	230	34000	2433	5717	520	PI734E	MX-1540-4	永磁励磁	IP23	H
KM2250	S16R-PTAA2	1895	16	65.4	324	400	230	41667	2567	6233	520	PI734F	MX-1800-4	永磁励磁	IP23	H

3.2.5 柴油发电机房设计

1. 柴油发电机房的设计方法

柴油发电机房的设置需依据《民用建筑电气设计标准》（GB 51348—2019）和《建筑设计防火规范》（GB 50016—2014）（2018年版）中的相关规定。同时还需结合建筑布局和业主的要求，确定柴油发电机房设置的位置。

《建筑设计防火规范》（GB 50016—2014）（2018 年版）对柴油发电机房设置的要求如下：

1）宜布置在首层或地下一、二层。

2）不宜布置在人员密集场所的上一层、下一层或贴邻。

《民用建筑电气设计标准》（GB 51348—2019）对柴油发电机房设置的要求如下：机房宜布置在建筑的首层、地下室、裙房屋面。地下室大于三层时，不宜设置在最低层，并靠近变电所设置。机房宜靠建筑外墙布置，应有通风、防潮、机组排烟、消声和减振等措施，且满足环保要求。

针对酒店建筑，在确定机房设置位置时需综合考虑建筑形式布局及对商业价值的影响，建议采用地下室集中设置的方式。其优点如下：

1）柴油发电机房面积较大，设置于地下室，不占用商业价值较高的区域，对建筑布局影响小。

2）设置于地下室机房区，便于集中运营管理。

3）集中设置柴油发电机组，集中考虑进排风、排烟、降噪、环保措施，也可集中考虑供油系统设计。

2. 柴油发电机房的布置

《民用建筑电气设计标准》（GB 51348—2019）对柴油发电机房的布置提出明确的要求：

1）单台机组容量不大于 1000kW 或总容量不大于 1200kW 时，发电机室、控制室及配电室可合并在同一房间内。

2）机房布置应符合机组运行工艺要求。

3）机组布置应符合如下要求：

● 机组宜横向布置。

● 机房与控制室、配电室贴临时，发电机出线端与电缆沟宜布置在靠控制室、配电室侧。

● 机组之间、机组至墙最小净距应满足表 3-2-6 的要求：

表 3-2-6　机组之间、机组至墙最小净距　（单位：m）

项目	容量/kW					
	64 及以下	75～150	200～400	500～1500	1600～2000	2100～2400
机组操作面	1.5	1.5	1.5	1.5～2.0	2.0～2.2	2.2
机组背面	1.5	1.5	1.5	1.8	2.0	2.0
机组顶端	0.7	0.7	1.0	1.0～1.5	1.5	1.5
机组间距	1.5	1.5	1.5	1.5～2.0	2.0～2.3	2.3
发电机端	1.5	1.5	1.5	1.8	1.8～2.2	2.2
机房净高	2.5	3.0	3.0	4.0～5.0	5.0～5.5	5.5

柴油发电机房布置示意图如图 3-2-2 所示。

3. 柴油发电机房对其他专业的要求

（1）对给水排水专业的要求

1）柴油发电机房内应预留给水排水条件，并设有洗手盆和落地洗涤槽。

2）每台柴油发电机组应设置冷却水泵，机组自带时，宜设置 1 台备用泵。

3）柴油机冷却水的水质应符合产品技术要求。冷却系统为闭式循环冷却系统时，应设置膨胀水箱，其安装位置应高于柴油机冷却水的最高水位。

（2）对暖通专业的要求

1）利用自然通风，排除柴油发电机房内的余热。不能满足要求时，需设置机械通风装置。

2）柴油发电机房位于高层建筑的地下室时，应设置防/排烟措施、防潮措施及新风设施。

3）柴油发电机房内湿度、温度均需满足相关规范要求。

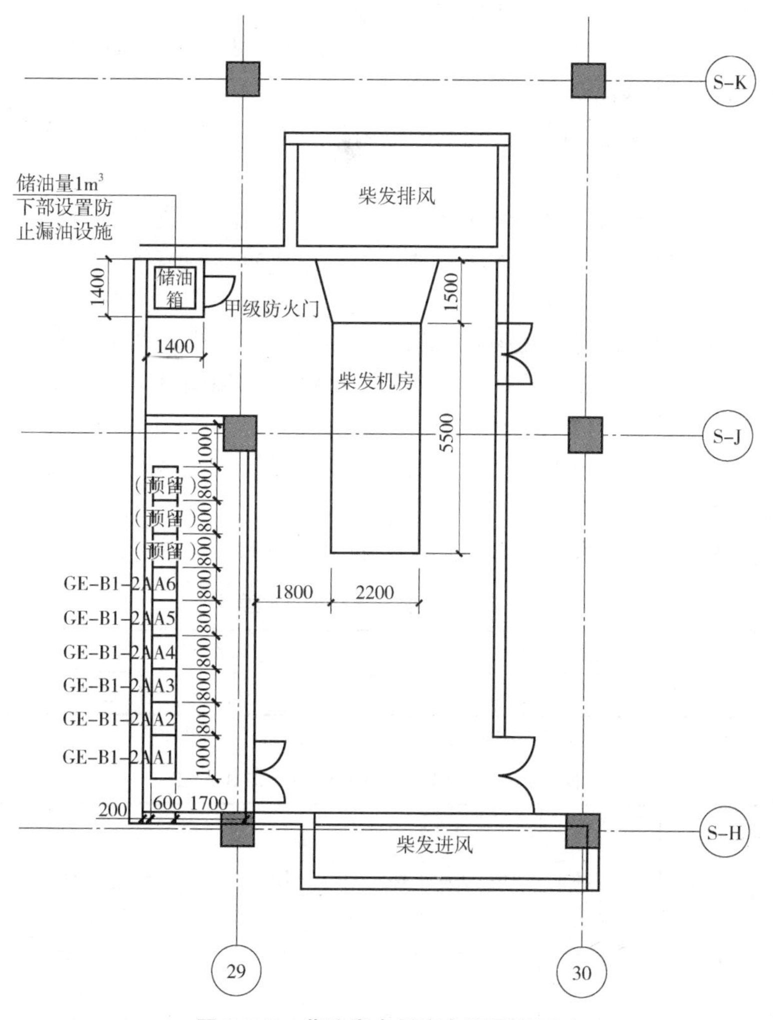

图 3-2-2　柴油发电机房布置示意图

4）装有自起动机组的柴油发电机房，应保证机房温度满足机组自起动的需要，当不能满足温度要求时，应采用预热装置。高湿度低区，应考虑设置防止结露设施。

（3）对土建专业的要求

1）柴油发电机房设置在民用建筑的首层、地下一、二层时，不应布置在人员密集场所正上、下方或贴邻。

2）防火墙的耐火极限不低于2h，楼板耐火时间不应小于1.5h，门应采用甲级防火门。

3）设置储油间时，储油间隔墙耐火极限不低于3h，并设置甲方防火门。

4）设置大于500kW机组的机房，宜单独设置配电室。

5）机房内宜做水泥压光地面，并采取防油浸措施，配电室宜做水磨石地面。

6）机房应考虑做消音、隔声处理，机组基础采取减振措施。

7）机组基础采取防油浸措施，可设置排油沟槽，并与机房内管沟、电缆沟有0.3%的坡度。

8）机房有良好的通风、采光措施。风沙较大区域，应有防风沙措施。

9）机房面积和荷载需求参照表3-2-7和表3-2-8。

表3-2-7 柴油发电机房面积要求

单台柴油发电机组容量	500～1500kW	1600～2000kW	备注
机房面积/m^2	80	100	包含储油间

注：当设置多台机组时，机房面积相应增加。

表3-2-8 常用柴油发电机组重量和尺寸

机组常用功率/kW	120	250	400	500	600	800	1000	1200	1500	1800	2000	2200～2500
机组尺寸（长×宽×高）/mm	2500×1050×1800	3400×1150×2000	3550×1500×2100	3700×1600×2100	4100×1900×2100	5000×2000×2300	5300×2200×2300	5800×2200×2400	6500×3000×3500	6500×3000×3500	7200×3000×3500	7200×3000×3500
重量/kg	680～1800	2200～3300	4580	3850～4700	5210～6310	6600～7670	9500～13200	9700～14500	11100～15200	13400～17500	16000～21300	17000～26500

注：机组尺寸及重量仅供参考，不同品牌产品存在一定差异。

(4) 柴油发电机组排烟

柴油发电机组排烟管道截面面积：

$$S = \frac{V_y}{3600 \times W} \tag{3-2-4}$$

式中 S——排烟管截面面积；

V_y——烟气流量；

W——烟气流速。

在确定柴油发电机组排烟管径时，还需结合排烟管长度、弯头数量、烟气流速等参数进行排烟管计算，见表 3-2-9。

表 3-2-9 柴油发电机组排烟管管径（以 1500kW 柴油发电机为例，弯头数量取 4）

管道长度/m（水平 + 竖直）	10 + 10（排至地面）	10 + 40（排至裙房屋顶）	10 + 150（排至塔楼屋顶）
排烟管内径/mm	500	500	500

《建筑电气常用数据》（19DX101-1）中柴油发电机组的排烟管的管径见表 3-2-10。

表 3-2-10 柴油发电机组排烟管管径

发电机组常用功率/kW	120	250	400	500	600	800	1000	1200	1500	1800	2000	2200 ~ 2500
排烟管直径（DN）	1×80	1×125 /1×150	1×150 /2×125	1×200 /2×125	2×150 /2×200	2×150 /2×200	2×200 /2×250	2×200 /2×250	2×200 /2×250	2×200 /2×250	2×200 /2×250	2×150 /2×250

3.3 不间断电源系统（UPS）

3.3.1 UPS 概述

1. UPS 机组的介绍

UPS 利用电池储能装置作为后备电源，在市电断电时，为用户提供稳定电源，主要给对电源稳定性要求较高的设备供电。

当市电正常供电时，UPS 将市电提供给负载，满足正常供电，此时电池充电；当市电断电后，UPS 将电池的电能提供给负载。

2. UPS 机组的组成

UPS 通常由以下几部分组成：整流器、逆变器、旁路/逆变静态开关、输入/输出开关或接触器、电池系统等。UPS 系统结构框图如图 3-3-1 所示。

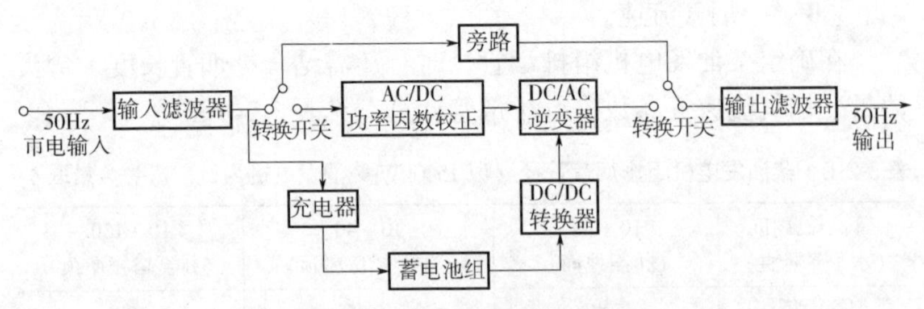

图 3-3-1　UPS 系统结构框图

UPS 机组可以为负载提供不间断电源，实现电源不间断切换；具有稳压、净化电网、提高电能质量的功能。主要应用于电源质量要求高、转换时间短、供电不允许中断的场所。

3. UPS 机组的特点

1）正弦波输出：在市电或电池模式均可以输出低失真度的正弦波形电源，为用户的负载设备提供电源保障。

2）高效节能：UPS 在各模式下的效率均高于 90%。

3）输入功率因数修正：UPS 具有输入功率因数修正功能，在 50% 负载及满载情况下，输入功率因数均可达到 0.95 以上。

4）完善的维护功能：UPS 具有电池过/欠电压维护、输出过电压维护、输出欠电压告警、输出短路、过温等维护功用。

3.3.2　UPS 在酒店建筑中的应用

1. UPS 在酒店中的设置区域

在酒店建筑中，有很多重要机房，例如，消防控制室会为酒店的火灾自动报警及消防联动控制系统提供支持服务，安防控制室承载着整个酒店的视频监控、出入口管理、建筑设备监控等重要的安防和设备管理系统，信息和电话中心（IT 中心）承载着整个酒店的数据、语音的交换和传输业务。另外一些重要的办公区域，例如财务办公室、前台或预订部、总经理办公室等为酒店的正常经营运行提供服务，通常会在这些重要场所设置 UPS 系统，以保障这些区域和相关机电设备的供电。

2. 酒店管理公司对 UPS 的设置要求

综合了几家酒管公司对 UPS 的设置要求，除个别办公室的分散式 UPS 采用单相 UPS 以外，其余均采用三相 UPS 设备，满足 100% 非线性负载设计，支持用于多业务控制的网络软件，带有过电压抑制功能。由于五星级酒店均会配置柴油发电机组，且 UPS 均采用柴油发电机组供电，如果酒店管理公司对 UPS 的持续供电时间没有特别要求，UPS 配置电池的工作时间一般可选择 15min。另外，UPS 还配置有电池监测、隔离冗余配置、输入谐波滤波器（按需）等功能。

酒店的 UPS 一般采用在线式机组，见表 3-3-1，容量大于 20kV·A 时考虑配置旁路开关。

表 3-3-1　某品牌酒店 UPS 设置要求

序号	设置场所	负荷类别	容量/kV·A	类型	持续供电时间/min
1	消防安防控制室	消防负荷	30	静止型、在线式 UPS	180
2	消防安防控制室	安防负荷	50	静止型、在线式 UPS	60
3	网络机房等弱电系统用电	保障负荷	60	静止型、在线式 UPS	60
4	呼叫中心/电话预定中心	保障负荷	40	静止型、在线式 UPS	60

该品牌酒店管理公司对 UPS 的持续供电时间要求要高于国内规范的要求，在建筑内设置柴油发电机组的情况下，智能化系统的 UPS 持续供电时间还是要求不少于 60min。

3.3.3 UPS 的容量选择

1. UPS 机组的容量分类

UPS 的分类方法有很多，按其工作原理可分为后备式、在线式和在线互动式。

后备式 UPS 在市电正常时直接由市电向负载供电，当市电超出其工作范围或停电时通过转换开关转为电池逆变供电。特点是结构简单、体积小、成本低，输入电压范围窄，输出电压稳定精度差，有切换时间，且输出波形一般为方波。

在线式 UPS 在市电正常时，由市电进行整流提供直流电压给逆变器工作，由逆变器向负载提供交流电，在市电异常时，逆变器由电池提供能量，逆变器始终处于工作状态，保证无间断输出。特点是有极宽的输入电压范围，无切换时间且输出电压稳定精度高，成本较高。

在线互动式 UPS 在市电正常时直接由市电向负载供电，当市电偏低或偏高时，通过 UPS 内部稳压线路稳压后输出，当市电异常或停电时，通过转换开关转为电池逆变供电。特点是有较宽的输入电压范围，噪声低，体积小，但同样存在切换时间。

从性能上来讲，在线式 > 在线互动式 > 后备式，除个别分散的办公室可采用后备式 UPS 以外，其余区域通常均采用性能更好的在线式 UPS。

按 UPS 的配置类型分，又可分为单台 UPS（无旁路和带旁路）、并联 UPS（无旁路和带旁路）、冗余 UPS（备用冗余、并联冗余）。

按 UPS 的性能分类，还可按输出属性、输出波形、输出动态性能分为不同的类型，其详细分类可以参考 UPS 制造厂商给出的数据，在此不再表述。

2. UPS 机组的容量选择建议

不间断电源设备的选择应按照负荷性质和容量、允许的中断供电时间等使用要求来确定，并应当考虑容性负载、阻性负载、感性负载的使用情况。

按照设计规范的要求，在配置 UPS 给计算机设备供电时，UPS 的额定输出功率应大于各计算机设备额定（计算）功率总和的 1.2 倍；为其他用电设备供电时，其额定输出功率应大于各设备额定（计算）功率总和的 1.3 倍。

当用电设备有相关用电资料时，按实际资料进行用电负荷统计；当尚无用电资料时，可按表 3-3-2 进行估算。

表 3-3-2　采用 UPS 供电的设备额定功率参考

设备	额定功率/W
服务器	1200
存储服务器	500
计算机	300
交换机/路由器	100
备用电源插座	200

3.3.4　常见 UPS 的性能参数和规格

1. 常见 UPS 性能参数

UPS 电源的技术参数主要有：UPS 电源功率、额定输入电压范围、输入电压频率范围、输入功率因数、输出最大功率、输出电压调节范围、输出功率因数、输出频率精度、输出波形、过载能力、总谐波失真度、整机效率、尺寸和重量、安全、电磁兼容、认证证书、环境、工作温度、储存温度、相对湿度、工作海拔等。

1）UPS 电源功率：其单位常标注为 kW/kV·A，需注意此时功率值是 PF＝1 时的数值，即视在功率等于有功功率，当 PF 发生变化时（通常在超前 0.7 到滞后 0.7 时，无降容），其视在功率不变，有功功率按 PF 值折算。

2）额定输入电压范围：输入回路通常约为 ±15%，旁路回路通常约为 ±10%。

输出电压为 380V 时：323～437V（输入）/342～418V（旁路）。

输出电压为400V时：340～460V（输入）/360～440V（旁路）。

输出电压为415V时：353～477V（输入）/374～457V（旁路）。

3）输入电压频率范围：40～70Hz。

4）输入功率因数：负载≥50%时，为0.99；50%>负载≥25%时，为0.95。

5）总谐波失真度：

THDi：100%负载时≤3%～5%（根据不同型号）。

THDu：线性负载<1%；非线性负载<5%。

6）整机效率，在UPS工作时，通常分为正常运行模式、ECO模式、变换模式、电池运行模式，在这四种模式下，UPS机组的运行效率各不相同，参考某品牌某型号的UPS机组运行效率，经归纳总结后其参数见表3-3-3。

表3-3-3　某UPS机组在不同模式下的效率范围

UPS	正常运行模式	ECO模式	变换模式	电池运行模式
效率	94%～97%	97%～99%	95%～99%	93%～99%

以上各模式下的运行效率总体来说有以下变化趋势：随UPS主机功率增大而增大、随负载增大而增大；在ECO模式和变换模式下，最大时效率可接近99.4%，相比正常运行模式下的最低94.0%的效率增加了约5%。

7）输出电压调节范围：对称负载±1%、非对称负载±3%。

8）过载能力：

110%：持续运行（旁路运行模式）。

125%：10min（正常运行模式）/1min（电池运行模式）。

150%：1min（正常运行模式）。

1000%：0.1s（旁路运行模式）。

9）输出功率因数：1。

10）工作海拔：设计运行海拔：0～3000m，不同海拔下的额定功率折算系数见表3-3-4。

表 3-3-4　不同海拔下的额定功率折算系数

海拔 H/m	折算系数
$0 \leqslant H < 1000$	1.000
$1000 \leqslant H < 1500$	0.975
$1500 \leqslant H < 2000$	0.950
$2000 \leqslant H < 2500$	0.925
$2500 \leqslant H < 3000$	0.900

11）工作温度和相对湿度：

运行温度：0～50℃（高于40℃时负载需降容，降容可按每升高1℃负载降低2.5%考虑）。

贮存温度：－15～40℃（带电池的系统）/－25～55℃（无电池的系统）。

运行相对湿度：0～95%，无冷凝。

贮存相对湿度：10%～80%，无冷凝。

2. 酒店 UPS 机组常用规格

在酒店项目中，需要根据不同的使用区域配置 UPS。一般在消防安防控制室常用 20～40kV·A（根据不同地区的要求，消防设备安防设备存在分设 UPS 的可能）的 UPS；在 IT 机房常用 50～100kV·A 的 UPS；在其他智能化机房常用 10～30kV·A 的 UPS；在分散设置 UPS 的重要办公室一般采用 0.5～10kV·A 的 UPS。

以下列举了部分酒店建筑中常用的 UPS 规格参数，见表 3-3-5～表 3-3-7。

近些年，基于模块化数据中心的 IT 机房方案也越来越成熟，通过模块化的部署，IT 机房的布置更紧凑、设备集成度更高，无论是在安装使用还是在维护上，都给用户带来了更好的体验。如图 3-3-2和图 3-3-3 所示，根据不同的 IT 使用需求，模块化数据机柜也有不同的配置，详细参数见表 3-3-8 和表 3-3-9。

表 3-3-5　某品牌在线式 1～3kV·A UPS 的主要性能参数

型号	SPM1K	SPM1KL	SPM2K	SPM2KL	SPM3K	SPM3KL
输入						
额定输入电压	220V，单相					
输入电压频率范围	40～70Hz					
输入电压范围	AC 110～300V					
输入功率因数	≥0.95					
输入端子	IEC C14				IEC C20	
输入保护	10A 保护器				16A 保护器	
输出						
最大输出功率	800W/1000V·A		1600W/2000V·A		2400W/3000V·A	
输出功率因数	0.8					
效率	88%		88%		90%	
输出电压	AC 220（默认）/230/240V					
输出电压失真	<3% 线性负载 <6% 非线性负载					
过载能力	100%～105% 声音告警 105%～125% 1min 到旁路 125%～150% 30s 到旁路 150%～210% 3s 到旁路					
输出频率	在线模式：50/60±3Hz 电池模式：50/60±0.5% Hz					
输出波形	在线双转换，纯净正弦波					
输出端子	国标插座×4		国标插座×4		国标插座×4＋端子排	

电池						
内含电池	9A·h×2	NA	9A·h×4	NA	9A·h×6	NA
电池电压	24V	36V	48V	72V	72V	72V
充电时间	4h 充电至 90%	NA	4h 充电至 90%	NA	4h 充电至 90%	NA
后备时间	满载 >4min	取决外接电池容量	满载 >4min	取决外接电池容量	满载 >4min	取决外接电池容量
电池断开开关	支持	NA	支持	NA	支持	NA
显示及接口						
通信接口	RS232/USB					
界面显示	LCD					
智能卡插槽	支持(可插入 SNMP 卡、干节点卡、Modbus 卡和环境监控卡)					
环境参数						
工作温度	0~40℃					
储存温度	零下 15~60℃					
工作湿度	20%~90%(无冷凝)					
工作噪声	小于 50dB@距离 1m					
海拔	1000m 不降容,超过指定海拔时应按每升高 100m,输出容量降低 1% 使用					
物理参数						
尺寸(宽度×深度×高度)	145×288×223mm	145×288×223mm	145×400×238mm	145×400×238mm	190×425×336mm	145×400×238mm
净重	9.3kg	4.4kg	16.8kg	7.4kg	26.8kg	7.9kg
标准						
标准	CE,TLC					

表 3-3-6　某品牌在线式 6 ~ 10kV·A UPS 的主要性能参数

型号	SPM6K	SPM6KL	SPM10K	SPM10KL
输入				
额定输入电压	220V，单相			
输入电压频率范围	普通模式：50/60 ±4Hz　发电机模式：40 ~ 70Hz			
输入电压范围	AC 110 ~ 300V			
输入功率因数	≥0.99			
输入端子	端子排			
输入保护	50A 断路器		63A 断路器	
输出				
最大输出功率	6000W/6000V·A		10000W/10000V·A	
输出功率因数	0.8 ~ 1			
效率	>94%		>94%	
输出电压	AC 220（默认）/230/240V			
输出电压失真	<1% 线性负载 <4% 非线性负载			
过载能力	100% ~ 110% 10min 到旁路 110% ~ 130% 1min 到旁路 130% ~ 150% 30s 到旁路 >150% 1s 到旁路			
输出频率	在线模式：50/60 ±4Hz 电池模式：50/60 ±0.5% Hz			
输出波形	在线双转换，纯净正弦波			
输出端子	端子排			

电池				
内含电池	16×7A·h	NA	16×9A·h	NA
电池电压	192V	192～240V 可配置	192V	192～240V 可配置
充电时间	3h 充电至 90%	NA	3h 充电至 90%	NA
后备时间	满载>4min	取决外接电池容量	满载>3min	取决外接电池容量
电池断开开关	支持	NA	支持	NA
显示及接口				
通信接口	RS232/USB			
界面显示	LCD			
智能卡插槽	支持(可插入 SNMP 卡、干节点卡、Modbus 卡和环境监控卡)			
施耐德断路器	支持			
环境参数				
工作温度	0～40℃			
储存温度	零下 15～60℃			
工作湿度	20%～90%(无冷凝)			
工作噪声	小于 55dB@距离 1m			
海拔	1000m 不降容,超过指定海拔时应按每升高 100m,输出容量降低 1% 使用			
物理参数				
尺寸(宽度×深度×高度)	190×374×680mm	190×374×336mm	190×447×685mm	190×447×336mm
净重	54kg	13kg	63.5kg	16.5kg
标准				
标准	CE,TLC			

表 3-3-7　某品牌在线式 60 ~ 100kV·A UPS 的主要性能参数

Galaxy PX	参数
UPS 部分	
工作模式	在线双变换
功率容量	60/80/100kW
主要参数	
显示器	彩色触摸屏
通信接口	标配通信卡,SNMP/Modbus/8 个干接点
断路器	主输入开关/旁路输入开关/输出开关/手动维修旁路开关
并机能力	可达 4 UPS
效率	
在线双变换模式	可达 97%
ECO 模式	可达 99%
E 变换模式(满足 I 类供电标准)	可达 99%
输入	
输入电压	380/400/415V
输入电压范围(相间电压)	-15% / +15%
主/旁路双源输入	支持
输入频率	40 ~ 70Hz
输入 THDI	最小 <3%
输入功率因数	>0. 99@ load >25%, >0. 95@ load >15%
反馈保护	标配
输出	
正常输出电压	380/400/415V

负载功率因数	PF = 1
电压精度	+/−1%
频率	50/60Hz +/−0.1% 自振频率
过载	1min@150%;10min@125%
输出 THDu(线性负载)	1%
精密列头柜部分	
分路开关	1P+3P 施耐德电气微型断路器
分支路容量	16/32A 可选
分路参数	电压、电流、有功功率、无功功率、视在功率、功率因数、基波电流、基波有功功率及谐波总电流、谐波总有功功率测量;电流总谐波畸变率
Mechanical	
尺寸	600×1991×1100mm ($W \times H \times D$)
IP 防护等级	IP20
储能	
形式	VRLA, Li-lon, NiCd
环境	
工作温度	0~40℃
存储湿度	0~95(无凝露)%
存储温度	−15~40℃
存储相对湿度	10%~80(无凝露)%
认证	
管理机构认证	EMC/ROHS/CB/TLC

24U 3kV · A网孔单柜

42U 3kV · A网孔单柜

42U 6kV · A网孔单柜

图 3-3-2　某品牌 24U～42U、3～6kV·A 单柜

42U 6kV · A 封闭单柜

42U 6kV · A 封闭双柜

42U 10kV · A 封闭三柜

图 3-3-3　某品牌 42U、6kV·A 单柜、双柜、三柜

表 3-3-8　某品牌 24U～42U、3～6kV·A 单柜主要参数

典型配置	IMDC Mini NIM-U3SP24	IMDC Mini NIM-U3SP42	IMDC Mini NIM-U6SP42
尺寸（$W \times D \times H$）	600mm×1200mm×1200mm	600mm×1200mm×2000mm	600mm×1200mm×2000mm
UPS 容量	3kV·A	3kV·A	6kV·A
rPDU（SP 机型）	1U 10A rPDU 8 口（10A）国标插座	32A rPDU 12 口（10A）+4 口（16A）国标插座	32A rPDU 12 口（10A）+4 口（16A）国标插座
3.5in 触屏	√	√	√
冷却装置	自然冷却	自然冷却	自然冷却
监测内容	温湿度、烟雾探测器、门磁、监控电力、UPS	温湿度、烟雾探测器、门磁、监控电力、UPS	温湿度、烟雾探测器、门磁、监控电力、UPS

（续）

典型配置	IMDC Mini NIM-U3SP24	IMDC Mini NIM-U3SP42	IMDC Mini NIM-U6SP42
机架式配电单元	3U 机架测量型 + 40kV·A 防雷 + 过/欠电压保护 + 维修旁路	3U 机架测量型 + 40kV·A 防雷 + 过/欠电压保护 + 维修旁路	3U 机架测量型 + 40kV·A 防雷 + 过/欠电压保护 + 维修旁路
APP 支持	施耐德电气 EcoStruxure IT Expert	施耐德电气 EcoStruxure IT Expert	施耐德电气 EcoStruxure IT Expert

表 3-3-9　某品牌 42U 6kV·A 单柜、双柜、三柜主要参数

典型配置	IMDC One NIO-R1U6C1	IMDC One NIO-R2U6C1	IMDC One NIO-R3U10C2
尺寸（$W \times D \times H$）	600mm×1200mm×2000mm	1200mm×1400mm×2000mm	1800mm×1400mm×2000mm
UPS 容量	6kV·A	6kV·A	10kV·A
rPDU	32A rPDU 12 口(10A) +4 口(16A) 国标插座	32A rPDU 12 口(10A) +4 口(16A) 国标插座	32A rPDU 12 口(10A) +4 口(16A) 国标插座
10in 多点触屏	√	√	√
冷却装置	3.5kW 机架式精密空调×1	3.5kW 机架式空调×1	3.5kW 机架式空调×2
监测内容	温湿度、烟雾探测器、水浸、监控电力、UPS、空调、门磁	温湿度、烟雾探测器、水浸、监控电力、UPS、空调、门磁	温湿度、烟雾探测器、水浸、监控电力、UPS、空调、门磁
机架式配电单元	3U 机架式 +40kA 防雷 + 过/欠电压保护 + 维修旁路	3U 机架式 +40kA 防雷 + 过/欠电压保护 + 维修旁路	3U 机架式 +40kA 防雷 + 过/欠电压保护 + 维修旁路
APP 支持	施耐德电气 EcoStruxure IT Expert	施耐德电气 EcoStruxure IT Expert	施耐德电气 EcoStruxure IT Expert

3.3.5　UPS 机房设计

1. 独立设置的 UPS 机房布置

（1）UPS 设备布置

UPS 设备是采用独立机房安装还是直接安装在相关用电设备机

房内，通常和机房功能、UPS设备的额定功率、供电时间和电池形式有关。当采用的UPS机组容量在50kV·A及以下时，通常采用一体式UPS机柜，此时可以布置在专用机房内，也可以直接部署在相关用电设备机房内；当采用的UPS机组容量为50～150kV·A时，需根据具体产品选型确定是采用一体式UPS还是分离式布置；当采用的UPS机组容量在150kV·A及以上时，通常采用UPS机柜和电池架分离式布置的方案，此时应布置在专用的UPS机房和电池机房内。

需要注意的是，专用的电池机房需按照相关规范的要求采用防爆型灯具、通风电机，室内照明线应采用穿管暗敷，室内不得装设开关和插座。UPS机房的布置示意图参见图3-3-4。

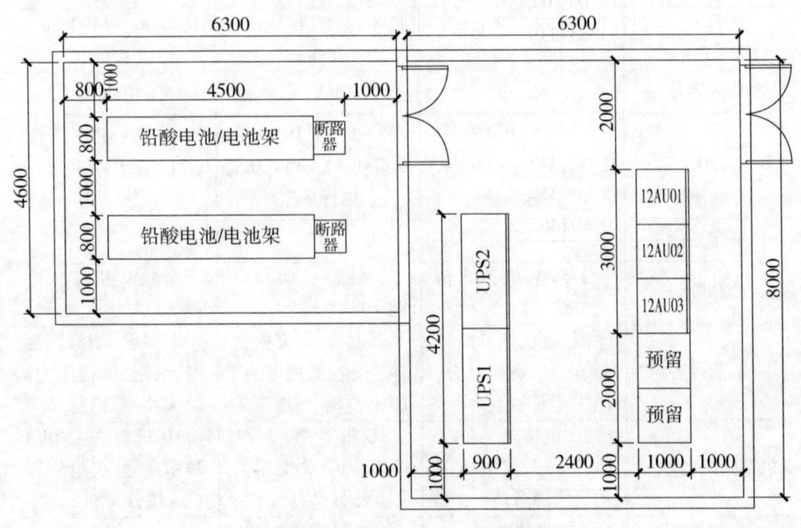

图3-3-4　UPS机房布置示意图

（2）电池数量计算简述

1）UPS的配套蓄电池容量可采用电池容量（恒功率法）计算法计算。

蓄电池放电功率：$P = \dfrac{S \times P_{\mathrm{f}} \times K}{N_{\mathrm{cell}} \times \eta} \times 10^3$　　(3-3-1)

式中　P——实际需要的放电功率（W）；

S——UPS 容量（kV·A）；

P_f——UPS 输出功率因数，取 0.8～0.9；

K——负荷系数，取 1.0；

N——电池组数量（电池组数量范围通常为 40～48 组（12V），每组 6 节（2V））；

η——逆变器的效率（取 98%）。

2）下面以 100kV·A UPS 作为例子，分别计算 15min、30min、60min、120min 所需要的电池数量和配置的电池架数量。电池按截止电压 1.75V 考虑，参照表 3-3-10 选取相应的参数和型号。

表 3-3-10 某品牌电池参数（截止电压 1.75V）

电池型号	15min	30min	45min	60min	90min	2h	3h	5h	10h
M2AL 12-38SFR	110.00	69.90	55.20	46.00	33.58	26.75	19.10	13.00	7.61
M2AL 12-65SFR	184.33	119.50	94.50	73.67	56.63	45.27	32.67	22.17	13.15
M2AL 12-75SFR	219.83	139.33	101.67	86.33	66.25	52.75	38.17	26.83	15.15
M2AL 12-100SFR	299.67	190.00	138.67	115.00	88.52	70.40	52.00	36.83	19.33
M2AL 12-120SFR	347.67	220.33	160.83	136.67	105.97	83.93	60.33	39.67	22.67
M2AL 12-150SFR	439.67	286.17	234.83	194.83	129.42	102.63	81.50	54.50	27.67
M2AL 12-200SFR	548.00	355.00	313.17	250.00	176.70	141.18	101.00	72.17	37.83
M2AL 12-250SFR	710.50	462.50	397.00	315.17	221.18	175.77	140.67	94.00	51.17

根据表 3-3-10 中的数据查询，并按式（3-3-1）计算后，100kV·A UPS 的配置情况见表 3-3-11。

表 3-3-11 某品牌 100kV·A UPS 电池配置表

UPS 后备时间	15min	30min	60min	120min
电池型号	M2AL 12-120SFR	M2AL 12-200SFR	M2AL 12-250SFR	M2AL 12-120SFR
电池数量	44	44	48	48×4
电池架每层放置电池的数量/层数	8 个/3 层	8 个/3 层	4 个/4 层	12 个/4 层
电池架数量	2 个	2 个	3 个	4 个
电池架(内部有效)平面尺寸($W \times D$)	1000mm×820mm	1200mm×1000mm	1200mm×800mm	1550mm×800mm
每组电池架和电池总重量	946kg	1642kg	1315kg	1831kg

2. 智能化机房内直接安装的 UPS 设备

在消防控制室、安防控制室、有线电视机房、汇聚机房及智能化设备间等处，常采用一体式 UPS 设备直接安装在上述智能化机房内的方式。在设计时，应注意安装空间，在柜体后部留有至少 500mm 的空间，在柜体前留有至少 800mm 的空间，单侧可靠墙安装，另一侧宜留有至少 500mm 的空间，以便于维护和安装。

对于 UPS 在设计时的尺寸，可以参考表 3-3-12；安装时的操作和维护距离，可以参考图 3-3-5；在智能化机房内设置 UPS 设备时，其平面布置需要考虑 UPS 的安装空间，其布置示意图可以参见图 3-3-6。

表 3-3-12　某品牌 10 ~40kV·A UPS 重量和尺寸参数

UPS	重量/kg	高度/mm	宽度/mm	深度/mm
10kV·A UPS-可带外部电池	36	530	250	700
15kV·A UPS-可带外部电池	36	530	250	700
20kV·A UPS-可带外部电池	58	770	250	800
30kV·A UPS-可带外部电池	60	770	250	800
40kV·A UPS-可带外部电池	70	770	250	900
10kV·A UPS-带内都电池	112	1400	380	928
15kV·A UPS-带内部电池	112	1400	380	928
20kV·A UPS-带内部电池	122	1400	380	928
30kV·A UPS-带内部电池	152	1400	500	969
40kV·A UPS-带内部电池	158	1400	500	969
电池	27	157	107	760

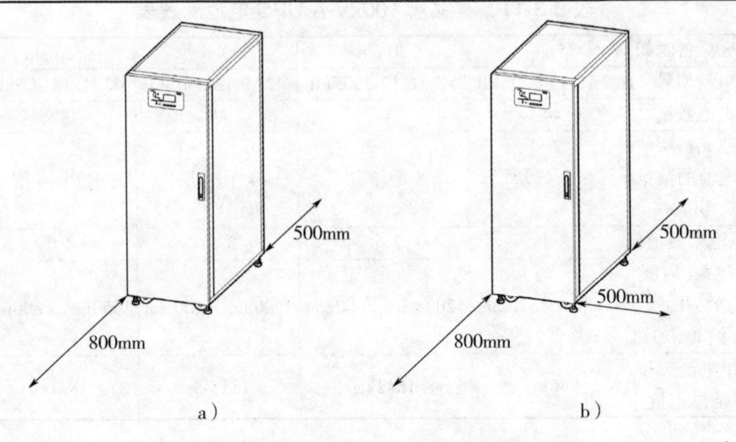

图 3-3-5　带内部电池 UPS 的安装示意图

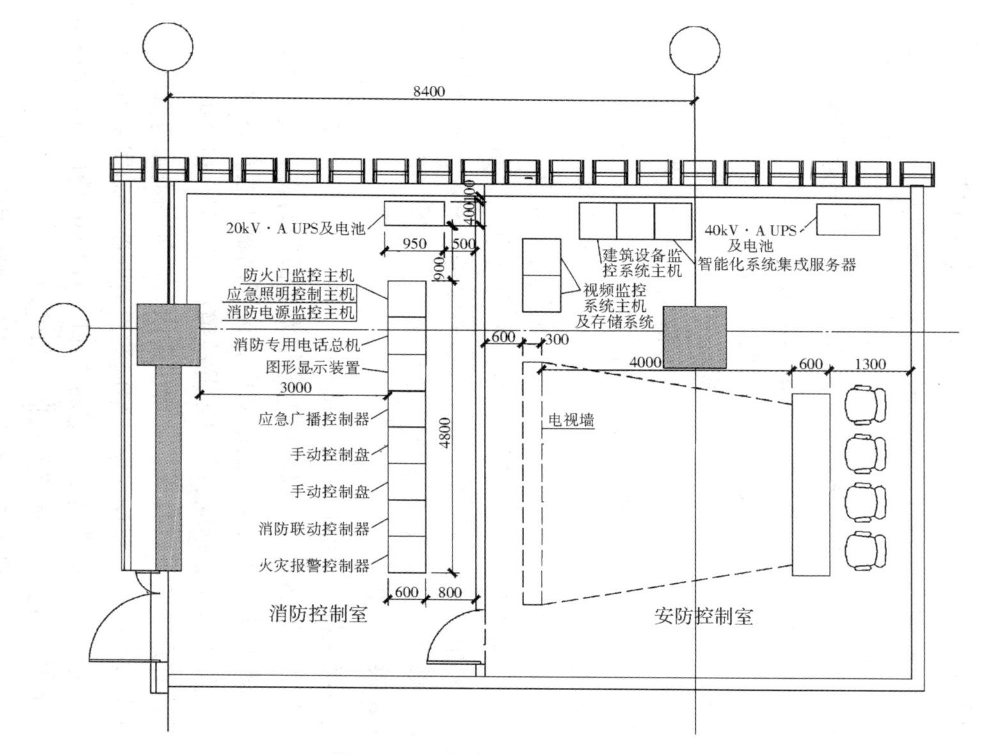

图3-3-6　消防安防控制室布置图

3.3.6 智慧电池安全预警系统

1. 智慧电池安全预警系统主要功能及技术特点

智慧电池安全预警系统（iBSSS）是由电池的电子部件和电池的控制单元等组成的装置，包含检测元件、控制元件和智慧控制系统，是在传统的电池管理系统（BMS）的电池管理模块基础上发展而来。

现在锂电池的应用越来越广泛，将锂电池引入电源储能系统会给整个系统带来颠覆性的改变，储能系统由原本的庞大笨重变得小巧轻质，生命周期也会变得更长，同时也提供了预测、预警的可能性。锂电池的优势很多，在性能提升的同时，节省了安装空间(其空间节省情况可以参见图 3-3-7)，简化了维护操作；但同时在安全性上相比于传统的铅酸电池也有劣势，锂电池一旦开始热失控，会发生起火、爆炸等事故。由于锂电池内部自带氧化剂，从而使得传统的灭火方案在扑灭锂电池火灾上显得无能为力。

由此，在锂电池的使用上，更应该注重智慧电池安全预警系统的应用，锂电池系统应按照高安全保护等级进行设置，抵御两种潜在的安全威胁：过电压充电和短路电流。它包含三级保护：机架级、模组级、电芯级。

第一级保护：电池管理系统和开关。每个电池架上安装一个直流断路器和机架熔丝，可以在该电池架发生故障时将其从整个电池系统中隔离开来。当发生短路故障而直流断路器无法在短时间内动作时，机架熔丝将会熔断，并且消除故障电流而不会损坏电池的电芯。电池管理系统可以收集、分析机架内各电池的电流等参数。当发生过充或短路时，将操作电池架内的直流断路器动作跳闸，并发出报警信号。系统通常提供 Modbus 接口、TCP/IP 接口和 RS485 接口，以便用户对其进行远程状态监测和管理。

第二级保护：模组级限流式保护装置。模组中可根据需要设置限流式保护装置，持续监测模组内每个电芯的电压、电流、温度等参数。智能判断电流是处于正常变化还是故障变化，在电流故障变化的初期，将故障电流限制在一定范围内，使得电池的工作状态位

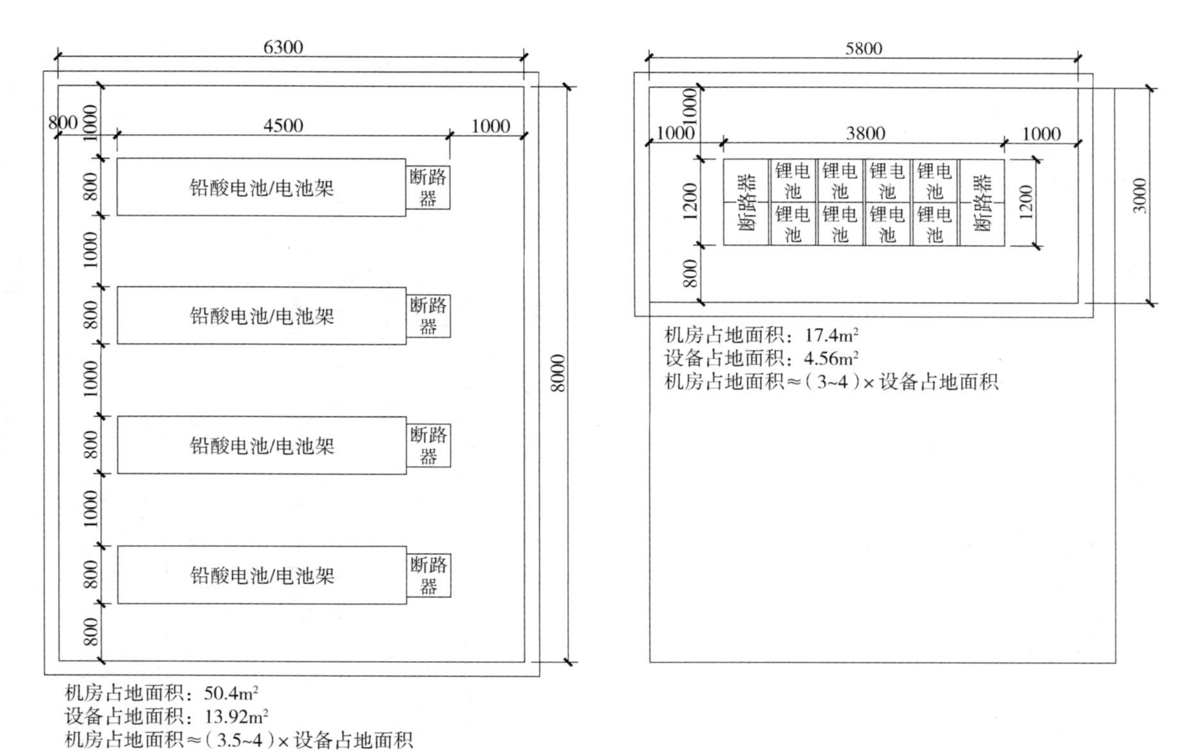

图3-3-7　铅酸电池和锂电池使用布置对比

于安全区域，远低于热失控状态。

第三级保护：电芯级保护。在锂电池电芯中具备多重保护特性，包括安全功能层、安全泄气阀、安全熔丝和过充安全保护装置。这些安全特性可以保护电芯免遭过充电或热失控风险。

智慧电池安全预警系统有很多种实施架构，图 3-3-8 为其中一种架构模式。

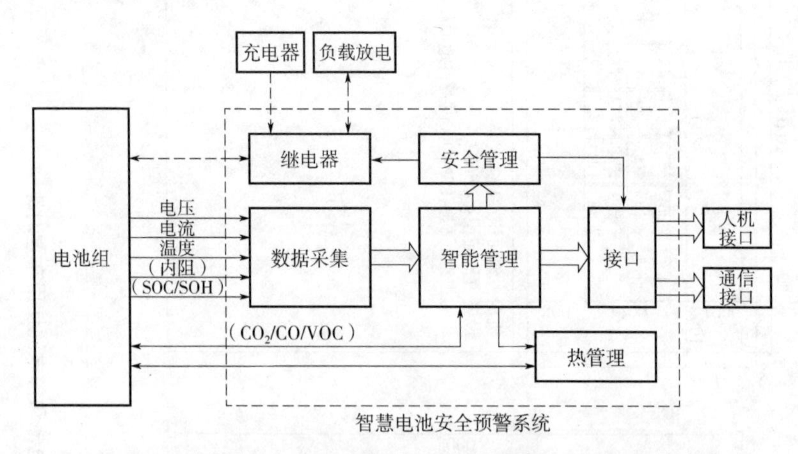

图 3-3-8　智慧电池安全预警系统架构示意图

2. 智慧电池安全预警系统的应用范围及设备参数

智慧电池安全预警系统在传统铅酸蓄电池存储系统和锂电池存储系统中均有应用，但该系统在锂电池存储系统中更具有应用优势。

智慧电池安全预警系统（内置式）由锂电池模组自带，随 UPS 主机一同部署，智慧电池安全预警系统（外置式）主要设备参数见表 3-3-13。

表 3-3-13　智慧电池安全预警系统主要设备参数

项目	指标
电源	100 ~ 250V/50Hz
功耗	≤500V·A，待机时≤5V·A
电压测量	单电池：1.5 ~ 15V；精度：±0.5% 电池包：随系统电压的 80% ~120%；精度：±0.5%

(续)

项目		指标
内阻测量		(按需配置)1~999μΩ/1~50mΩ;精度:±5%
短路保护		<150μs
过载保护		动作范围:110%~140%;延时3~60s
过电压保护		动作范围:100%~120%;延时0~60s
欠电压保护		动作范围:60%~100%;延时0~60s
线缆温度监测	监测范围	-20~120℃(精度±2℃)
	报警设置	动作范围:+45~110℃;延时0~60s
漏电流监测	检测范围	20~1000mA(精度:±2%)
	报警设置	动作范围:30~1000mA;延时0~60s
热失控监测	CO_2 监测	$0\sim10000\times10^{-6}$;精度:±3%
	CO 监测	$(1\sim1000)\times10^{-6}$;精度:±15%
	压力监测	40~180kPa;精度:±1%
	温度监测	-40~125℃;精度:±2%
故障记录		≥20条
报警方式		声光报警(可消除)、报警信号上传
通信		Modbus接口、TCP/IP接口和RS485接口,可配置无线通信模块
安装使用环境	工作场所	室内,无粉尘、剧烈振动、无腐蚀性气体
	工作环境温度	-10~55℃
	相对湿度	≤90%
	海拔	≤2000m

第4章 电力配电系统

4.1 概述

4.1.1 酒店主要功能分区及供电要求

1. 酒店主要功能分区概述

高端酒店如国际五星级酒店，在其集团旗下均有若干品牌，不同的品牌代表了不同的经营理念以及文化定位，其服务方式、运营方式以及面对的客户群等均会存在或多或少的差异，酒店通常按照其功能布局可分为三大功能区：客房区、公共区以及后勤区，各功能分区分布及运营特点都对电力配电系统的设计有不同的要求。

1）客房区：一般包括总统套、行政楼层（或行政酒廊）、标准客房层。客房房型包含大床房、双床房、行政套房、一拖二套房、子母套房、总统套房等。客房层一般设置服务间，内有布草井，有些酒店楼层服务间还需配置简单的备餐功能。

2）公共区：包括大堂、大堂吧、全日餐厅、特色餐厅、中餐厅、西餐厅、宴会厅、会议区、康体健身及游泳池、SPA 等区域，每个区域均有其各自的功能及运营特点。一般高端酒店的大堂区在功能上包含落客区、大堂、前台接待及礼宾、团队接待、前台办公、行李房、贵重物品存放间或保险箱室等。

3）后勤区：一般包括卸货平台、粗加工、员工厨房、员工餐厅，员工更衣、员工淋浴、洗衣房及收发，员工入口、员工制服、员工办公区，工程部区域，核心机房区域等。而粗加工区域又包含了干湿垃圾房、裱花房、蛋糕房、红酒库、调料库、面点间、各类型冷库设施等，后勤区域在运营上会尽量考虑流线的独立而避免交叉。

2. 各区供电设计一般要求

酒店低压配电系统的设计原则，除了满足一般建筑的供电可靠性、安全性、经济性原则以外，还具有以下特点：

1）可维护性：设备间的布置、管线敷设应便于酒店管理公司日常维护，同时还应最大限度地保证在对机电系统进行维护时，对客人的打扰降到最低。在有条件的情况下，机电管道井（包括强弱电管井、配电小间）的检修应避开客人经常通过的区域。比如对于核心筒式的建筑体，好的设计方案是将核心竖向机电管道井有效布置后，而形成相对独立的检修通道，以避免大量的管井检修门设置在客房走廊内。

2）便利及舒适性：酒店配电设计应以围绕酒店经营状态下的运营要求及客人使用要求而考虑，应最大化地保证客人对用电的舒适差异性的需求，将“以人为本、客户至上”的理念贯穿到配电设计之中，配电设备的安装位置、系统的设置应便于管理人员操作，机电点位的布置应便于客人使用。

3）可持续发展性：酒店配电系统应具有技术先进性，能满足酒店未来一段时间发展的需要，随着技术的发展，在不影响营业、不做大的改造的情况下，配电系统管线设施、配电设施应很容易进行一定程度的扩展或变化，适应酒店装修布局、设备布置的改变或设备扩展的需求。

4.1.2 主要场所用电指标

酒店的各主要场所用电指标跟酒店的品牌档次、酒店管理公司的使用运营要求息息相关，高端酒店特别是国内及国际五星级酒店，酒店管理公司一般都有较细致的机电建设标准。电气设计需要充分了解酒店管理公司的要求，满足酒店方的使用需求和经营策略，以下结合各品牌管理公司对五星级酒店的机电设计标准及工程实际，给出了四、五星级酒店各主要场所的参考用电标准，三星级及其他酒店可在四、五星级酒店的基础上适当降低。

1. 客房区用电

客房区主要功能用房用电指标可参照表 4-1-1。

表 4-1-1　某五星级酒店客房区用电指标

序号	区域	用电标准	备注
1	标准客房	3.5kW/套	
2	普通套房	5.5kW/套	
3	行政套房	15kW/套	
4	总统套房	30kW/套	设有蒸汽浴室时还需增容
5	客房层布草间	5.5kW/15kW	带洗消功能的布草间为 15kW
6	行政酒廊	30～50kW	

2. 公共区主要功能用房用电

公共区主要功能用房用电指标可参照表 4-1-2。

表 4-1-2　某五星级酒店公共区主要用电指标

序号	区域	装修用电指标	动力用电
1	大堂	70W/m^2	
2	大堂吧	50W/m^2	30kW
3	会议室	80W/m^2	
4	宴会厅	80W/m^2	舞台灯光 80kW 临时用电 250kW
5	宴会厅前厅	100W/m^2	
6	KTV 区域	120W/m^2	80kW 厨房

3. 后勤区主要功能用房用电

后勤区主要功能用房用电指标可参照表 4-1-3。

表 4-1-3　某五星级酒店后勤区主要用电指标

序号	区域	用电指标	备注
1	粗加工	50kW	
2	面包房	85kW	
3	宴会厅厨房	1000kW	根据厨房工艺资料确定
4	垃圾间	5.5kW	
5	洗衣房	120kW	
6	AV 控制室	20kW	
7	SPA(桑拿设备)	80kW	
8	室内泳池	30kW	
9	擦窗机	15kW	

4. 5G 设备功能房间用电

5G 设备主要功能用房用电指标可参照表 4-1-4。

表 4-1-4　酒店 5G 设备用电参考指标

序号	区域	用电指标	备注
1	运营商机房	三相 30～50kW	宜配置 UPS 供电
2	地下室弱电间	单相 3～5kW/处	
3	楼层弱电间	单相 2～3kW/层或 5kW/三层	

5. 充电桩设备用电

充电桩设备满足酒店客人车辆及酒店大巴的充电需求，提供慢充和快充相结合的综合型充电服务，其用电一般按表 4-1-5 计算。

表 4-1-5　充电桩设备用电参考指标

序号	充电设备类型	用电指标	需用系数
1	交流充电桩	7kW	0.28～0.9
2	直流充电桩	30kW	0.4～0.8
3	直流充电桩	60kW	0.2～0.7
4	直流充电桩	120kW	0.2～0.7

根据《电动汽车分散充电设施工程技术标准》（GB/T 51313—2018），酒店建筑充电设施或预留建设安装条件的车位比例不应低于 10%。充电桩设施配置比例尚应符合地方规定，各省市要求一

般多为20%或30%。交流充电桩（交流慢充）与非车载充电机（直流快充）之间配比建议为8:1~4:1。

如果充电桩设置较为集中，建议单独设置变压器供电。如果充电桩设置较为分散，建议由就近的变压器供电。新建充电设施应根据规模在配电室设置专用馈线开关。当负荷容量小于250kW时，开关额定电流不宜小于400A；当负荷电流大于400A时，应增加开关。电动充电桩末端回路应设置限流式电气防火保护器。

4.1.3 电力配电系统设计

1. 供电方式及措施

1）酒店各类负荷的供电措施：

一级负荷中的特别重要负荷：除双重电源供电外，尚应增设应急电源供电。

一级负荷：应有双重电源的两个低压回路在末端配电箱处切换供电。

二级负荷：宜双回路供电。当建筑物由双重电源供电，且两台变压器低压侧设有母联开关时，可由任一段低压母线单回路供电。

三级负荷：可采用单回路单电源供电。

说明：《建筑电气与智能化通用规范》（GB 55024—2022）自2022年10月1日开始实施，在该规范当中，用电负荷按照特级、一级、二级、三级负荷进行分级，取消了“一级负荷中特别重要负荷”的说法。特级用电负荷应由3个电源供电，3个电源应由满足一级负荷要求的两个电源和一个应急电源组成。

根据用电负荷的负荷等级，结合酒店星级标准，各级酒店低压供电措施见表4-1-6。

表4-1-6 酒店建筑供电措施

用电负荷名称	酒店建筑等级		
	一、二级	三级	四、五级
经营及设备管理用计算机系统用电	二级负荷	一级负荷	一级负荷中特别重要负荷
	两回路电源供电，适当位置切换	两路电源供电，末端切换	两路电源供电，末端切换（+柴油发电机+UPS）

（续）

用电负荷名称	酒店建筑等级		
	一、二级	三级	四、五级
宴会厅、餐厅、厨房、门厅、高级套房及主要通道等场所的照明用电，信息网络系统、通信系统、广播系统、有线电视及卫星电视接收系统、信息引导及发布系统、时钟系统及公共安全系统用电、乘客电梯、排污泵、生活水泵用电	三级负荷	二级负荷	一级负荷
	可单电源供电	两路电源供电，适当位置切换	两路电源供电，末端切换（+柴油发电机）
客房、空调、厨房、洗衣房动力	三级负荷	三级负荷	二级负荷
	单电源供电	单电源供电	两回路电源供电，适当位置切换
消防设备	一类高层建筑中为一级负荷 二类高层建筑中为二级负荷	一级负荷	一级负荷
	两路电源供电，末端切换	两路电源供电，末端切换	两路电源供电，末端切换（+柴油发电机）
其他用电负荷	三级负荷	三级负荷	三级负荷
	单电源供电	单电源供电	单电源供电

注：《民用建筑电气设计标准》（GB 51348—2019）中把厨房列为一级负荷，《旅馆建筑设计规范》（JGJ 62—2014）中把厨房列为二级负荷。

2）除满足表4-1-6不同级别的负荷供电要求外，还应注意不同品牌酒店管理公司对发电机应急供电范围的要求，如某品牌高端酒店要求接入发电机供电的负荷如下：

①所有楼层的应急照明。

②包括所有走道的应急照明（后勤走道、裙房公共走道、客房层走道等）；后勤区（BOH）、功能区（FOH）的应急照明；客

房内的一个应急照明灯。

③全日餐厅及其厨房的排油烟风机。

④残疾人客房。

⑤弱电机房（电话及网络机房、话务室中心、通信机房、电视机房）设备、消防中控室设备、安防机房设备以及各机房的空调机。

⑥变配电室、柴油发电机房配电箱。

⑦厨房的食品冷库、厨房冷库用冷却塔及其配套冷却泵。

⑧厨房内的事故排风机（燃气泄漏时使用）。

⑨生活水泵（包括生活热水泵组）。

⑩污水泵，按区域做集中的末端互投箱，分散至各污水泵。

⑪所有乘客电梯，塔楼服务电梯及消防电梯。

⑫1 台小规格制冷机及其配套冷冻泵、冷却泵和冷却塔。

⑬换热站（蒸汽或热水锅炉系统和循环配套设备）。

⑭必保大堂、大堂吧、全日餐厅、总统套和行政酒廊的空调机组（AHU/PAU、FCU）。

⑮保证停电时以下场所的运营用照明负荷：大堂、宴会厅及宴会前厅的 30% 的灯具。

⑯宴会厅 AV 设备。

⑰总统套和行政酒廊的全部照明及普通动力（不含其配套厨房）。

3）照明和动力用电将按照实际需求尽量分开供电，以减少因动力负荷所引起的电压波动，避免影响系统供电质量。

4）配电系统应简单可靠，尽量减少配电级数，且分级明确。一、二级负荷配电级数不宜多于二级，三级负荷配电级数不宜多于三级。

5）应充分考虑一次设计与二次配电设计的配合，按照各区域使用功能需求，根据负荷性质分设配电箱，对于二次设计深化的区域应在合适位置预留充足的配电容量及配电回路。

2. 设备选型及安装

1）电气竖井、配电小间宜设置在供电区域的负荷中心，并应靠近电源侧，综合考虑防火分区、供电半径以及防火分区的相对关系等因素，同时尽量减少检修维护时对客人的干扰。

2）消防线路、一级负荷配电线路应与普通负荷配电线路采用不同的金属线槽和金属桥架铺设。

3）配电箱不应安装在走道、电梯厅和客人易到达的场所，当客房内的配电箱安装在柜体内时，应做好安全防护处理。

4）低压配电设备应充分考虑节能要求，空调机组、送排风机、水泵等大容量电动机宜采用变频调速控制。

5）厨房、冷库、锅炉房、游泳池机房等处的配电箱柜应有足够的防护等级、操作和维护空间，并在安装时采取架高（底距地300mm）等防水措施。

6）配电系统的保护电器，应根据配电系统的可靠性和管理要求设置，各级保护电器之间的选择性配合，应满足供电系统可靠性的要求。

7）ATSE 的选用原则：参考《转换开关电器 TSE 选择和使用导则》（GB/T 31142—2014）消防用电设备如消防泵、消防电梯、正压送风机、防排烟风机等电动机负载对应的使用类别为 AC-33，考虑到消防日常维护及高可靠性的要求，应采用 AC-33A。

3. 末端计量要求

1）为了便于酒店管理，高端酒店除了要求在变电所低压回路设有计量外，在其他租赁和特许经营的区域也要求单独计费，通常需要单独设置计量的区域可参考表 4-1-7。

表 4-1-7　某五星级酒店计量要求

序号	区域	变电所低压回路计量	末端单独计量
1	客房	√	
2	宴会厅*	√	
3	会议区*	√	
4	商务中心		√
5	西餐厅*		√
6	中餐厅*		√

（续）

序号	区域	变电所低压回路计量	末端单独计量
7	水疗和桑拿*		√
8	健身房		√
9	游泳池*	√	
10	美容美发		√
11	夜总会		√
12	酒吧		√
13	商店		√
14	员工餐厅		√
15	厨房	√	
16	洗衣房	√	
17	停车场	√	
18	制冷系统（包括制冷机、循环水泵、冷却塔、补水泵）	√	

2）有计量要求的功能区需设置计量电能表时，宜将计量电能表集中设置在配电竖井或配电小间的配电箱内，智能电表应带数据远传接口，符合 RS485、CANBUS、Modbus 等主流通信协议，可接入 BAS 系统或能耗管理系统，满足智慧酒店的管理要求。

3）部分酒店管理公司要求对宴会厅、会议区、大堂及大堂吧、餐厅、康体中心等处的空调机组也设置计量，需结合酒店管理公司要求确定。

4. 供电质量

1）酒店建筑中谐波源较多，主要用电设备谐波含量见表 4-1-8，为确保酒店各区域末端供电的质量，应注重低压配电中谐波危害的防控，特别是酒店泛光照明、宴会厅照明及其他大量采用 LED 灯具的精装修场所，其 3 次谐波造成的危害应在设计前期进行预判并采取相应的主动和被动防治措施。

表 4-1-8　酒店建筑常用设备谐波含量

序号	谐波源	主要谐波含量	总谐波畸变率(%)
1	LED 灯具开关电源	3,5,7,9,11,13	30～70
2	节能灯	3,5,7,9,11,13	27.5
3	多媒体显示屏	3,5,7,9,11,13	30～70
4	IT 设备	5,7,9,11,13	16.7
5	UPS 电源	5,7,9,11,13	11
6	空调变频设备	5,7,9,11,13	42

①酒店泛光照明、室内精装照明大量采用 LED 光源的区域，当 3 次谐波含量大于 33% 时，应按中性线电流选择电缆截面面积。

②宴会厅等区域调光系统谐波防治，目前主流调光系统有晶闸管调光、DALI 调光、0～10V 调光等几种形式，如采用晶闸管调光时，中性线截面面积应按相线截面面积的 2 倍选择。

③对于上述谐波问题严重的回路，宜考虑在末端进行专项治理，采用有源滤波器、静止无功发生器 SVG、中性线治理装置等设备进行专项治理。

④行政酒廊和全日餐厅明厨等处的电磁炉供电，应由竖井内的层配电箱单独回路供电，以减少谐波对其他设备的影响。

谐波集中治理及分散治理示意图如图 4-1-1 所示。

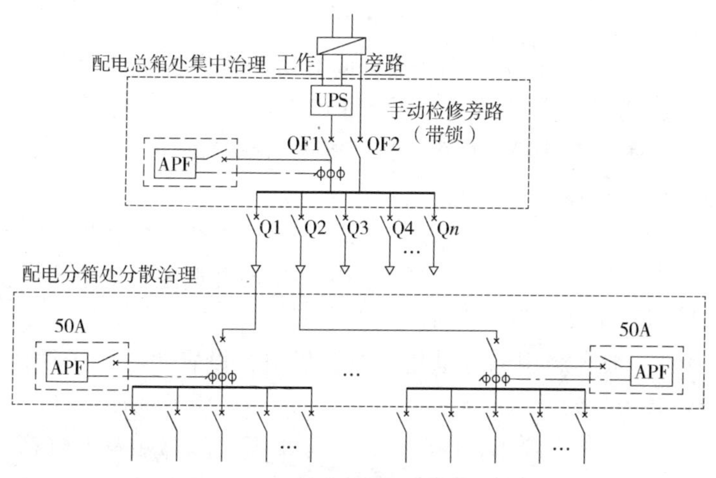

图 4-1-1　谐波集中治理及分散治理示意图

2）电动机供电回路应考虑采用合适的降压措施，以减少起动时对系统的影响。（变压器容量15%的电机~变压器容量40%的电机，宜采用星三角起动；变压器容量40%及以上的电机，宜采用自耦减压起动，非消防电机可采用变频起动及软起动方式）。

3）照明和动力用电将按照实际需求尽量分开供电，以减少因动力负荷所引起的电压波动，并影响系统供电质量。

4）三相供电线路供电半径不宜大于250m，配电箱末端单相回路供电半径不宜大于50m，线路供电距离较长时，应进行电压损失校核。

4.2 酒店典型区域及设备配电

4.2.1 客房配电

1. 设计要点

客房作为酒店的核心部分，不仅仅只是给客人提供一个休息的场所，更重要的是能让客人体会到舒适和惬意，是整个酒店价值体现的重要组成部分，其电气设计要点如下：

1）每间客房均应设置独立的配电箱，为本房间内所有用电负荷供电。

2）单人间、标准间和普通套间客房用电设备主要包含照明灯具、普通插座、空调等，用电量可参照表4-1-1考虑，行政套间、总统套房等含有冰箱、烤箱、按摩等大功率设备等，其每套房间用电量应该按实际用电设备配置情况考虑。

3）高端酒店的总统套房、高级套房用电属一级负荷，应采用来自两台变压器不同母线段的两路电源供电并在末端或适当位置互投，同时宜由柴油发电机提供第三电源。

4）一般客房用电可采用单电源供电，设置单独的干线供电，并与公共用电分开。

5）考虑美观要求，同时也为了防止客人随意触及配电箱，客房配电间宜与装修同步考虑装设在客房内进门隐蔽部位，当客房内配电箱安装在衣橱内时，为避免火灾隐患，衣橱内配电箱应该用隔板分隔在单独区域或在配电箱外加装防护板。

6）每间客房内进门处应设置可切断房间内电源（除冰箱、计算机等）的节能开关，该开关一般与客房卡配合使用。客房内的重要用电设备或不允许断电设备（如电冰箱、传真机、保险箱、门铃等）的供电回路不通过该开关控制，客房内照明、插座和空调等应分回路供电。

7）客房内智能控制是智能酒店的重要组成部分，配电箱应预留客房智能集控系统电源，如开关控制模块、混合模块等。

2. 典型配电

1）标准客房典型配电箱系统图如图 4-2-1 所示（见文后插页）。

2）总统套房配电箱系统图如图 4-2-2 所示（见文后插页）。

4.2.2 康体中心配电（含室内游泳池）

1. 设计要点

康体中心是酒店内供客人娱乐、健身、美容、运动休闲放松的地方。包含健身房、游泳池、浴室、咖啡吧、舞房、棋牌室、台球、网球、乒乓球等多种项目，配备有完善的配套用电设施。

（1）健身房设备配电

高档酒店的健身房配备有齐全的器械设备，多达近百种，除了电动跑步机外，真正需要用电的建设设备并不多，大多数力量健身器械不需要电源。

电动跑步机内部含有电机、变频器、测量和显示设备，根据跑步机的大小设定，其用电功率大小也不同，一般跑步机用电功率在 1～2kW，供电电压为 220V，通过插头与三孔插座连接供电。

（2）泳池设备配电

泳池主要用电设备包含水处理设备、循环泵、照明设施、游泳池清洗设备等，水处理设备（含过滤设备）、循环泵等一般安装在专用的设备机房内，这些机房一般设置在泳池旁或泳池下方，配电箱（柜）设置在机房内。

泳池配电箱及用电设备在机房内安装时，应位于游泳池 1 区和

2 区之外，配电箱至潜水泵使用的电缆应符合 GB 5013 系列规定的 66 型电缆或至少有与其等效性能的电缆。水处理设备一般包括臭氧发生器、紫外线消毒器等。水处理设备、循环泵等供电电压一般为 AC 220/380V，当其设置在游泳池 1 区和 2 区以外的场所时，防护等级不低于 IPX5，潜水泵防护等级为 IPX8。

当采用不同的电击防护措施时，配电箱中电气设备元件也不尽一样，可以采用自动切断电源的电击防护措施，除此之外，还可以采用电气隔离等措施。配电箱系统图中需要增设隔离变压器等设备。

（3）桑拿浴室配电

酒店桑拿浴室场所动力设备较多，由于环境潮湿，电气设备通常泄漏电流较大。因此应在配电箱各出线回路的照明箱配电回路、干蒸房、湿蒸房配电回路设置漏电断路器；在照明配电箱回路设置防火漏电断路器，漏电动作电流值整定为 30mA；干蒸房、湿蒸房配电回路设置漏电动作电流为 30mA 瞬间快速动作的漏电断路器，能快速切除金属性接地故障。

1 区内的用电设备（如电热水器、按摩浴缸）的接线盒允许固定安装在 1 区，线路采用永久连接。2 区内用电设备的接线盒允许固定安装于 2 区，2 区内不允许设置其他设备插座；当需要安装时，插座应安装在 0 区、1 区和 2 区之外。浴室回路建议采用电磁式剩余电流动作保护器（I_n≤30mA）。

桑拿房内电气设备、附件至少应具备 IP24 的防护等级，如果需要使用水喷头清洗时，电气设备的防护等级至少为 IPX5。3 区内的电气设备（如灯具）绝缘应至少能耐 125℃的高温。1 区、3 区电气线路绝缘应至少能耐 170℃的高温，2 区线路对耐热性没有特殊要求；桑拿房内不应有可接触到的金属护套电缆或金属导管。

2. 典型配电

1）健身房典型配电箱图如图 4-2-3 所示。

2）泳池设备典型配电箱图如图 4-2-4 所示。

3）桑拿浴室典型配电箱图如图 4-2-5 所示。

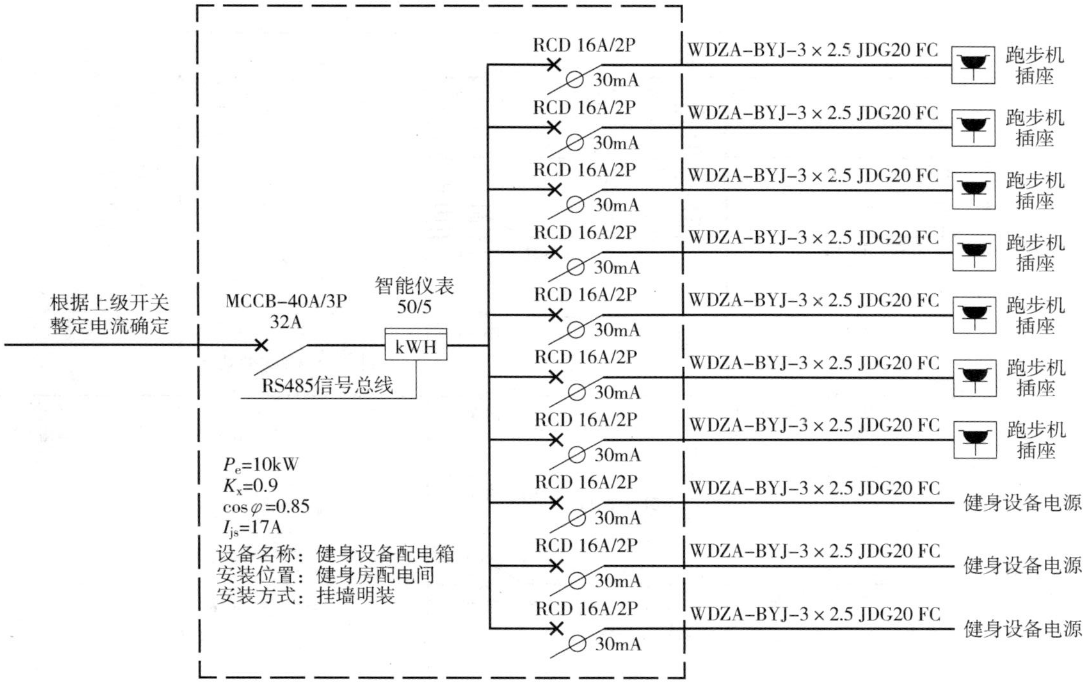

根据上级开关
整定电流确定

MCCB-40A/3P
32A

智能仪表
50/5

kWH

RS485信号总线

P_e=10kW
K_x=0.9
$\cos\varphi$=0.85
I_{js}=17A
设备名称：健身设备配电箱
安装位置：健身房配电间
安装方式：挂墙明装

RCD 16A/2P 30mA WDZA-BYJ-3×2.5 JDG20 FC 跑步机插座
RCD 16A/2P 30mA WDZA-BYJ-3×2.5 JDG20 FC 跑步机插座
RCD 16A/2P 30mA WDZA-BYJ-3×2.5 JDG20 FC 跑步机插座
RCD 16A/2P 30mA WDZA-BYJ-3×2.5 JDG20 FC 跑步机插座
RCD 16A/2P 30mA WDZA-BYJ-3×2.5 JDG20 FC 跑步机插座
RCD 16A/2P 30mA WDZA-BYJ-3×2.5 JDG20 FC 跑步机插座
RCD 16A/2P 30mA WDZA-BYJ-3×2.5 JDG20 FC 跑步机插座
RCD 16A/2P 30mA WDZA-BYJ-3×2.5 JDG20 FC 健身设备电源
RCD 16A/2P 30mA WDZA-BYJ-3×2.5 JDG20 FC 健身设备电源
RCD 16A/2P 30mA WDZA-BYJ-3×2.5 JDG20 FC 健身设备电源

图4-2-3 健身房配电箱系统图

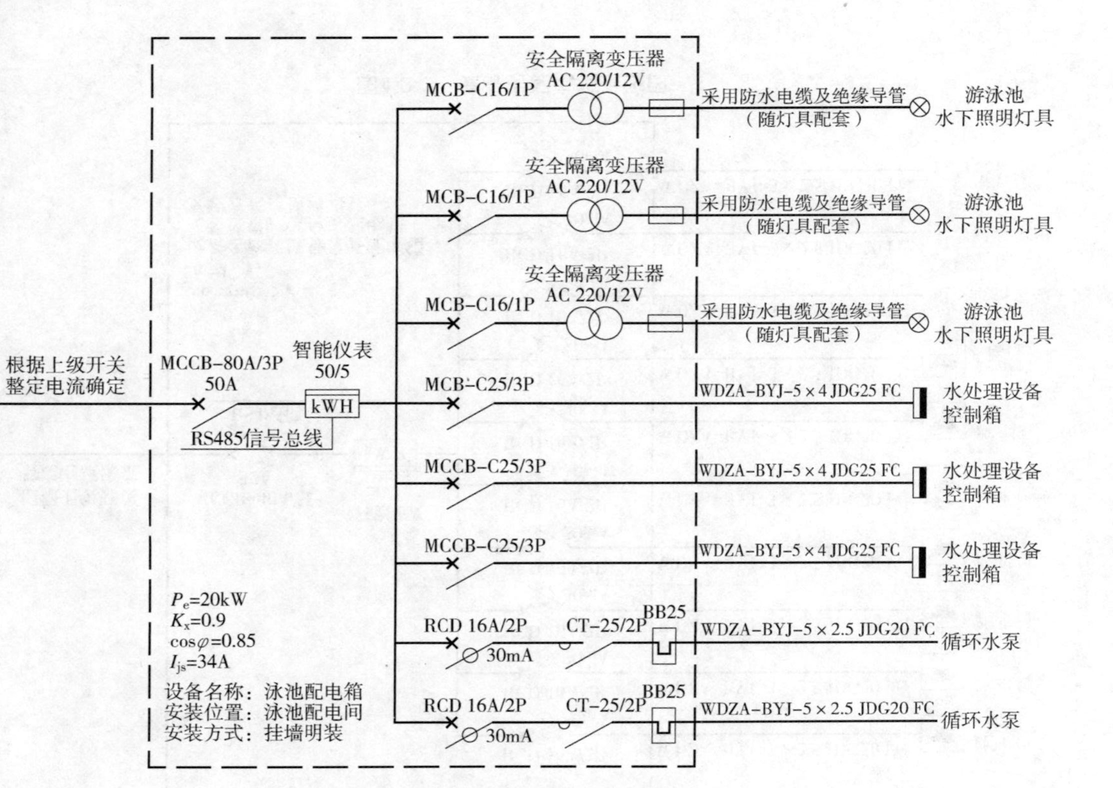

图4-2-4　泳池设备配电箱系统图

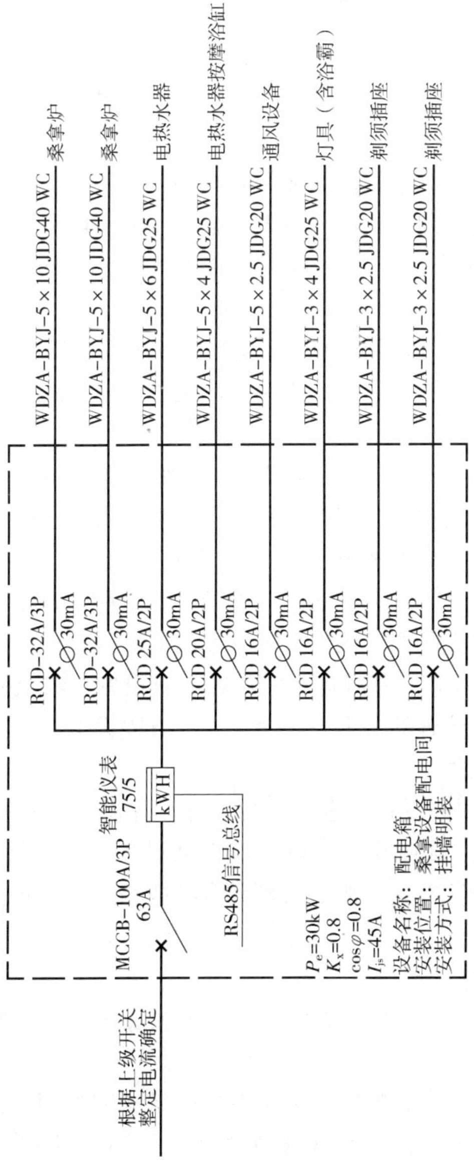

根据上级开关整定电流确定

MCCB-100A/3P 63A

智能仪表 75/5

kWH

RS485信号总线

P_e=30kW
K_x=0.8
$\cos\varphi$=0.8
I_{js}=45A
设备名称：配电箱
安装位置：桑拿设备配电间
安装方式：挂墙明装

RCD-32A/3P 30mA WDZA-BYJ-5×10 JDG40 WC 桑拿炉
RCD-32A/3P 30mA WDZA-BYJ-5×10 JDG40 WC 桑拿炉
RCD 25A/2P 30mA WDZA-BYJ-5×6 JDG25 WC 电热水器
RCD 20A/2P 30mA WDZA-BYJ-5×4 JDG25 WC 电热水器按摩浴缸
RCD 16A/2P 30mA WDZA-BYJ-5×2.5 JDG20 WC 通风设备
RCD 16A/2P 30mA WDZA-BYJ-3×4 JDG25 WC 灯具（含浴霸）
RCD 16A/2P 30mA WDZA-BYJ-3×2.5 JDG20 WC 剃须插座
RCD 16A/2P 30mA WDZA-BYJ-3×2.5 JDG20 WC 剃须插座

图4-2-5　桑拿浴室设备配电箱系统图

4.2.3 餐厅及宴会厅配电

1. 设计要点

酒店餐厅主要分为全日餐厅、特色餐厅、中餐厅、西餐厅等，宴会厅用于举办大型宴席等。

1）宴会厅、大型餐厅照明配电宜设置照明总箱，由变配电室的低压柜专用馈电回路供电，双电源末端切换，可根据宴会厅或大型餐厅前厅、厅内、配套用房的功能划分，分别设置照明配电分箱。

2）宴会厅 AV 控制室内应设置 1 台专用配电箱，供宴会厅舞台灯光设备及控制室内设备，当采用晶闸管调光方式时，应考虑谐波防治措施。

3）宴会厅应预留庆典活动以及运营临时布展的照明和 AV 等设备临时用电，设置独立双电源切换箱，电源来自变配电室低压柜两段不同母线段的专用馈电回路，布置在宴会厅的更衣间或机房内，其设备容量可不计入酒店变压器的计算负荷。如宴会厅有多个分隔时，宜在每个隔断区内设置独立断路器箱。

4）宴会厅内部，周围墙上每隔 20m 宜设置 1 组双插座；宴会厅门外，在前厅位置的墙上，每个宴会厅分隔设 1 个插座，给信息发布液晶电视使用。

5）西餐厅用电设备一般包括保温车、保温台（柜）、保温炉、消毒机、饮水机、咖啡机等；设计应根据设备功率做好点位预留，餐厅配电箱可设置在餐厅服务管理前台处或相应设备间，便于管理操作。

2. 典型配电

1）宴会厅照明配电箱典型配电系统图如图 4-2-6 所示（见文后插页）。

2）宴会厅活动电源配电箱典型配电系统图如图 4-2-7 所示。

3）宴会厅 AV 设备配电柜典型配电系统图如图 4-2-8 所示。

4）西餐厅配电箱典型配电系统图如图 4-2-9 所示。

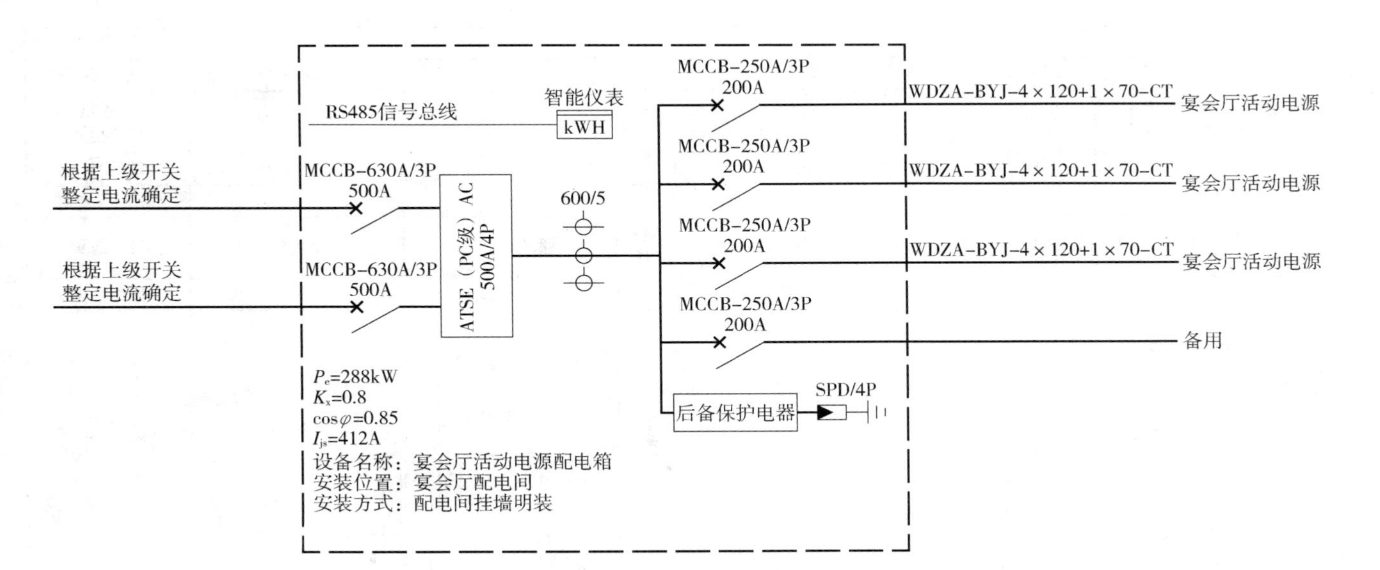

图4-2-7　宴会厅活动电源配电箱系统图

配电柜编号	进线柜AA1	有源滤波柜APF1	出线柜AA2					
柜体尺寸（宽×深×高）/mm	800×1000×2200	800×1000×2200	800×1000×2200					
一次线路图 P_e=30kW K_x=0.9 $\cos\varphi$=0.8 I_{js}=51A	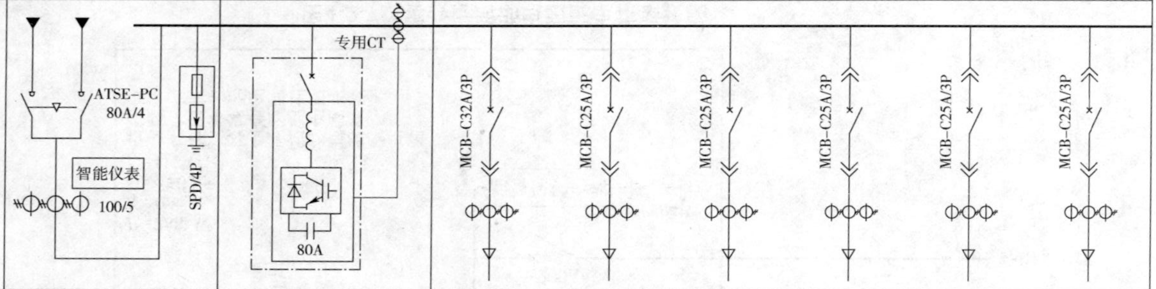 ATSE-PC 80A/4 智能仪表 100/5 SPD/4P	专用CT 80A	MCB-C32A/3P	MCB-C25A/3P	MCB-C25A/3P	MCB-C25A/3P	MCB-C25A/3P	MCB-C25A/3P
回路编号			WL1	WL2	WL3	WL4	WL5	
负荷名称	双电源切换柜	有源滤波器	1#灯光柜直通/调光柜	舞美配电箱	舞美配电箱	追光电源箱	追光电源箱	预留
设备容量/kW	30	—	10	5	5	5	5	
计算电流/A	51	—	19	10	10	10	10	
导线型号及规格	—	—	WDZA-YJY-5×6	WDZA-YJY-5×4	WDZA-YJY-5×4	WDZA-YJY-5×4	WDZA-YJY-5×4	
进出线方式	上进线		上出线	上出线	上出线	上出线	上出线	
备注								

图4-2-8　AV设备配电柜系统图

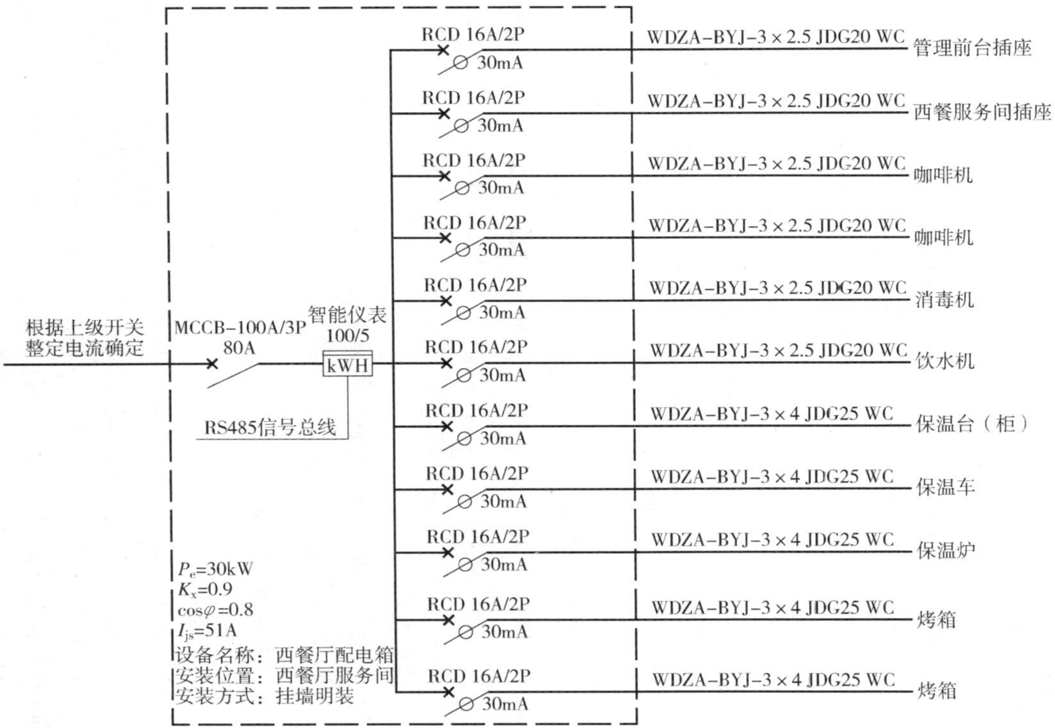

图4-2-9　西餐厅配电箱系统图

4.2.4 大堂及大堂吧用电

1. 设计要点

酒店大堂是客人办理住宿登记手续、休息、会客和结账的地方，根据酒店的规模、类型、特色，大堂主要设置有：入住接待总台，礼宾服务、大堂经理、休息等候区域、大堂吧、观赏展示区域、擦鞋区等，设计要点如下：

1）面积较大的大堂照明建议采用两个低压回路交叉供电的照明系统，负荷等级为一级的大堂应由双重电源的两个低压回路在末端配电箱处切换，为便于控制照明回路可设置智能照明模块，达到通过智能照明系统分时、分区域控制的目的。

2）大堂前台的经营用计算机应按照负荷分级配电要求设置UPS电源供电。大堂配电箱应设置在方便前台工作人员操作控制的地方。大堂内用电设备较多，其配电回路应根据酒店需求配置。

3）大堂除根据家具布置预留插座点位外，周围墙上每隔15m宜预留1组双插座，接待台下至少预留3组四插座，入口雨棚靠近入口处，宜预留1个带防水盖板的插座。

4）大堂吧通常为客人提供休憩、等候、茶饮、咖啡、酒水等服务，设有一些西厨用电设备，如咖啡机、雪柜、洗碗机、冰箱、制冰机等，设计需预留充足的用电量，宜单独设置一组动力配电箱配电。

2. 典型配电

1）大堂照明配电箱系统图如图4-2-10所示（见文后插页）。

2）大堂吧动力配电箱系统图如图4-2-11所示。

4.2.5 厨房配电

1. 设计要点

五星级酒店会配置员工厨房、中央厨房、宴会厨房、中餐厨房、全日餐厨房和其他有厨房设备的区域等，根据酒店的规模定位不同，厨房的配置略有差异。酒店厨房安装负荷普遍较大，这与厨房顾问公司的设计息息相关，厨房用电设备最终要以厨房公司提供的资料为依据，图4-2-12是某五星级酒店厨房公司提供的电气点位条件图（见文后插页）。

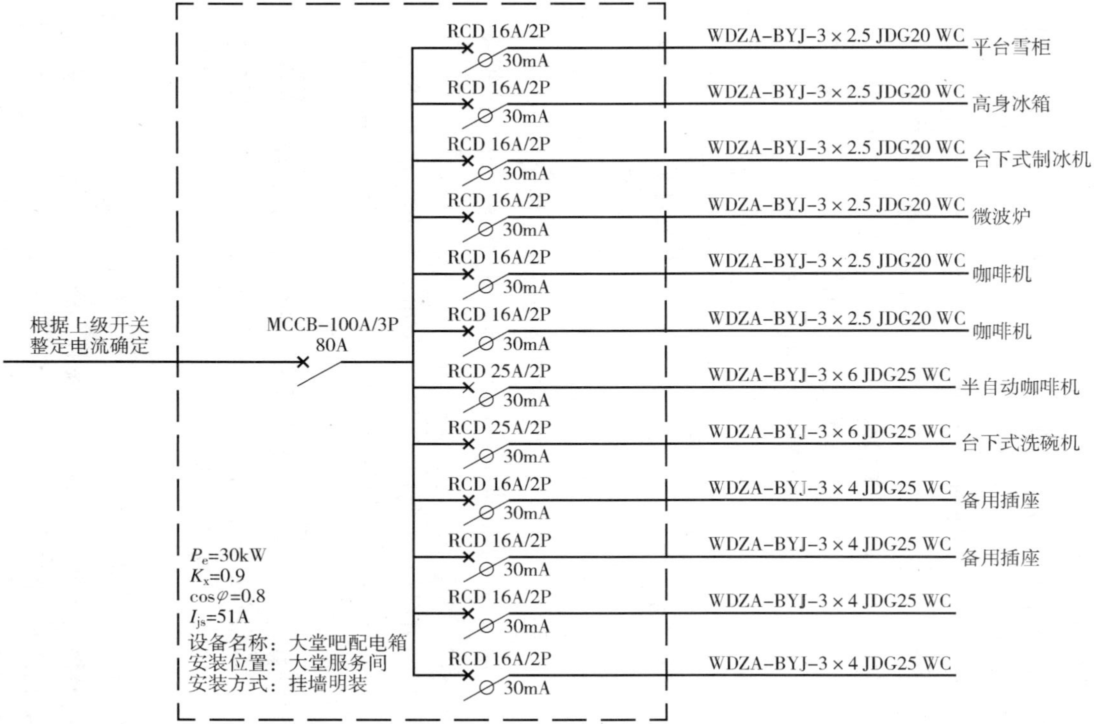

图4-2-11　大堂吧动力配电箱系统图

厨房配电设计要点如下：

1）厨房用电量较大，需根据厨房工艺需求预留充足的用电容量，当设计前期无法获得准确数据时，可根据经验值预留，厨房用电应由变电所低压柜采用专用馈电回路供电。

2）高端酒店管理公司通常要求厨房的食品冷库、厨房冷库用冷却塔及其配套冷却泵、厨房内的事故排风机（燃气泄漏时使用），全日餐厅及其厨房的排油烟风机需接入发电机应急供电系统，故厨房内一般设置一组动力配电箱及一组厨房保障用电动力箱（由发电机组提供应急电源）。对于厨房重要负荷，由于需保障的负荷对单个厨房来说并不大，可以在厨房总配电间设置一组保障负荷电源主备供箱，再分别放射至每个厨房重要设备并末端切换供电。

3）厨房配电箱柜一般不宜直接放在厨房内，可在每个厨房靠近公共走道区域设置配电小间，作为厨房配电箱柜专用配电间。避免油烟颗粒或水蒸气附着在配电柜和电气开关等触头上，造成安全隐患。

4）厨房内使用或产生水或水蒸气的粗加工区（间）、细加工区（间）、热加工区（间）、洗消间等场所安装的电气设备外壳、灯具、插座等的防护等级不应低于 IP54，操作按钮的防护等级不应低于 IP55。

5）厨房区域加工制作区（间）的电源进线应留有一定余量，配电箱应留有一定数量的备用回路。电气设备、灯具、管路应有防潮措施。

6）厨房区域及其他环境潮湿场地的配电回路，应设置剩余电流保护，厨房设备三相电源进行保护时，应采用四级漏电保护器。

7）厨房设备地面出线时需采取保护措施，以防线路及护管破损。

8）设有燃气系统的厨房，事故排风机控制箱应与火灾自动报警系统及燃气阀联动，在燃气报警时，能够自动启动事故风机排风，并切断燃气阀。

2. 典型配电

厨房配电箱系统图如图 4-2-13 所示。

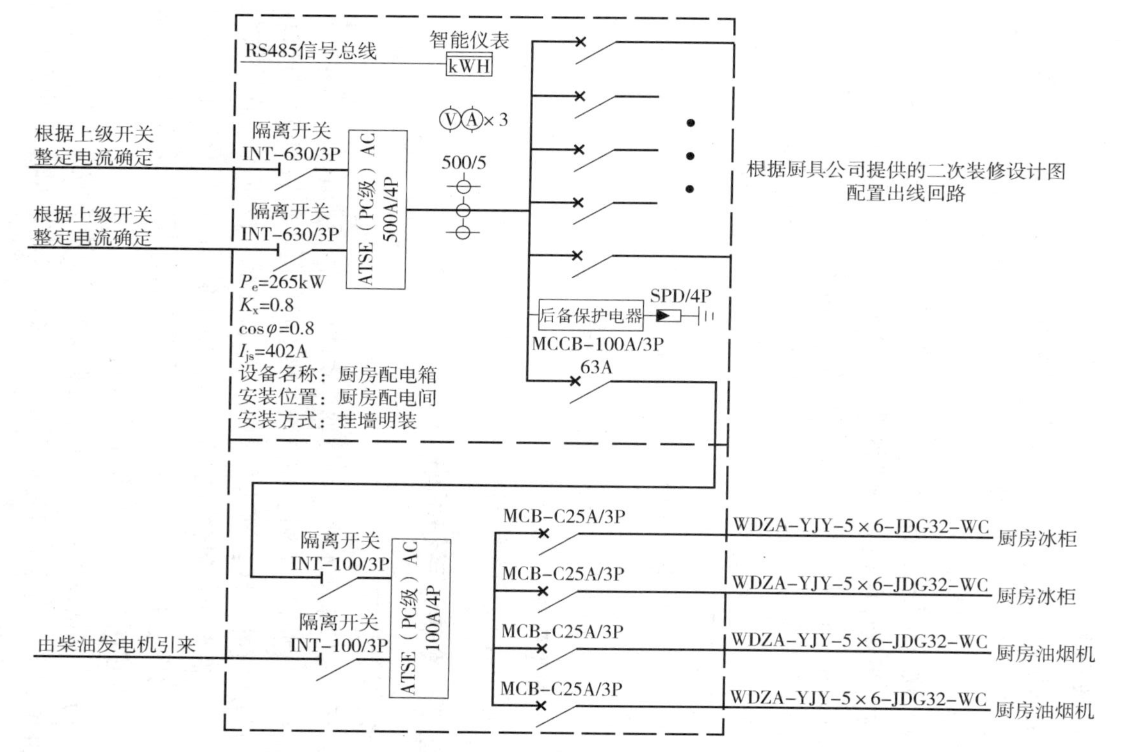

图4-2-13　厨房配电箱系统图

4.2.6 洗衣房配电

1. 设计要点

酒店洗衣房为客人、员工提供衣物洗涤服务，通常配置的设备有干洗机、水洗机、烘干机、熨平机、自动折叠机、去渍机和整烫设备等，其设计要点如下：

1）洗衣房用电量较大，需根据洗衣房工艺需求预留充足的用电容量，当设计前期无法获得准确数据时，可参照表 4-1-3 预留，洗衣房用电应由变电所低压柜采用专用馈电回路供电。

2）洗衣房内电气设备应安装于安全区域，其内安装的电气设备外壳、灯具、插座等的防护等级不应低于 IP54，操作按钮的防护等级不应低于 IP55。

3）洗衣房配电箱应留有一定数量的备用回路。电气设备、灯具、管路应有防潮措施。

4）洗衣房内配电回路应设置剩余电流保护。

2. 典型配电

洗衣房配电箱系统图如图 4-2-14 所示。

4.2.7 冷热源系统配电

1. 设计要点

酒店一般采用水冷、风冷或冰蓄冷的中央空调系统，热源多采用锅炉、热水器、太阳能和空气源热水机组等。酒店的冷热源的选择与酒店所处地区、酒店的规模、运营方式、投资等有着较大关系。冷热源系统一般含有制冷主机、冷冻泵、冷却泵及其他辅助泵组。空调机组中的制冷主机已带有启动设备，其内部有基本保护功能，只要按照机组功率提供电源即可。

1）冷冻站设备宜采用自变电所放射式供电方式，主机功率在 200kW 以下的制冷主机可以采用电缆供电，大于 200kW 的主机宜采用母线供电。

2）冷冻站内主机、水泵等设备宜采用变频控制，宜采用串联电抗器的方式减少谐波影响。

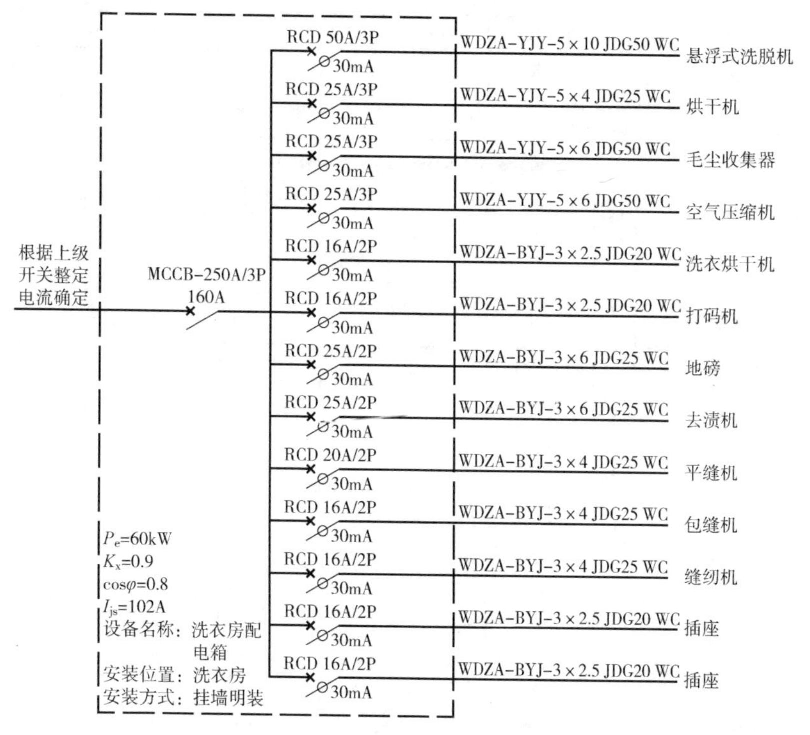

图 4-2-14　洗衣房配电箱系统图

3）水泵等控制柜宜采用强弱电一体化智能控制柜，如智能模糊控制柜等，模糊控制系统结构由模糊控制器、A/D 转换器、D/A 转换器、执行器、传感器组成，采用供电与控制一体的方式，实现空调的智能控制。

4）设有变频控制的空调设备配电回路，电缆宜选用中性线与相线等截面面积的电缆，避免谐波影响。

2. 典型配电

1）空调冷冻水泵智能配电柜系统图如图 4-2-15 所示（见文后插页）。

2）空调冷却水泵智能配电柜系统图如图 4-2-16 所示（见文后插页）。

3）热水泵智能配电柜系统图如图 4-2-17 所示。

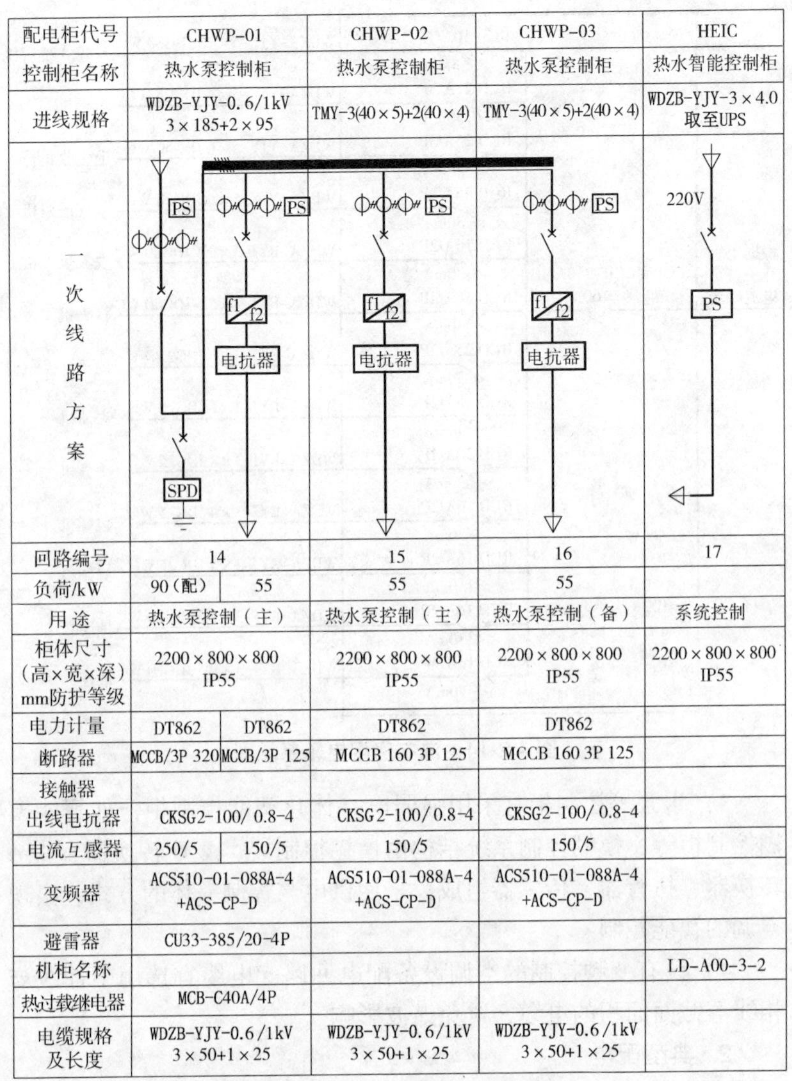

配电柜代号	CHWP-01		CHWP-02	CHWP-03	HEIC
控制柜名称	热水泵控制柜		热水泵控制柜	热水泵控制柜	热水智能控制柜
进线规格	WDZB-YJY-0.6/1kV 3×185+2×95		TMY-3(40×5)+2(40×4)	TMY-3(40×5)+2(40×4)	WDZB-YJY-3×4.0 取至UPS
一次线路方案	PS SPD	PS f1 f2 电抗器	PS f1 f2 电抗器	PS f1 f2 电抗器	220V PS
回路编号	14		15	16	17
负荷/kW	90（配）	55	55	55	
用途	热水泵控制（主）		热水泵控制（主）	热水泵控制（备）	系统控制
柜体尺寸（高×宽×深）mm防护等级	2200×800×800 IP55		2200×800×800 IP55	2200×800×800 IP55	2200×800×800 IP55
电力计量	DT862	DT862	DT862	DT862	
断路器	MCCB/3P 320	MCCB/3P 125	MCCB 160 3P 125	MCCB 160 3P 125	
接触器					
出线电抗器	CKSG2-100/0.8-4		CKSG2-100/0.8-4	CKSG2-100/0.8-4	
电流互感器	250/5	150/5	150/5	150/5	
变频器	ACS510-01-088A-4 +ACS-CP-D		ACS510-01-088A-4 +ACS-CP-D	ACS510-01-088A-4 +ACS-CP-D	
避雷器	CU33-385/20-4P				
机柜名称					LD-A00-3-2
热过载继电器	MCB-C40A/4P				
电缆规格及长度	WDZB-YJY-0.6/1kV 3×50+1×25		WDZB-YJY-0.6/1kV 3×50+1×25	WDZB-YJY-0.6/1kV 3×50+1×25	

图 4-2-17　热水泵智能配电柜系统图

4.2.8　充电桩配电

1. 设计要点

1）酒店充电桩配置数量以国家规范及政策性文件规定为准，

充电设施一般按照“一位一桩”的原则设置。充电桩、直流充电终端可根据现场车位情况，采取壁挂式或者落地式安装，非车载充电机采用落地式安装。室内安装的充电主机系统的主机部分宜采用箱式布置或布置在单独房间内。

2）酒店电动汽车充电设施可按三级负荷供电，分为交流充电桩和非车载充电机（直流充电设备）。

3）酒店建筑中，额定功率大于7kW的电动汽车充电设备不应设在建筑物内，宜将直流充电桩设置在酒店室外停车场区域，充电设备与充电车位、建（构）筑物之间的距离应满足安全、操作及检修的要求；充电设备外廓距充电车位边缘的净距不宜小于0.4m。

4）如充电桩设置较为集中，建议单独设置变压器供电。如充电桩设置较为分散，可由就近的变压器供电。

5）交流充电桩供电电源应采用单相、交流220V电压，电压偏差不应超过标称电压的+7%、-10%；额定电流不大于32A。

6）新建充电设施应根据规模在配电室设置专用馈线开关。当负荷容量小于250kW时，开关额定电流不宜小于400A；当负荷电流大于400A时，应增加开关。

7）电动充电桩末端回路应设置限流式电气防火保护器。

8）安装在酒店的充电桩应配置电能表，每个充电接口应独立配备计量装置。

9）酒店交流充电桩应能采集交流电能数据、计算充电电量，显示充电时间、充电电量及充电费用等信息，应具备与上级监控管理系统的通信接口。

2. 典型配电

1）交流充电桩配电箱系统图如图4-2-18所示。

2）直流充电桩配电箱系统图如图4-2-19所示。

4.2.9 电梯配电

1. 设计要点

酒店电梯分为客梯、货梯、观光电梯、消防电梯和自动扶梯等，电梯功率及其控制设备通常均由制造厂成套提供，其配电设计

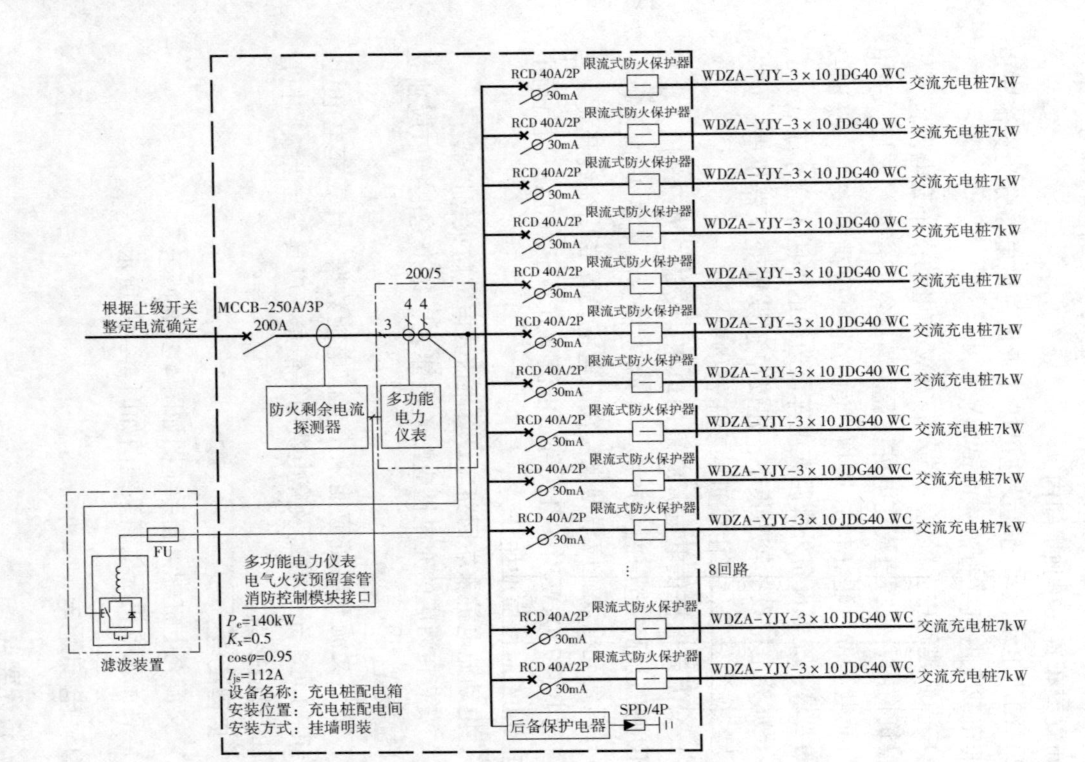

图4-2-18　交流充电桩配电系统图

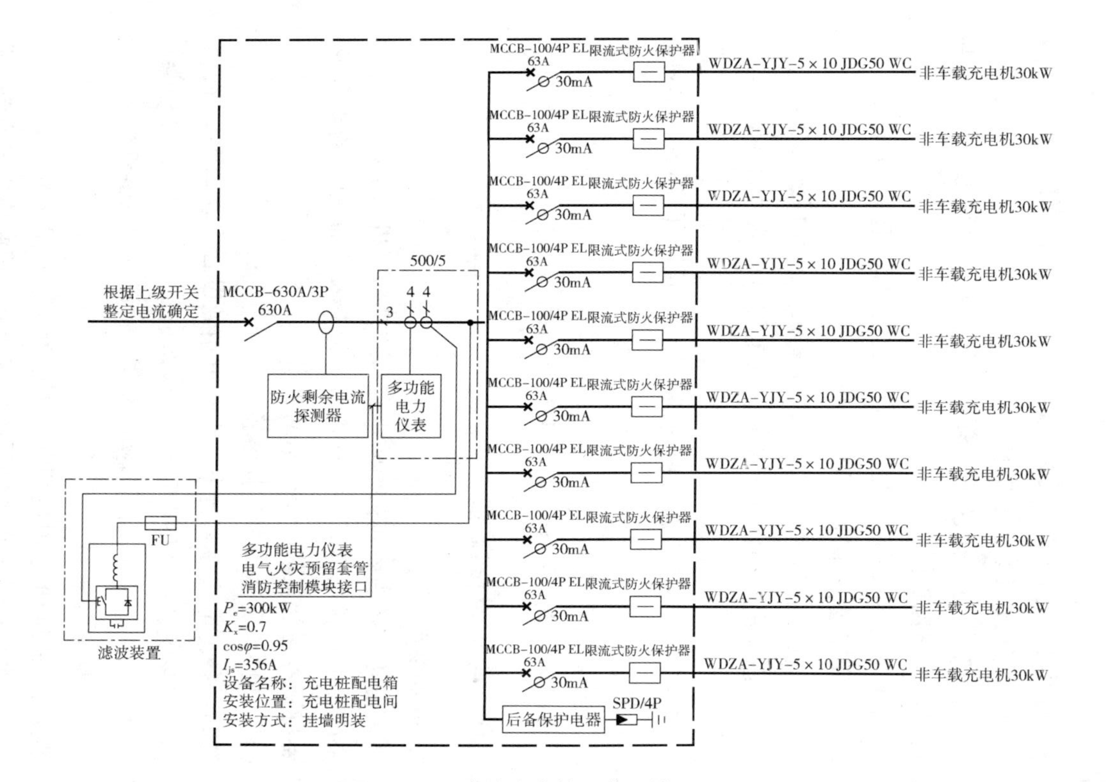

图4-2-19　直流充电桩配电系统图

要点如下：

1）电梯应由专用回路供电，其供电回路应直接由变电所引来。

2）向电梯供电的电源线路不得敷设在电梯井道内。除电梯专用线路外，其他线路不得沿电梯井道敷设。

3）消防电梯与其他普通电梯应分开供电。每台电梯应设置单独的隔离和短路保护开关。

4）电梯机房的每路电源进线均应装设隔离电器，并应装设在电梯机房内便于操作和维修的地点。

5）电梯轿厢的照明和通风、轿顶电源插座和报警装置的电源线，应另装设隔离和短路保护电器，其电源可以从该电梯的主电源开关前取得。

6）电源开关应装设在机房内便于操作和维修的地点，尽可能靠近入口处。

2. 典型配电

客梯电源配电箱系统图如图 4-2-20 所示。

4.2.10 消防设备配电

1. 设计要点

酒店消防设备主要包括消防水泵、防排烟风机、消防电梯、防火卷帘门、电动排烟窗等，其配电设计除遵循消防相关的规范外，还需要特别考虑智慧消防物联网的要求。

（1）消防设备双电源切换装置

消防设备配电应在其最末一级配电箱处设置自动切换装置；

消防水泵负载用 ATSE 应选用 PC 级、二段式结构，使用类别不低于 AC-33，考虑到日常巡检的需求，建议选用 AC-33A。

（2）消防泵控制

消防水泵控制柜平时应使消防水泵处于自动启泵状态；

消防水泵不应设置自动停泵的控制功能，停泵应由具有管理权限的工作人员根据火灾扑救情况确定；

消防水泵应能手动启停和自动启动。

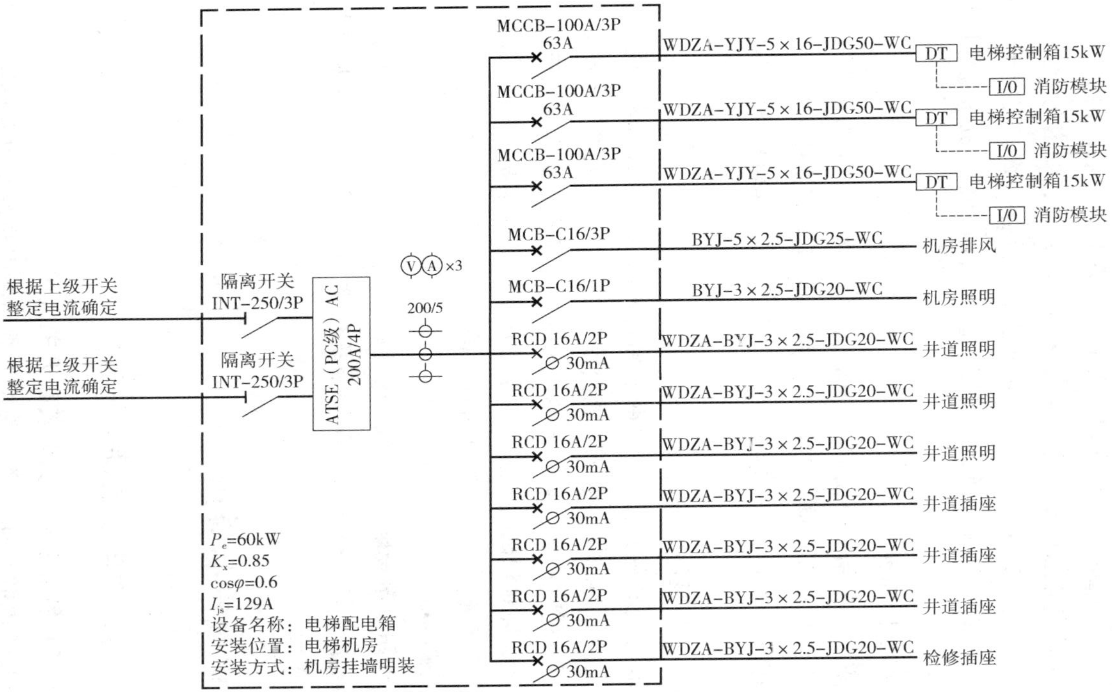

根据上级开关整定电流确定
隔离开关 INT-250/3P
根据上级开关整定电流确定
隔离开关 INT-250/3P
ATSE（PC级）AC 200A/4P
200/5
Ⓥ Ⓐ ×3

MCCB-100A/3P 63A　WDZA-YJY-5×16-JDG50-WC　DT　电梯控制箱15kW
I/0　消防模块
MCCB-100A/3P 63A　WDZA-YJY-5×16-JDG50-WC　DT　电梯控制箱15kW
I/0　消防模块
MCCB-100A/3P 63A　WDZA-YJY-5×16-JDG50-WC　DT　电梯控制箱15kW
I/0　消防模块
MCB-C16/3P　BYJ-5×2.5-JDG25-WC　机房排风
MCB-C16/1P　BYJ-3×2.5-JDG20-WC　机房照明
RCD 16A/2P 30mA　WDZA-BYJ-3×2.5-JDG20-WC　井道照明
RCD 16A/2P 30mA　WDZA-BYJ-3×2.5-JDG20-WC　井道照明
RCD 16A/2P 30mA　WDZA-BYJ-3×2.5-JDG20-WC　井道照明
RCD 16A/2P 30mA　WDZA-BYJ-3×2.5-JDG20-WC　井道插座
RCD 16A/2P 30mA　WDZA-BYJ-3×2.5-JDG20-WC　井道插座
RCD 16A/2P 30mA　WDZA-BYJ-3×2.5-JDG20-WC　井道插座
RCD 16A/2P 30mA　WDZA-BYJ-3×2.5-JDG20-WC　检修插座

P_e=60kW
K_x=0.85
$\cos\varphi$=0.6
I_{js}=129A
设备名称：电梯配电箱
安装位置：电梯机房
安装方式：机房挂墙明装

图4-2-20　客梯电源配电箱系统图

（3）消防泵机械应急启动装置

消防泵控制柜应设置机械应急启泵功能，并应保证在控制柜内的线路发生故障时，由有管理权限的人员在紧急时启动消防水泵。

设计时应考虑机械应急启泵装置的启动方式，要求与消防泵控制柜正常启动方式（直接启动/减压启动）保持一致；应用于大功率消防泵控制时，应选择具有星三角减压启动功能的机械应急启动装置。

（4）防护等级

消防水泵控制柜应设置在消防水泵房或专用消防水泵控制室，当与消防水泵设置在同一空间时，防护等级不应低于 IP55；当消防水泵控制柜设置在专用消防水泵控制室时，其防护等级不应低于 IP30。

（5）消防泵物联网监测

在消防给水系统中，可实时监测、显示消防泵的流量、压力及消防水泵控制柜的供电电压、电流等参数，以及消火栓管道压力数值，并可远程对消防水泵、末端试水装置、最不利点消火栓进行远程放水测试且对测试结果进行判定；应实时监测消防水泵的启/停、手/自动、流量、压力、电源和故障的状态信息，并能通过总线进行数据传输。

2. 消防设备配电

消防水泵智慧物联网控制柜系统图如图 4-2-21 所示（见文后插页）。

4.3 电气产品应用

4.3.1 智能双电源自动转换开关

1. ATSE 智能双电源自动转换开关概述

ATSE 双电源自动转换开关作为酒店配电系统中重要的配电设备，它的设计与选型关系到整个配电系统的可靠性，应对产品从技术、性能等方面都提出严格、具体的应用标准和要求，不仅要求

ATSE 具备高安全、高可靠的出色品质，还应考虑到用户的操作便利性及智慧维护要求。

ATSE 应以微处理器为核心，具有自动化测量、LCD 显示、数字通信等功能，应能精确地检测两路三相电压，对出现的电压异常(失电压、过电压、欠电压、断相、过频、欠频）做出准确的判断并输出无源控制开关量。

2. ATSE 智能双电源自动转换开关在线监控系统

ATSE 双电源自动转换开关作为保障设备用电持续性的关键元件，数量多且安装分散。ATSE 智能双电源自动转换开关在线监控系统可以有效管理分散在数量较多的一、二级负荷用电场所的 ATSE，实时监控 ATSE 的工作状态，采集并传送运行参数（电压、电流、功率等量值）、开关位置信息、接收并执行远程动作命令、接收并执行远程调试命令等，即 ATSE 具有“四遥”功能，对系统预警、告警事件进行综合分析评估，通过智能化手段提高用户管理质量，为用户优化管理模式、调整管理制度提供有力依据，其系统示意图如图 4-3-1 所示。

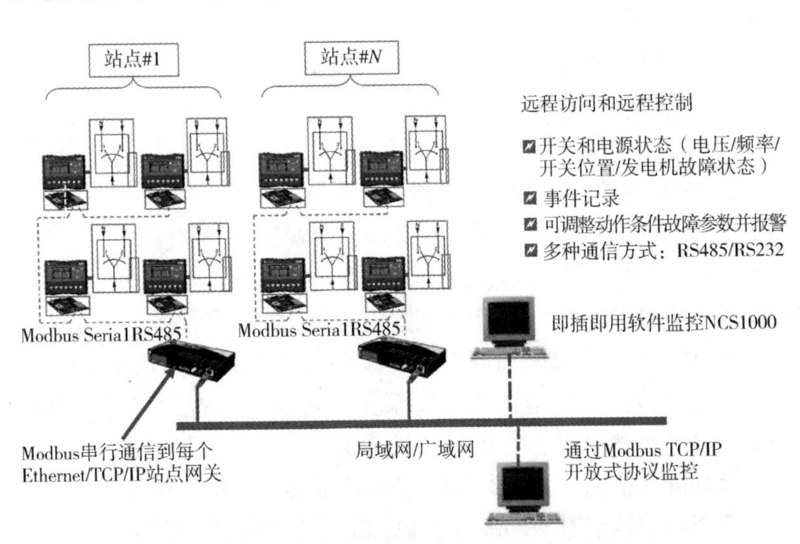

图 4-3-1　ATSE 智能双电源自动转换开关在线监控系统

产品功能特点如下：

1）能与上位机及其他智能系统通信连接。

2）兼容多种通信介质：双绞线、光纤、以太网等。

3）可兼容多种物理接口和现场总线：RS232、RS422、RS485等；具备 Modbus 通信协议。

4）系统具备不同级别的权限及口令控制管理。

5）对系统内任何一台自动转换开关进行 A、B 电源合闸和分闸的转换。

6）可远程实现 ATS 自动转换测试，A、B 电源转换优先选择。

7）能对参数进行灵活设置，可设置电压上限、电压下限、电流上限、电流下限、频率上限、频率下限、转换时间等多个参数。

8）对在线自动转换开关进行集中管理，对任一位置的自动转换开关进行不同功能组别的排列。

9）实时显示 A、B 电源的状态及自动转换开关所在的位置。

10）实时采集和显示 A、B 两路电源的三相电压和投入电源的电流、有功功率、无功功率、功率因数、频率及电源投切状态、工作方式等，并可进行远程控制。

11）具有故障告警功能，告警界面菜单中可查看告警日志。

4.3.2 智慧消防配电柜

1. 智慧消防配电柜产品概述

由于消防泵能否安全可靠地运行会影响到整个酒店的安全运营情况，因此使消防泵可靠、稳定地工作非常重要，实际中火灾发生时，各种现场环境也可能导致消防泵不能正常工作。

NSD3FCS 消防泵联动控制系统设备（含机械应急启动装置 + 物联网监测）能有效地保障消防泵正常可靠地运行，同时为用户提供需要的各种数据。NSD3FCS 是基于 NSD3ATS 系列双电源开关的技术基础，根据消防泵运行的实际需要而研发的具有发明专利的科技型产品。该装置能够解决 75kW 以上的大功率水泵机械应急启动时星三角全压不能启泵的风险问题，具有星三角减压启动的能力，能够很好地把启动电流通过星三角方式降低，实现消防火灾时紧急、安全地启动消防泵。

NSD3FCS-IoT 物联网监测柜可以通过安装传感器，实现对消防泵房内设备运行的实时监控，并把数据通过无线网络远程发送到监控中心。监控中心的平台软件实时分析数据，发现报警和故障信息则立刻提醒工作人员，保障消防泵房的安全运行，其系统拓扑图如图 4-3-2 所示。

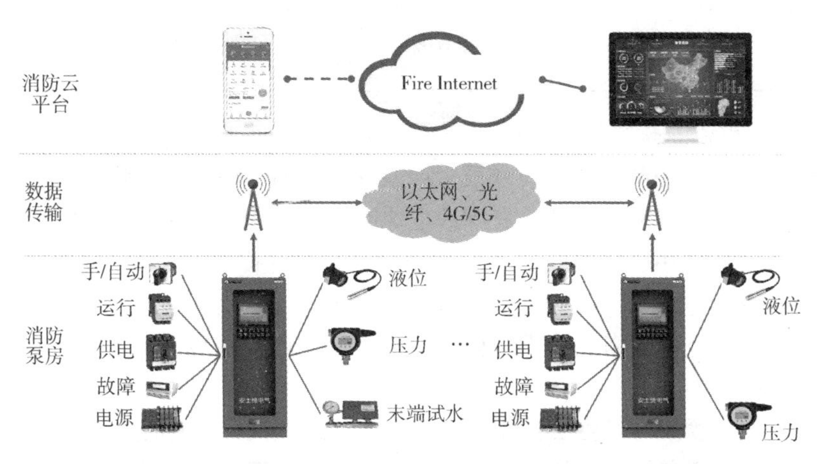

图 4-3-2　智慧消防配电柜拓扑图

2. 智慧消防配电柜产品特点

NSD3FCS-IoT 消防泵物联网监测系统通过在消防泵房中的关键位置安装传感器、检测终端、数据采集和传输终端，实时采集泵房中关键设备和重点位置的运行状态数据。采集的状态数据和运行数据见表 4-3-1。

表 4-3-1　消防泵物联网监测系统采集状态

编号	采集点	安装设备	采集说明
1	泵的运行状态	开关量采集设备	采集消防泵、消防稳压泵、喷淋泵、喷淋稳压泵的运行状态
2	控制开关的状态	开关量采集设备	采集消防控制柜上每个泵的控制开关的状态。如 1 用 2 备、手动、自动、停止等状态信息

（续）

编号	采集点	安装设备	采集说明
3	电源的供电状态	开关量采集设备	采集常用电源、备用电源、在用的电源的供电情况
4	供水管道压力	压力传感器	采集市政供水、消防出水、喷淋出水以及各湿式报警阀的水管管道压力
5	消火栓、喷淋头	末端试水装置	远程控制具有信号反馈功能的末端试水装置，在最不利点进行远程放水测试且对测试结果进行判定

产品特点如下：

1）系统的安装不改变泵房中原有设备的使用和运行状态。

2）设备安装简便，且不改变原有设备的连接方式。

3）使用以太网、光纤、4G/5G 等方式进行数据传输、数据采集和报警实时送达。

4）系统设备、终端、监控中心都采用工业级设计，运行稳定可靠。

5）系统可安装在不同年代、不同类型、不同配置的消防泵房中。

6）系统可兼容不同种类、不同接口的设备，兼容不同类型的软件通信协议。

7）系统采用自动化数据采集、监控，实现消防泵房无人值守，降低消防泵房运维费用。

4.3.3 智慧三箱/终端能效管理系统

1. 智慧三箱/终端能效管理系统概述

InSite pro M 是一套适用于二、三级分配电场合的数字化终端能效管理系统，主要用于监控分配电各级负载负荷及开关状态、统计能耗（水、电、气、冷热量等），帮助用户实现能效管理、资产管理和智能运维。可以与 ABB Ability™ EAM 智能互联，也可以通过 Modbus RTU/TCP 通信接口把数据上传到 eEMS studio 能效管理系统或第三方监控平台。其系统示意图如图 4-3-3 所示。

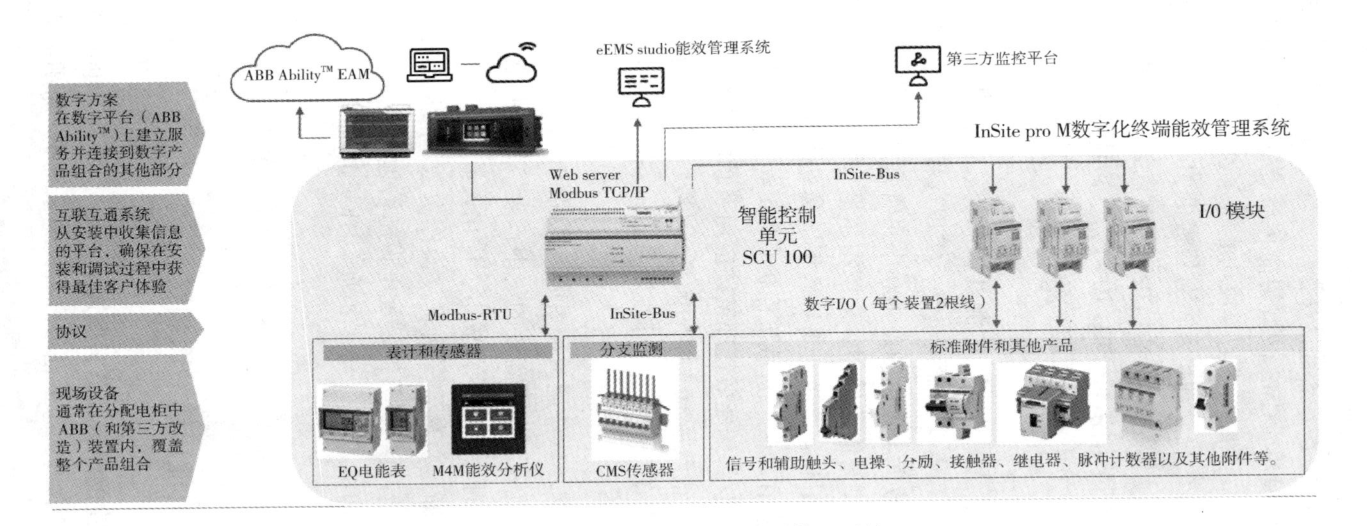

图4-3-3　智慧三箱/终端能效管理系统

InSite pro M 数字化终端能效管理系统由 SCU 100 中央管理单元、DM 数字量模块、CMS 微型智能传感器、InSite-bus 内部通信总线等模块组成。系统组成的模块功能简介如下：

1）SCU 100 中央管理单元：对外提供 Modbus/RS485 和 Modbus/TCP（以太网）两个标准通信接口，对内提供三个 InSite-bus 接口和一个 RS485 通信接口。SCU 100 内置 Web server，可远程通过 IE 浏览器访问 SCU 100 查看负载负荷参数、能耗数据以及开关状态等。

2）DM 数字量模块：可监测开关状态、故障报警，也可以控制开关分励脱扣和电操等附属组件，实现远程分合闸。通过 InSite-bus 总线把测量数据上传给 SCU 100 中央管理单元。

3）CMS 微型智能传感器：采用霍尔原理测量分支回路交直流信号，通过 InSite-bus 总线把测量数据上传给 SCU 100 中央管理单元。该模块具有在线欠、过载等保护功能。

2. 智慧三箱/终端能效管理系统应用及功能特点

能实现总进线及所有支路的能耗计量及微断的辅助触头和信号触头监测、自动识别、简化调试，InSite pro M 系统可带来如下收益：

1）节省组网、软件调试和图形组态时间。

2）导轨式电表可实现高效的集中抄表、智能付费以及用户能耗监测和智能管理，降低运营成本、优化人员结构。

3）提供微断过负荷告警状态及操作次数等检测数据，实现预测性维护和资产管理，提升终端配电设施管理水平。

4）传感器即插即用、易于扩展，升级时可避免停电风险和损失。

5）易于安装和减少接线，降低人员劳动强度。

4.3.4 终端电能质量治理装置

1. 谐波产生的原因及危害概述

酒店建筑中含有大量的谐波源，配电系统中一般都存在较严重的高、低次谐波、三相不平衡问题以及中性线过电流问题，各类谐波产生原因及危害见表4-3-2。

表4-3-2　谐波产生原因及危害

<table>
<tr><th colspan="3">谐波类型</th><th>产生原因</th><th>危害原理</th></tr>
<tr><td colspan="3">谐波电压</td><td>谐波电流流过系统阻抗时，会造成各次谐波电压的降落现象</td><td>使控制器不能正常计算触发角，导致控制装置误动现象</td></tr>
<tr><td rowspan="6">谐波电流</td><td rowspan="2">高次谐波电流</td><td>噪声(2k～200kHz)</td><td>容性、感性负载投切瞬间的瞬态现象</td><td>对低功率电子设备造成的噪声干扰现象</td></tr>
<tr><td>电磁干扰波(200k～20MHz)</td><td>开关电源产生的杂散高频脉冲射频电流现象</td><td>对无线通信信号造成的电磁干扰现象</td></tr>
<tr><td rowspan="4">低次谐波电流</td><td>正、负序谐波电流</td><td>主要由三相非线性负载产生</td><td>对配电系统的安全、可靠、经济运行均造成不同程度的影响</td></tr>
<tr><td>零序谐波电流</td><td>主要由单相开关电源供电负载产生</td><td>中性线过载现象及中性线感应谐波电压造成的通信干扰现象</td></tr>
<tr><td>偶次谐波电流</td><td>主要由三相不平衡系统中的半波整流装置产生</td><td>偶次谐波电流只出现在三相不平衡系统中，其他危害程度剧烈</td></tr>
<tr><td>间谐波</td><td>部分逆变类快速波动的电流源负载产生的边带频率现象</td><td>导致配电系统出现纹波、电压波动及闪变等复杂的电能质量问题</td></tr>
</table>

低次谐波中危害程度尤为突出的是3次谐波，其对配电系统的危害主要包括：电压波形畸变；设备功率损耗增加；设备使用寿命缩短；接地保护功能失常；遥控功能失常；趋肤效应、导线过热等；导致电子器件与开关误动作；串、并联谐波造成的电容器损坏；附加磁场导致电磁干扰；中性线过电流、过热及线缆失火；导致中性线过载，增加用电成本；对变压器的多重影响；仪器、仪表失常。

2. 终端电能质量治理装置解决方案

NSD3NTPS终端电能质量治理装置，采用国际最先进的FPGA +

2 * DSP + 3 * AD 的独采 CPU 架构，并配置基于 FFT 算法的基础上结合 AI 算法的全新人工网络神经算法（ANN），将系统硬件水平发挥到极致。通过内置高频滤波单元、瞬时无功算法，使装置通过换流电路产生一种配网系统所需要的动态、连续的电流，从而实现动态、连续的补偿，能够有效抑制并滤除终端电气系统中相线及中性线中 95% 以上的高次谐波和低次谐波。滤除后注入系统的谐波电流和 0.4kV 母线电压总谐波畸变率低于国标《电能质量 公用电网谐波》（GB/T 14549—1993），最终提高系统功率因数。

NSD3NTPS 终端电能质量治理装置主电路拓扑如图 4-3-4 所示。

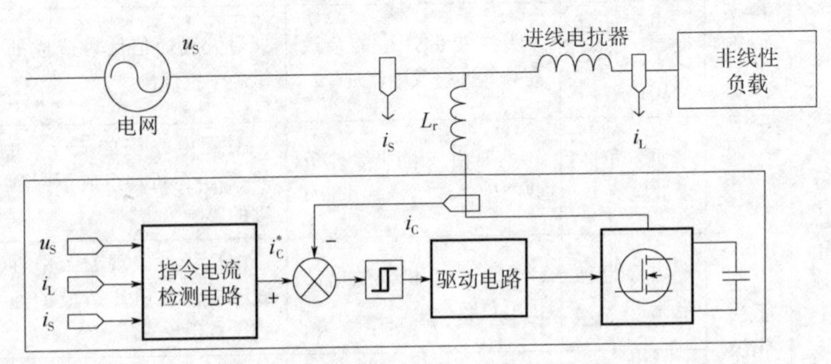

图 4-3-4　NSD3NTPS 终端电能质量治理装置原理图

其主要实现的功能有：

（1）防火灾过电流保护

NSD3NTPS 系统装置投运后实时自动调节系统三相电流，保证三相电流的不平衡度不超过 15%，满足国标要求。与此同时系统自备的多倍零线补偿能力消除了终端电气的零线电流和杂散电流，极端情况下零线过电流报警与速断保护。其治理功能和保护功能二者相辅相成，针对相线提供过电流保护、定时限保护和反时限保护。最终有效降低系统中性线上流过的电流，降低了线损与变压器负荷，提高功率因数，满足设备的安全运行。

（2）精密设备保护

远程后台实时监测功能将终端电气回路的运行设备和数据置于毫秒与周波级的连续精确性监测保护状态，其实时采集各项电气参数并与远程后台电力监控平台无缝对接，进而对精密核心设备实施全面保护。

(3) 终端电气稳压

NSD3NTPS 系统具备解决线路阻抗，进而解决电气回路中的压升和压降问题的能力。碳化硅器件在降低导通电阻和减小开关损耗等方面具有优势，相比 IGBT 和二极管组成的三电平 NPC 结构，以碳化硅器件为核心的两电平 NPC 的功率损耗可以降低 20%～30%，散热器和风扇成本得以降低。

(4) 系统节能

通过 485 通信接入 PS 或 AB 系统，在全面整合强电和弱电功能实现系统集成的基础上，通过实时自动调节三相不平衡、治理高次谐波与低次谐波、消除零线过电流，保护了精密设备。系统得益于电感损耗和功率器件损耗的降低，设备总效率可以从 96.5% 提升到 98%。得益于损耗和电感体积的降低，设备功率密度得以提升，体积可以减小 30%，从而使终端电气系统实现整体节能效应。

第5章　照明配电系统

5.1　概述

酒店照明设计应根据视觉要求、作业性质和环境条件，通过选择合理的光源和灯具，使照明空间满足照度、色温、显色性、亮度分布等要求来呈现良好的视觉环境。照明方案应根据不同场所对照明的特殊要求进行相应的设计，同时需要处理好电气照明与绿色节能、艺术装饰的协调关系。

酒店照明按照空间可分为室外照明和室内照明。室内照明包括客房、公共走道、入口及大堂、多功能厅（宴会厅）、厨房、餐厅、康体中心等的照明。室外照明包括道路照明、景观亮化照明等。按照明功能，可分为正常照明、应急照明（消防疏散照明、备用照明、安全照明）、值班照明、警卫照明、航空障碍照明、泛光照明等。

《旅馆建筑设计规范》（JGJ 62—2014）将酒店等级按由低到高的顺序划分为一级、二级、三级、四级和五级。国内常用的分类定义，将酒店划分为招待所、快捷酒店、星级酒店、豪华酒店等几个主要大类。招待所一般为一级或二级酒店建筑，装饰要求较少，空间及场所单一，主要强调公共区域及客房的功能性照明。快捷酒店一般为二级、三级酒店建筑，主要为连锁化经营，门店在国内各地市分布较广，一般有统一的装饰风格要求，近年来，也有越来越多的快捷酒店开始向主题化方向发展。酒店也开始增设沙龙、游艺室、网吧等功能场所，越来越趋向于多元化，应当根据酒店的主题定位、装饰档次及载体饰面材料性质等因素，综合考虑照明设计方法及氛围的创造，功能性照明兼顾效果照明。三星级以上酒店设施完善，基本涵盖了前场、后场所有的功能类别，酒店建筑空间及室内设计为功能性和装饰性的结合，对各种光影效果及空间艺术价值的体现是照明设计关注的重点，并从室内一直延伸至户外。光这一元素除了要体现酒店的个性、档次以及风格外，还在一定程度上彰显入住宾客的品位和自我价值，因此设计原则、方法及目标与其他酒店类别有显著差异。

酒店的照明设计是酒店电气设计的重要环节，需要综合考量各种元素，选择合适的光源，采用合理的控制方案，才能让照明同时兼具科学性和艺术性。

5.1.1 照明质量

酒店室内照明质量由五个要素构成：

1）照度：体现视觉功效和满意度，受照明配电功率密度的制约，国家标准《建筑照明设计标准》（GB 50034—2013）对此给出了明确的规定。

2）亮度分布：是由照度分布和空间或物体表面的反射比决定的，亮度分布不均匀会影响视觉功效。与作业区贴临的环境亮度可以低于作业区亮度，但不应小于作业区亮度的2/3。酒店大堂等区域的亮度分布，需要根据装饰设计、室内环境创意决定，以突出空间或结构的形象特征，渲染环境气氛或强调装饰效果，可适当放松对亮度比和反射比的限制。

3）灯光的颜色品质。包含光源的表观颜色、显色性能、灯光颜色一致性及稳定性。表观颜色用色温表示，见表5-1-1。

表5-1-1 光源的色表类别

类别	色表特征	相关色温/K	应用场所举例
Ⅰ	暖	<3300	客房、卧室、病房、酒吧、餐厅
Ⅱ	中性	3300~5300	办公室、阅览室、教室、诊室、机加工车间、仪表装配车间
Ⅲ	冷	>5300	高照度场所、热加工车间，或白天需补充自然光的房间

光源的显色性能取决于光源的光谱能量分布，国家标准参考CIE标准，采用显色指数 *Ra* 作为表征显色性的定量指标。基于视觉舒适性和生物安全，《建筑照明设计标准》（GB 50034—2013）规定，长期工作或停留的房间或场所，*Ra* 不应小于80。国际品牌的酒店管理公司对酒店各功能区域会提出 *Ra* 不得低于80的要求。酒店照明设计选用的光源间的颜色偏差应尽量小，以达到最佳照明效果。参考美国国家标准研究院（ANSI）C78.376《荧光灯的色度要求》，要求的荧光灯的色容差小于4SDCM，美国能源部（DOE）紧凑型荧光灯（CFL）能源之星要求的荧光灯的色容差小于7SDCM，以及美国国家标准研究院（ANSI）C38.377《固态照明产品的色度要求》的LED产品色容差小于7SDCM，而我国现行国家标准要求荧光灯光源色容差小于5SDCM。通过国内LED照明案例发现，7SDCM的产品仍然可以被轻易觉察出颜色偏差，为提高照明质量，GB 50034—2013规定，选用同类光源的色容差不应大于5SDCM。

4）眩光：包含直接眩光、反射眩光和光幕反射。国家标准参考CIE标准，采用统一眩光值（UGR）作为眩光定量指标。可通过对直接型灯具的遮光角、灯具平均亮度限值加以约束来限制眩光。

5）阴影和造型立体感：酒店照明需要解决功能性和艺术性两个问题，艺术效果的追求不能单纯以照度、色温等参数来衡量，“建筑始于光而终于影”，对光线及建筑的思维与见解，就照明设计而言，具有一定的启发和影响。酒店照明设计目的是创造符合相应功能要求和个性定位的光环境，所以应从整体设计手法的角度，充分考虑建筑空间性质、材料光学特性及场所实际需求来选择照明产品及相关参数。“造型立体感”用来说明三维物体被照明表现的状态，它主要是由光的主投射方向及直射光与漫射光的比例决定的，可通过调节垂直照度与水平照度之比、平均柱面照度与水平面照度之比来体现造型立体感。

5.1.2 照明标准

酒店是以居住为核心的多功能场所，包括服务台、大堂、客房、餐厅（中西餐、咖啡厅、酒吧等）、会议、健身区域、服务支持区域（如洗衣房、厨房、停车场等），不同功能场所对照明的要求不尽相同。《建筑照明设计标准》（GB 50034—2013）给出了酒店建筑照明标准，见表 5-1-2，表 5-1-3 列举了部分知名酒店集团对酒店各功能区最低照度的要求。

表 5-1-2　酒店建筑照明标准值

房间或场所		参考平面及其高度	照度标准值/lx	UGR	U_o	Ra
客房	一般活动区	0.75m 水平面	75	—	—	80
	床头	0.75m 水平面	150	—	—	80
	写字台	台面	300(混合照度)	—	—	80
	卫生间	0.75m 水平面	150	—	—	80
中餐厅		0.75m 水平面	200	22	0.60	80
西餐厅		0.75m 水平面	150	—	0.60	80
酒吧间、咖啡厅		0.75m 水平面	75	—	0.40	80
多功能厅、宴会厅		0.75m 水平面	300	22	0.60	80
会议室		0.75m 水平面	300	19	0.60	80
大堂		地面	200	—	0.40	80
总服务台		台面	300(混合照度)	—	—	80
休息厅		地面	200	22	0.40	80
客房层走廊		地面	50	—	0.40	80
游泳池		水面	200	22	0.60	80
健身房		0.75m 水平面	200	22	0.60	80
洗衣房		0.75m 水平面	200	—	0.40	80
厨房		台面	500(混合照度)	—	0.70	80

表 5-1-3　知名酒店集团照明要求

房间或场所	照度标准值/lx			
	A 酒店集团	B 酒店集团	C 酒店集团	D 酒店集团
入口	—	100	—	50～150
机电设备，维护房	300	300	—	—
污衣房，垃圾房	50	200	—	—
厨房	500	300	300～500	500
洗衣房	300	300	300	500
布草，储物，员工宿舍，更衣，卫生间	150	300	150～300	0～300
办公室	500	300	300～500	400
通道，走廊	100	150	50～150	70～150
酒店大堂	500	200	300～400	150
大堂吧	300	300	—	—
前台/服务台	500	300	—	300
中餐厅	500	150	100～500	200
宴会厅	500	—	200～500	—
宴会厅前厅	300	—	100～500	—
会议室	500	300	300～400	300～500
会议室前厅	300	—	—	—
标准客房	150	75～300	50～200	50～250
标准套房	200	75～300	50～200	50～250
梳妆台	—	500	—	400～600
酒廊			50～400	—
游泳池			300	50～350

随着我国改革开放的不断深入，对外交流、合作和贸易不断增加，我国酒店行业与国际上基本接轨，其照明水平也与国际上的标准基本一致。不同品牌酒店的机电设计导则会对不同功能区域的应急照明照度值做高于国家标准值的特定要求，对于正常照明，也会做出特殊的要求，但一般会遵循酒店所在国家或地区的标准。下面

将我国酒店照明标准与其他国家及国际照明委员会的照明标准作一比较，见表5-1-4。

表5-1-4　酒店建筑国内外照度标准值对比　（单位：lx）

房间或场所		CIE S008/E-2001	美国 IESNA-2000	日本 JISZ9110-1979	德国 DIN5035-1990	俄罗斯 СНиП 23-05-95	中国 GB 50034—2013
客房	一般活动区	—	100	100～150	—	100	75
	床头		—	—		—	150
	写字台	—	300	100～200		—	300
	卫生间		300	200～300		—	150
中餐厅		200	—		200	—	200
西餐厅		—	—	—	—	—	150
酒吧间		—	—	—	—	—	75
多功能厅、宴会厅、会议室		200	500	200～500	200	200	300
总服务台		300	300 100 （阅读处）	100～200	—	—	300
大堂、休息厅							200
客房层走廊		100	50	75～100	—	—	—
厨房		—	200～500	—	500	200	500
洗衣房		—	—	100～200	—	200	200

从表5-1-4中可知，我国酒店照明标准总体上与国际水平相当，这一标准便于我国星级酒店与国际标准接轨，其他国家的标准没有我国标准要求那么细，可能发达国家尊重酒店管理公司的标准，避免要求过细而造成千篇一律、没有个性等问题。

酒店的照明节能有严格的要求，采用照明功率密度值（LPD）来衡量，基本要求是现行值，必须满足；更高的要求是目标值，也是节能值，在“双碳”目标的政策下，鼓励、推荐满足。《建筑照明设计标准》（GB 50034—2013）规定的酒店建筑 LPD 值见表 5-1-5。

表 5-1-5 酒店建筑照明功率密度限制

房间或场所	照度标准值/lx	照明功率密度限制/（W/m²）	
		现行值	目标值
客房	—	7.0	6.0
中餐厅	200	9.0	8.0
西餐厅	150	6.5	5.5
多功能厅	300	13.5	12.0
客房层走廊	50	4.0	3.5
大堂	200	9.0	8.0
会议室	300	9.0	8.0

本表取自《建筑照明设计标准》（GB 50034—2013）中表 6.3.5，根据住房和城乡建设部《建筑节能与可再生能源利用通用规范》（GB 55015—2021）的公告附件：废止的现行工程建设标准相关强制性条文，GB 50034—2013 的表 6.3.5 将于 2022 年 4 月 1 日废止，GB 55015 为强制性规范，其中的表 3.3.7-5 给出了酒店建筑新的照明功率密度值。

5.1.3 照明负荷分级

根据《旅馆建筑设计规范》（JGJ 62—2014）、《民用建筑电气设计标准》（GB 51348—2019），酒店照明负荷等级按照酒店分级确定，见表 5-1-6。

表 5-1-6 酒店建筑照明负荷分级

负荷等级	一、二级酒店建筑	三级酒店建筑	四、五级酒店建筑
宴会厅、餐厅、厨房、门厅、高级套房及主要通道等场所的照明用电	三级负荷	二级负荷	一级负荷

此外，根据建筑定性，一类高层酒店建筑中的值班照明、警卫照明、障碍照明用电应按一级负荷供电，主要通道及楼梯间的照明用电应按二级负荷供电。二类高层酒店建筑中的主要通道及楼梯间

的照明用电应按二级负荷供电。酒店消防应急照明的负荷等级还应满足《建筑设计防火规范》（GB 50016—2014）（2018 年版）的规定。

5.1.4 光源及灯具选择

电光源按照其发光物质分类，包括热辐射光源、固态光源和气体放电光源三类。

照明灯具可以按照光源种类、安装方式、使用环境及使用功能等进行分类。

1）按照光源分类，常用灯具包括荧光灯、LED 灯、高强气体放电灯等。

2）按照安装方式分类，主要有吊灯、吸顶灯、壁灯、嵌入式灯具、暗槽灯、台灯、落地灯、发光顶棚、庭院灯、草坪灯等。

3）按照特殊场所使用环境，分为在多尘、潮湿、腐蚀、火灾危险和爆炸危险环境使用，对灯具防护等级、防爆等级有特殊要求的灯具。

4）根据防尘、防固体异物和防水确定灯具的外壳防护等级（IP 等级）来进行分类。

5）按照防触电保护形式，包括 Class Ⅰ、Class Ⅱ、Class Ⅲ三类。

6）根据灯具光学特性，将灯具分为直接型、半直接型、直接-间接（均匀扩散）型、半间接型、间接型。

酒店照明设计要依附于其酒店的空间结构及材料性能特点，进行光源与造型灯具的选择，因为光需要载体才能表现自己的存在，所以总结概括出以下几点：

1）照明设计人员应熟练掌握一定数量的灯具特点及其参数。

2）宜选用显色性好的暖色光源。

3）LED 灯具因其高光效、长寿命、易调光等优势，已成为酒店照明设计灯具的首选。

4）灯具光源类别、安装方式、光学特性和色温必须与装饰主题、地域文化和功能区域的要求相匹配。

5）照明方案宜利用照明计算软件进行计算机辅助设计，预测达到的照明效果。

5.2 酒店典型区域照明设计

5.2.1 客房照明设计

高亮度的光环境容易使人精神亢奋，产生疲劳，柔和温馨的光环境给人以放松和舒适的感觉，客房的照度不宜太高，宜控制在75～300lx。客房按使用功能划分区域，主要包含走廊、卫生间、休息区、活动区，不同的功能区域其照明重点各不相同。休息区照明以局部照明为主、一般照明为辅，照度为75lx，色温宜为3000K，通常不在房间中间位置设置顶灯，而是在屋顶周圈安装无眩光的射灯，和墙身暗藏灯带所产生的漫反射光配合作为一般照明。局部照明包括：写字台、梳妆台台面，照度按300lx设计，一般采用混合照明，通过设置台灯达到照度要求，桌面的局部照度比周边环境高很多，照度均匀度较差，明暗对比太强烈容易使人视觉疲劳，可通过开启室内的落地灯或一般照明灯来弥补。床头照明照度为150lx，通常设置台灯、壁灯、导轨灯、射灯，便于客人在床上阅读或工作。台灯方便移动，使用灵活，其灯型可配合室内装饰进行选择，使之与整个室内风格统一协调。壁灯通过墙壁漫反射发出的光线柔和，产生的眩光小。台灯和壁灯均宜配有调光器，客人可随时根据自己的需要调整亮度。活动区配以吊灯或落地灯，以形成融洽的光线氛围。卫生间照度按150lx设计，一般照明采用小功率的吸顶灯，局部照明包括在镜前设置无眩光的射灯，镜子上方设置壁灯，洗手台下设暗槽脚灯作为夜灯使用，卫生间的灯具均应为防水防潮型。玄关是客人进入室内产生第一印象的地方，其照度设定为75lx，照明灯具采用筒灯居中布置。玄关区壁柜内设置带不燃材料保护罩的灯具，采用柜门微动限位开关控制或感应控制，柜门关则壁柜灯灭，柜门开则壁柜灯点亮，柜内灯按设定的时间自动延时熄灭，以防止柜门忘关而使灯常亮。玄关处墙壁距地0.5m处设一小功率的夜灯，在不影响客人休息的同时，增加客人的安全感，防止夜间发生碰撞。玄关处设一小功率 LED 应急照明筒灯，火灾时由消防控制室联动强制点亮，方便客人疏散。图 5-2-1 为标间大床房的布灯示例，图 5-2-2 所示为标间大床房照明实景图。

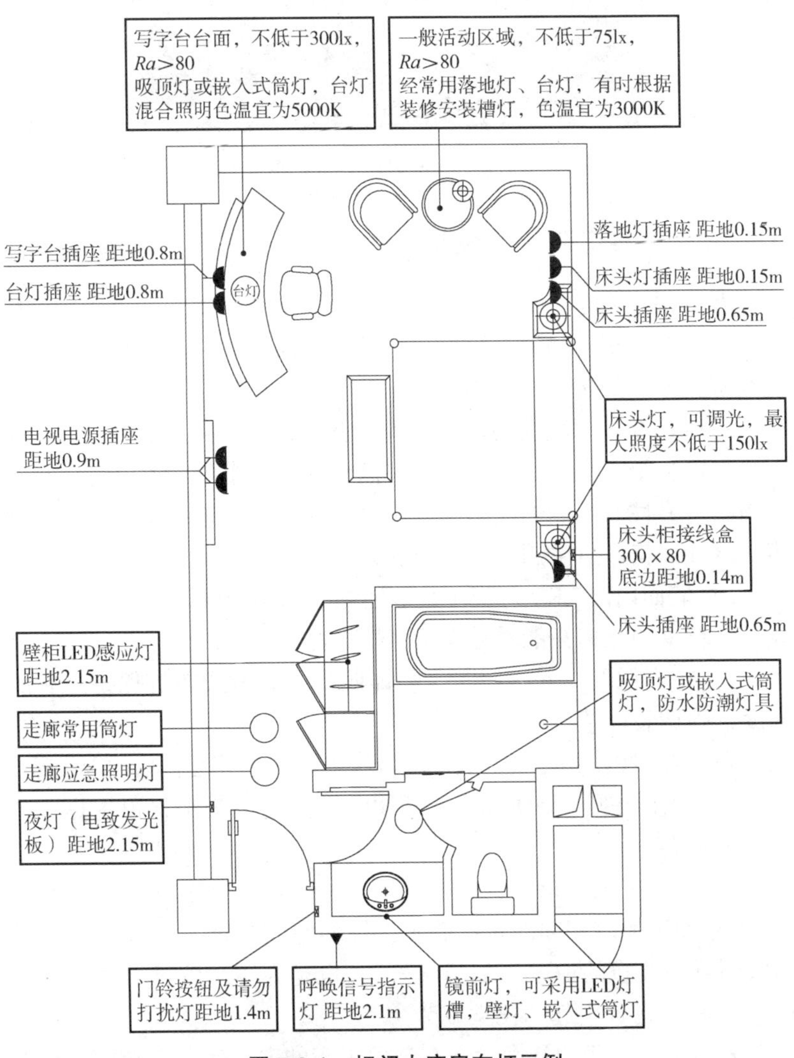

图 5-2-1　标间大床房布灯示例

图 5-2-2　标间大床房照明实景图

5.2.2　公共走道照明设计

客房层走廊是客户进入客房前的最后一个空间，通过走廊的照明设计，客人很容易联想到客房内的装修风格和设计水平，也会提前给将要入住的房间“定调”。酒店公共走道照明应考虑有无采光窗、走道长度、高度及拐弯情况等，有些大型酒店走道多处弯折并无采光窗，全天亮灯。走道照明在满足照度要求的同时，还应具有较高的可靠性及控制的灵活性。按照酒店照明走道的实际情况、酒店的设计风格，可采用不同的照明方式组合。

1）墙面内嵌 LED 灯带 + 吊灯装饰照明 + 内嵌灯带补充环境光线，光环境明亮但只能看见少量直接光源。

2）重点照明 + 间接照明 + 装饰照明，分散式布灯保持走廊的亮度，强调装饰感。

3）重点照明 + 擦墙照明，通过光影的交错，突出酒店的现代感。

4）间接照明 + 墙体式投光照明，更多的是为了将视觉焦点吸引到垂直面上。

5）顶棚上的灯槽设置，是为了增强空间开阔感。

6）通过明暗相间的重点照明，拉伸空间长度，将客人的注意力吸引到该注意的地方（如门牌号），也是为了缓解过多的基础照明（空间通亮）引起的视觉疲劳。

酒店走道照明的灯光设计在确保走廊的安全性、引导性的基础上，还应体现酒店的层次感和艺术性，注意走道照明设计与酒店照明设计的主次性与一致性。主次性：指酒店各个空间照明设计的主次之分，相对其他空间而言，走廊的灯光需要低调一些。一致性：指以整体照明设计为基调，走廊的照明设计与酒店整体照明设计应和谐统一。图 5-2-3 所示为酒店走道照明实景图。

图 5-2-3　酒店走道照明实景图

走道照明控制宜采用智能照明系统集中控制，配合移动感应器、亮度感应器、调光模块，程序设定结合管理端灯控软件，实现照明功能需求的同时兼顾绿色节能。

5.2.3　入口及大堂照明设计

入口及大堂是客人进入酒店的必经之路，单调的灯光效果已经远远不能满足高档酒店大堂照明的需要。为了表现酒店自身的形象，往往要求灯光能体现出酒店的高档品位。同时为了使客人无论在什么时候进入酒店，都能感受到由灯光效果带来的舒适环境。因此作为酒店的入口及大堂应该最大限度地为客人提供一个舒适、优雅、端庄的光环境。

自然光之所以吸引人，主要是由于它在不断地变化，需要采用灯光控制设备使室内的光能随着时间不断变化，以符合人们心理上的需求。在大堂宜配置智能调光控制器，使大堂的灯光得到智能化的管理，恰到好处地使自然光与室内照明得到完美的结合。大堂的场景可根据不同时间段对灯光的不同需要来设置，一般分为：早上、中午、下午、傍晚、深夜及凌晨等；也可设置一些较为特殊的场景用于特殊的场合，如欢迎模式、节日模式或者普通模式等。所有的场景模式都是通过调节照明灯具的亮暗、色温、颜色，使其搭配成多种不同的灯光效果。

酒店入口处宜选用色温低、色彩丰富、显色性好的光源，给人以温暖、和谐、亲切的感觉。同时，还要考虑入口与门厅照明的协调统一。入口处通常采用吸顶灯、满天星嵌入式筒灯、槽灯、发光地毯或根据建筑造型选用的专用灯具，入口门头还应设置店徽照明灯光、节日彩灯电源预留。

酒店大堂采用的主要灯具：根据装饰的要求，一般采用水晶灯、欧式铁艺灯或中性风格多层灯具，以吊装为主，以彰显酒店的风格，结合满天星布置的嵌入式筒灯、灯槽及投光灯，突显酒店的富丽堂皇，大堂应达到平均照度300lx。大堂的服务台区域要办理入住和退房业务，照度要求不低于300lx，服务台的照明应突出功能形象，采用局部照明或分区一般照明。LOGO标识(形象墙)、价目牌等区域推荐采用指向性较强的聚光灯具，如射灯、小型投光灯。图5-2-4所示为酒店大堂照明实景图。

图5-2-4　酒店大堂照明实景图

5.2.4　多功能厅（宴会厅）照明设计

宴会厅是酒店的重要礼仪场所，可以将自然光的变化应用于宴会厅的照明，许多需要强调的地方可打一些强光，起到吸引注意力或是由光影形成某些构图的目的。按照人的心理需求，高亮度能使人兴奋和活跃，低亮度能使人轻松和引起遐想，对于宴会厅即要求它能营造出一种活泼的气氛，又可以营造出宁静的气氛，只有通过灯光，才能在瞬间改变同一空间的不同氛围，而这些灯光的改变只要通过智能灯光控制系统即可达到。

大型宴会厅一般也具备多功能会议厅的使用功能，内部装潢一般比较华丽，不论何种风格布置及控制要求，多常用主灯加辅助照明的方法，桌面照度主要由主灯提供，灯具光源应具有较高的显色性，以保证对菜品、食材的最佳表现，暗槽灯带及小型点光源灯具起辅助照明的作用，可选用高光效金属卤化物灯、LED射灯配合荧光灯，具体取决于宴会厅的高度和装修风格。根据实际情况，宴会厅作多用途、多功能使用时，如主持、就餐、演出、演讲等，主席台（舞台）区域、餐宴（会议）区域灯具布线、控制应当基于智能控制系统，充分考虑各种场景调光的使用需求，LED 灯具是搭配智能控制系统的良好终端。如设置红外同声传译系统时，应减少热辐射光源的使用，以免光热辐射对同声传译系统产生干扰而影响传送效果。考虑多功能厅存在电视转播、新闻发布等功能，主席台照明水平应考虑满足不同摄影机位方向的需要；设计照度按需考虑电视转播的要求，宜设置小型演出用的可自由升降的灯光吊杆，灯光控制可在多功能厅内和灯控室两地操作。演出舞台灯光设备和控制技术，应满足随着剧情的发展，通过光色变化，显示环境、渲染气氛，突出中心人物，创造舞台空间感和时间感，塑造舞台演出的外部形象的效果，并提供必要的灯光效果（如风、雨、云、水、闪电）。图 5-2-5 所示为酒店多功能厅照明效果图。

图 5-2-5　酒店多功能厅照明效果图

5.2.5　厨房、餐厅照明设计

酒店厨房照明方式包括一般照明和工作台面的局部照明，一般照明灯具多布置在顶棚或墙壁上，比较典型的是安装于吊柜下方的槽灯，顶棚中央的发光顶棚、发光灯槽、格栅灯等。洗涤、备餐等操作台上方采用局部照明的方式，如高低可调的吊灯或安装在灶台上部的工作灯，厨房操作间的灯具宜采用防水防潮、防油污且易于拆换、维修的灯具，灯具安置位置要尽可能地远离炉灶，避免煤气、水蒸气直接熏染。一般照明照度宜为 300lx，精加工、危险作业台面的局部照明照度不宜小于 500lx，厨房照明色温宜为 5000K 左右。

餐厅是饭店重要的照明区域，光环境与用餐者的味觉、情绪有着潜移默化的联系，餐厅照明要正确处理明与暗、光与影、实与虚的关系，舒适的灯光可以调动用餐者的审美心理，达到饮食之美与环境之美的统一。大型酒店的餐厅包含中式餐厅和西式餐厅，两者在功能和环境上有所不同，对照明设计也有着不同的要求，应区别对待。

(1) 中式餐厅

一般为商务正式宴请或亲友聚餐，照明设计体现用餐环境庄重友好。中式餐厅照明可采用 LED 筒灯、线条灯、发光顶棚或各种造型的吊灯。中餐讲究色香味俱全，其中菜肴悦目的颜色、精致的造型可勾起食欲，提高用餐质量，因此桌面餐盘区的照明尤为重要。通常在餐盘区上方设置高显色指数的灯具实现重点照明，如装饰线条等因素导致餐盘区上方设置重点照明灯具困难时，建议提高一般照明的照度标准。中式餐厅照度标准：一般照明宜为 200lx，桌面餐盘区重点照明宜为 300lx，色温宜为 3000K，显色指数 $Ra>90$。

(2) 西式餐厅

一般为非正式的聚会或商务用餐，就餐人通常较为熟悉或亲密，照明设计体现用餐环境是浪漫而富有情调的，照度要求相对中式餐厅可适当降低。西式餐厅照度标准：一般照明宜为 50～100lx，桌面餐盘区的重点照明宜为 100～150lx，色温宜为 3600K，显色指数 $Ra>90$。图 5-2-6 所示为酒店中式餐厅照明效果图，图 5-2-7 所示为酒店西式餐厅照明效果图。

图 5-2-6 酒店中式餐厅照明效果图

图 5-2-7 酒店西式餐厅照明效果图

5.2.6 康体中心照明设计

酒店康体中心一般包括球类活动区（如保龄球、桌球、乒乓球、羽毛球、网球等）、健身器械区、游泳池、洗浴设施、牌类及电子游戏区等。康体中心照明可参照行业标准《体育场馆照明设计及检测标准》(JGJ 153—2016) 中照明分级 Ⅰ 级，即按照使用功能为健身、训练进行设计。

(1) 保龄球馆的照明设计

球道上要有均匀的照度；球道表面光洁度较高，应控制光幕反射。为限制眩光，球道上方灯具的保护角必须加以控制，球道上方的顶棚形式大致有105°式、90°式、水平式三种，通常采用LED筒灯或线条灯，色温宜为5000K左右，中性偏冷的色温容易使球员集中精神。掷球区及等候区照明可采用一般照明方式，色温宜偏暖，图5-2-8所示为保龄球馆照明效果图。

(2) 桌球房的照明设计

桌球房的设施包括球台、球杆架、记分牌等。球台周围的一般照明可采用LED筒灯或线条灯，球台照明应严格控制眩光及照度均匀度，防止球员无法准确判断桌球的走位线路，一般采用大型灯罩或桌球专用无影灯，内装多只光源，灯具距台面宜为0.8m，色温宜为5000K左右，图5-2-9所示为桌球房照明效果图。

图5-2-8 保龄球馆照明效果图

图5-2-9 桌球房照明效果图

(3) 健身器械区的照明设计

健身器械区有多种健身器械，如跑步机、动感单车、卧推器、杠铃、哑铃等，照明灯具可采用LED条形灯、筒灯，色温宜为5000K以上变冷，模拟阳光色温，图5-2-10所示为健身器械区照明效果图。

图5-2-10 健身器械区照明效果图

(4）游泳池的照明设计

游泳池照明包括一般照明和水下照明。

一般照明通常有以下两种方案：

1）采用大功率金属卤化物灯或LED悬挂灯，近似为点光源，提供中、宽光束配光，可较好地控制与垂直线成50°角以上区域的亮度，但因灯具光束角小，在光束角内的发光强度高，从而在水中产生很强的折射光，导致游泳池内部有很高的亮度。这种方案会对仰游泳运动产生眩光。如要降低亮度，就要求减小灯具功率或选择具有眩光抑制的灯具，增加灯具数量，从而增加水面上反射光影的数量，该方案可不用另设水下照明。

2）采用LED条形灯，大面积成排布置。这种方案的折射光仍然很高，反射光影响面积大，但其亮度比前一种方案低很多，但仍需控制50°角以上的光强。如果水中亮度能满足要求，可不另设水下照明。对于小型游泳馆，如果顶棚较低，有时就难控制50°角以上的亮度，此时可采用水下照明来改善水下观看条件。这种方案要求灯具排列应严格平行或垂直于游泳池的长轴，仰泳运动员参照灯排的方向，这种方案适用于酒店等娱乐性的游泳场所。

游泳池一般照明灯具选择时应考虑防潮问题，宜选用防水型有框灯具，尽量避免选择易碎的灯具，以免破碎后掉入泳池。

水下照明是为了增加池底亮度，降低水面上的光幕反射；使教练员和观众能清楚地看见游泳运动员的动作。水下照明通常采用LED灯或高强气体放电灯，灯具一般布置在游泳池的长向侧边，灯的照射方向平行于游泳池的短边平面。这样，光束在水中距离最短，而且对游泳运动员的影响最小。灯具的峰值光强与水平线约成10°角，以对游泳运动员和四周的观众无反射光危害为原则，可参考国家建筑标准设计图集16D401-5。水下灯具的安全性极为重要，应采用电压不大于12V的SELV安全特低压供电，并选用Ⅲ类的灯具，灯具防护等级不低于IP68。优先考虑灌封工艺水下灯，能够全方位杜绝水下灯进水而造成的灯体损坏及附带的安全隐患，同时全面提高了泳池水下灯的安全性及使用寿命，水下照明灯具的选择应满足《灯具　第2-18部分：特殊要求　游泳池和类似场所用灯具》（GB 7000.218—2008）的有关规定。图 5-2-11 所示为游泳池照明效果图。

图 5-2-11　游泳池照明效果图

5.2.7　短波紫外线(UVC)设计

1. 设置的必要性

自 2019“新冠”病毒肆虐全球，阻断病毒的传播显得尤为重要。中国疾病预防控制中心病毒病预防控制所研究成果表明，冠状病毒对热辐射和紫外线辐射敏感。研究人员应用强度大于 90μW/cm^2 的紫外线照射冠状病毒，30min 就可杀灭这种病毒。但过度暴露于紫外线辐射下或错误使用紫外线消毒灯会对人身健康造成有害影响，增加患皮肤癌的风险，对人的眼睛、视力产生危害以及导致其他疾病。因此合理地设置及安全使用紫外线消毒灯对减少区域感染性疾病的发生和流行性疾病的传播防控具有重要的意义。

紫外线为肉眼不可见光，分为 UV-A、UV-B、UV-C、UV-D 四类。紫外线消毒主要是利用波长为 253.7nm 为主（图 5-2-12）的紫外线通过对微生物（病毒、芽孢、细菌等病原体）的辐射使其蛋白分子的结构和功能产生改变，影响蛋白质的代谢合成，最终使其丧失活性，从而达到消毒的目的。

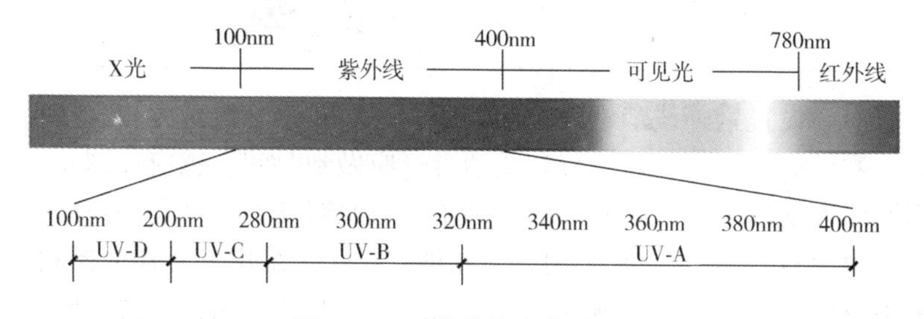

图 5-2-12　紫外线消毒的波段

2. 设计要点、系统选择的原则

利用紫外线进行消毒，大体可分为表面消毒、空气消毒及物品消毒三种类型，见表 5-2-1。

表 5-2-1　紫外线消毒设备的分类

序号	消毒类型	消毒设备	使用方式、特点	图示	建议设置部位
1	空气消毒	紫外线空气消毒器	安装于顶棚、墙面，在不影响经营活动的前提下，采用无臭氧紫外线灯和防紫外线泄漏装置保障其安全性，通过空气循环，可对室内空气进行连续、动态消毒		大堂、卫生间、走道
2	表面消毒	悬吊式紫外线灯	适用于室内空间，应在房间无人时进行消毒。吸顶或悬吊安装		布草、洗涤间
		移动式紫外线灯、消毒车	应在房间无人时进行照射。移动方便，高度灵活，可调节照射远近，对操作人员要求高		客房、餐厅及康体中心等
3	物品消毒	紫外线消毒柜	适用于对小件物品进行集中箱内消毒，开门断电，方便易用		前台、洗消间、水疗中心

对于设置紫外线消毒设备的场所，为防止紫外线对人体直接伤害，避免潜在安全风险，紫外线消毒灯应做到时间、感应控制及专用回路人工开关控制。开关应区别于一般照明开关，且安装高度宜为底边距地 1.8m。通常采用以下几种方式：①采用普通开关控制，集中设置，开关处设明显标志；②采用定时开关控制，根据需要设置紫外线消毒照射的时间，当设置时间结束后，开关自动断开；③采用智能控制系统控制，将开关设置在人员值班的地方，授权控制和管理，现场设传感器探测和紧急制停开关。紫外线消毒灯控制系统架构（飞利浦）如图 5-2-13 所示。

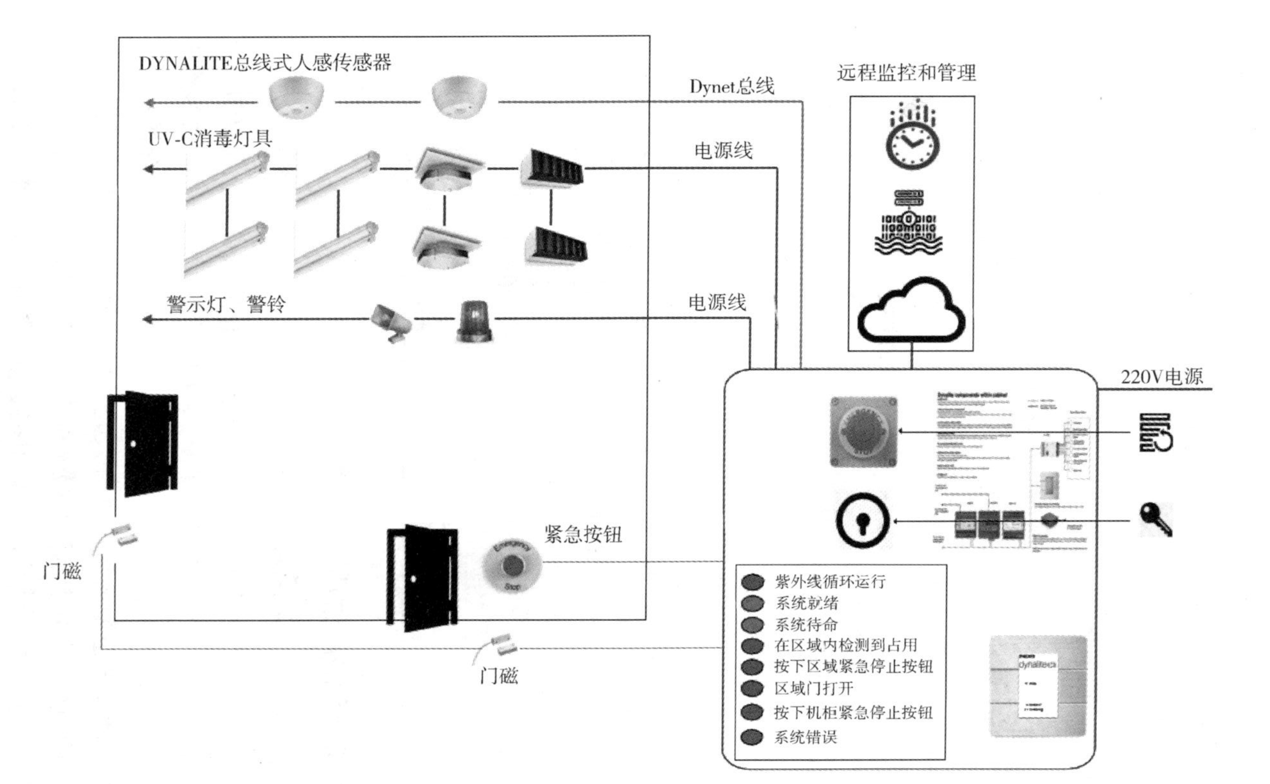

图5-2-13　紫外线消毒灯控制系统架构

5.3 应急照明设计

5.3.1 应急照明的分类

《建筑照明设计标准》（GB 50034—2013）中将应急照明分为疏散照明、备用照明、安全照明。其中备用照明又分为消防备用照明和非消防备用照明，见表5-3-1。

表5-3-1 应急照明的分类

序号	分类	功能、作用	设置区域
1	疏散照明	用于确保疏散通道被有效地辨认和使用,为人员疏散和发生火灾时仍需工作的场所提供照明和疏散指示的应急照明	疏散路径、火灾时仍需工作的场所
2	消防备用照明	用于确保火灾时仍需工作、值守场所的正常活动继续或暂时继续进行的应急照明,采用与正常照明相同的照度	避难间(层)及配电室、消防控制室、消防水泵房、自备发电机房等专业人员值守的场所
	非消防备用照明	用于确保非消防特定场所正常活动继续或暂时继续进行而提出更高要求的应急照明	人员密集的高大空间、具有重要功能的特定场所
3	安全照明	用于确保处于潜在危险之中的人员安全的应急照明	手术室、抢救室、游泳馆高台跳水区域、工业圆盘锯等作业场所

5.3.2 消防应急照明设计

1. 系统形式的选择

消防应急照明和疏散指示系统是一种辅助人员安全疏散的建筑消防系统，由消防应急照明灯具、消防应急标志灯具及相关装置构成，其主要功能是在火灾等紧急情况下，为人员的安全疏散和灭火救援行动提供必要的照度条件及正确的疏散指示信息。依据《消防应急照明和疏散指示系统技术标准》（GB 51309—2018）系统可分为以下四大类：集中电源集中控制型、集中电源非集中控制型、自带电源集中控制型及自带电源非集中控制型，如图5-3-1所示。

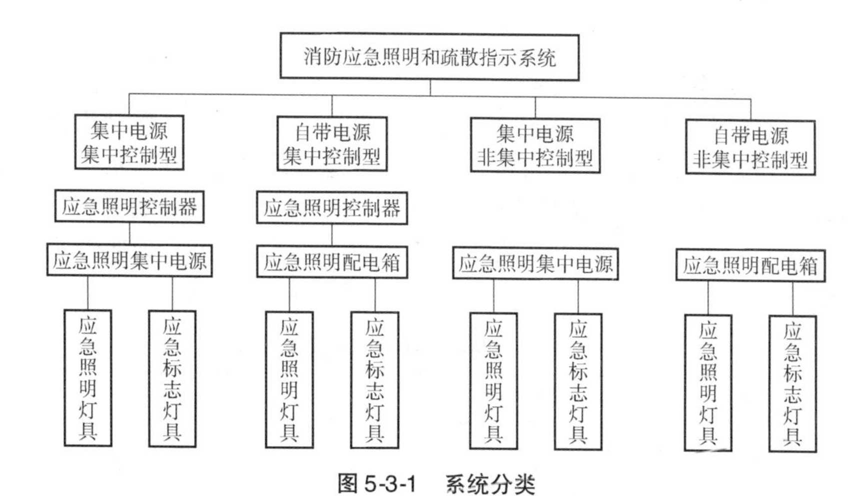

图 5-3-1　系统分类

系统形式的选择可依据建筑物是否设置火灾自动报警系统而选择集中控制型或非集中控制型；依据建筑物的规模、维护和管理需求而选择集中电源型或自带电源型（应急照明配电箱），如图5-3-2所示。

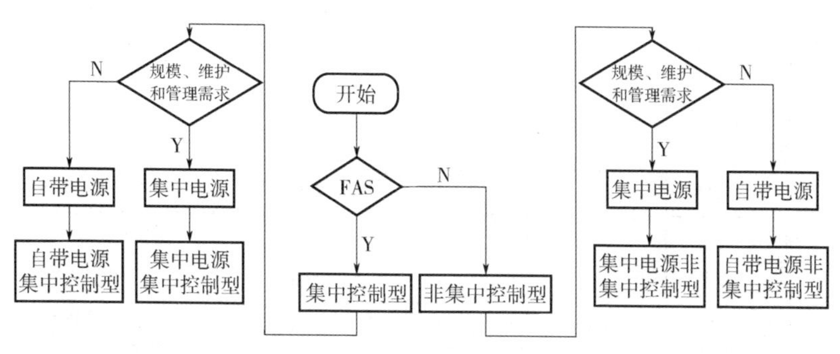

图 5-3-2　系统形式的选择

系统灯具均采用色温≥2700K 的 LED 光源，依据安装高度选择 A、B 型灯具及大、中、小型标志灯，同时兼顾灯光顾问及酒店管理公司的规程。

除正常设置消防应急疏散指示标志外，在酒店歌舞娱乐放映游艺场所的疏散通道和主要疏散路径的地面上增设能保持视觉连续的灯光疏散指示标志或蓄光疏散指示标志，标志灯的设置间距不应大于3m。

2. 典型区域的照度要求

《建筑设计防火规范》《消防应急照明和疏散指示系统技术标准》《民用建筑电气设计标准》等规定了建筑物内应急照明最少持续供电时间、各场所疏散路径地面水平最低照度，而酒店管理公司会在此基础上，提出更高需求。其持续供电时间及照度对比见表5-3-2。设计人员在选择系统容量时，应充分予以考虑。

表5-3-2 应急照明持续供电时间及照度

场所	GB 50016—2014、GB 51348—2019、GB 51309—2018		某酒店管理公司	
	最少持续供电时间/min	最低照度/lx	最少持续供电时间/min	最低照度/lx
酒店楼梯间、前室	≥30	≥10	≥90	≥正常照明照度
酒店客房走道电梯间	≥30	≥1	≥90	≥3.0
多功能厅、面积＞400m² 的会议室、面积＞200m² 的营业厅、餐厅	≥30	≥3		≥5.0
厨房、洗衣房	≥30	≥1	≥60	≥正常照明照度的15%
康体区	≥30	≥1	≥90	≥3.0
车库	≥30	≥1	≥90	≥正常照明照度的20%
消防电梯间	≥30	≥5	≥90	≥正常照明照度的50%
各消防工作和值守设备机房	≥180	≥正常照明照度	≥180	≥正常照明照度

5.3.3 备用照明设计

1. 消防备用照明设计

在火灾发生时仍需工作和值守的场所，如消防控制室、变配电所、柴油发电机房、消防水泵房、配电室、防排烟机房等，设计照度值为正常照度100%的备用照明。采取与正常照明兼用，从所在机房的双电源应急箱引出AC 220V供电。

2. 非消防备用照明设计

备用照明在品牌酒店照明设计中有较高的要求，需在大堂、宴会厅、餐厅、会议室、健身房、客房走廊、后勤、设备房等区域设置15%～30%的非消防备用照明。供电与消防备用照明应严格区分，采用双电源末端切换者，采用由发电机保障的重要母线引来的专用照明干线段供电，这些回路应能在消防状态下强制切除。接入智能照明系统或BA系统，部分回路甚至要求有调光功能，以达到照明设计的氛围要求。

3. 安全照明设计

通常酒店管理公司会要求在备用照明及疏散照明严格依据相关规范设计的基础上，有人办公或活动的场所，都要求加装安全照明。如：客房小走廊靠近门处装设地脚灯作为安全照明、客房卫生间内设置一盏筒灯作为安全照明等。

安全照明、备用照明的光源色温、显色性宜与一般照明一致，灯具宜与一般照明协调布置；安全照明宜与备用照明（非消防）合用。

5.4 绿色照明设计

美国国家环保局于20世纪90年代初提出绿色照明的概念，其内涵包含高效节能、环保、安全、舒适四项指标。高效节能意味着以较少的电能消耗获得足够的照度需求，从而减少碳排放，达到环保的目的。安全、舒适是指不产生紫外线、眩光等有害光照，不产生光污染，光照清晰、柔和。

5.4.1 照明节能设计

1. 灯具节能

酒店作为大量使用灯光的建筑，高效光源是照明节能的首要因素、高效照明器材是照明节能的重要基础。各类光源参数见表5-4-1。在满足照度、显色性、眩光限制条件下，优先选用效率高的灯具及开启式直接照明灯具，对于灯具的选用，其效率不低于以下要求：

1）直管型荧光灯灯具的效率：开敞式不应低于75%，透明罩的不低于70%，磨砂或者棱镜保护罩的不应低于55%，格栅不应低于65%。

2）紧凑型荧光灯灯具效率：开敞式不应低于55%；带保护罩的不应低于50%；格栅的不应低于45%。

3）高强度气体放电灯灯具的效率：开敞式不应低于75%，格栅或者透光罩不应低于60%。

4）选择高效节能镇流器，自镇流荧光灯应选用电子镇流器，直管型荧光灯应选用电子镇流器或者节能型电感镇流器；高压钠灯、金属卤化物灯应选用节能型电感镇流器；在电压偏差比较大的场所应选用恒功率镇流器；功率比较小的可配用电子镇流器。

5）充分利用自然光，以达到节能的目的，有条件时利用集光装置进行采光，如反射镜、光导纤维、光导管等，这些装置使不具备直接自然采光条件的空间也能享受到自然光照明。

表5-4-1　各类光源参数

光源种类	光效/(lm/W)	显色指数 *Ra*	色温/K
白炽灯泡	5～15	100	2800
石英卤素灯	5～15	100	3000
高压汞灯	35～70	45	3300/4300
高压钠灯	120～140	23/60/90	1950/2200/2500
低压钠灯	140～200	44	1700
普通荧光灯	70	70	全系列
节能型荧光灯管	85	85	2700/3000/3500 4000/5000/5300
无极荧光灯	80～140	75～80	2700/3000/3500 4000/5000/6400
三基色荧光灯	96	80～98	全系列
金属卤化物灯	65～140	65～95	3000/4500/5600
LED光源	80～120 理论可达350	70～90	2700～6500

2. 系统节能

酒店的照明耗电约占酒店耗电的33%，灯具数量多，质量高，部分灯具昂贵，因此合理的照明配电系统、照明控制方式，在降低能耗、提高灯具使用寿命、减少人力、降低酒店运行费用方面有着显著效果，一般遵循如下原则：

1）依据照明灯具对端电压的要求，考虑配电线路电压降，规划线路最大距离长度限值，从而减少线路损耗，节省线材。

2）三相配电的各相分支负荷宜分配平衡；配线方式与回路所接灯具应与照明控制和管理相协调。

3）选择具有光控、时控、人体感应等功能的智能照明控制系统（装置），按需控制照明灯具。

4）根据天然光的照度变化安排人工照明点亮的范围，并且根据其使用特点加以分区控制及适当增加照明开关点。

5）室外路灯、景观及亮化照明采用光控加时控的集中控制装置，景观亮化照明设置平时、一般节日、重大节日等多种模式自动控制装置。

5.4.2 酒店光环境设计

酒店的光环境是每个酒店极其重要的元素，为顾客创造宾至如归的舒适氛围，最大程度呈现酒店最完美的整体形象，在一定程度上提升酒店入住率及其他消费量，在满足各场所功能需求的基础上，突显酒店存在的艺术价值和环境氛围。其涉及酒店主体、酒店等级、室内外空间功能、整体运营方式及灯光表现形式等多方复杂因素，如图5-4-1所示。可以说，酒店光环境是照明设计中最挑剔的类别之一。

国际上光照对人体影响已有较为深入的研究，主要集中在如下几方面：视觉主、客观效应；非视觉效应；光生理效应；光生物安全。因而在进行灯光设计时应按以下原则进行：

1）“以人为本”的原则，在光环境设计过程中，配合从建筑装饰结构到环境应用的需求，应充分考虑“人性化”的元素。营造一种现代化、人性化照明。所有区域照明要实现在保证基本功能的前提下，与整体建筑装饰结构相协调，和谐并存。

2）“健康至上”的原则，所有的照明设计参数与灯光布置，

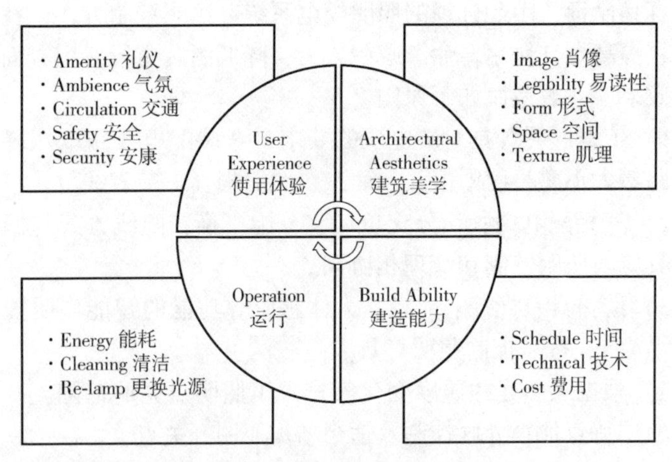

图 5-4-1　酒店照明设计维度

通过模拟照明环境的演练，达到照明规范要求，避免使用者的健康受到威胁。特别是当今社会，光环境设计造成的“光污染现象”特别严重，已经成为一个热门的话题了，如何防止眩光的产生等问题是每个设计者必须在健康照明方面要考虑的基本要素。

3）“节约社会”的原则，在整个光环境的设计中始终坚持现代简洁的设计理念，充分挖掘人与环境的潜力，实现在简洁环境中得到最大的成效，以此诠释光环境的设计定位：“生态、文化与时代”。设计需完全符合：“高效、节能、环保的绿色照明”，例如，在设计时要考虑所用灯具的使用寿命、二氧化碳的排放量以及所用灯具弃置所造成的污染情况。

4）“科技动力”的原则，鉴于现代照明的应用成就与影响，通过运用全新高科技的产品及系统，利用丰富的照明方式去创造新颖的照明。演绎灯光环境的灵性，实现不同环境下的不同灯光效果。

1. 室内装饰照明设计

在酒店室内灯光设计中应重点考虑两个方面的因素。第一是适度的光照与光色。无论何种风格或功能的酒店，光照良好的客房、会议室及其他酒店的公共场所才能更好地突现酒店的设施与环境。第二是寿命与可维护性。酒店的部分灯光需要一周七天，一天 24h 连续工作，光源的寿命与可维护性是比较重要的问题。寿终的光源会使环境暗淡，引起顾客的反感。替换工作既费钱又会影响业务的连续性，光源的种类决定了亮灯的寿命也就是使用时间。灯具还要安装在光源更换容易、保洁维护方便、散热良好的位置。

2. 夜景照明设计

夜景照明设计的宗旨是烘托酒店文化底蕴，展示建筑物的形象，最大限度彰显酒店的品质。

在控光方面，考虑到酒店的使用性质，对逸散光的控制需进行专门设计，将夜景照明光线对客房产生的影响控制在最低范围，另外，设计亦应考虑对周边交通安全及植被的保护。

3. 景观照明设计

从景观区到停车场，安全至关重要，可以让顾客感到轻松和放心。停车场全夜灯火通明，这就要求安装高质量的 LED 支架灯或灯管，在降低能耗的同时，为车上人员和行人保持最佳亮度。在景观区，重点是保证外立面美观、周围环境的安全性以及不妨碍树木、树篱和植物的生长。

5.4.3 直流照明配电系统

在“双碳”目标的政策下，随着大功率 LED 照明技术的发展、LED 灯具综合成本的下降，LED 光源越来越多地应用于各类建筑物，尤其是在酒店类建筑上 LED 照明光源已占主流。LED 光源是典型的直流负载，在目前广泛使用的 LED 照明灯具中均内置一个 AC/DC 变换电路，将输入的交流电变换成直流电以驱动 LED 发光。但这种内置 AC/DC 变换器具有效率低、谐波含量高、电解电容易损坏的缺点。因而采用集中设置大功率、高效 AC/DC、DC/DC 变换器的方式，不仅可以避免上述缺点，而且可以简化配电线路、降低灯具损耗、提高用电安全性、提高电能质量。

1. 系统构成

直流照明配电系统主要由 AC/DC 变换模块、DC/DC 变换模块、直流开关控制模块、监控及通信模块、绝缘监测模块、控制面板、照度传感器、红外传感器以及其他功能模块和应用软件等组成，实现电能变换、线路安全保护、照明灯具的开关、调光等功能，如图 5-4-2 所示。

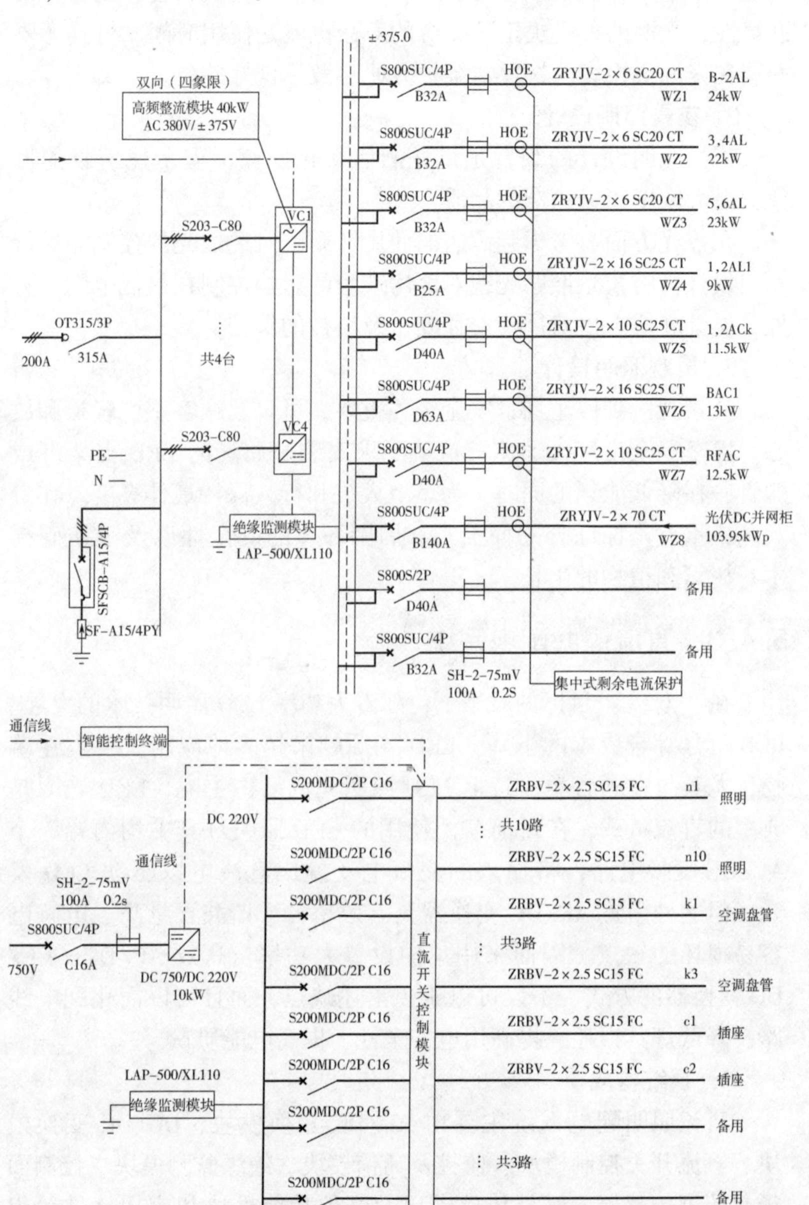

图 5-4-2　直流照明配电系统

2. 电压、接地型式选择

电压等级的选择是直流照明配电系统设计的基础，须在保证必要的电气安全的前提下，满足供电能力、用电设备兼容性等要求，即：供电系统的综合安全性、可靠性；供电容量及供电半径的经济性；电压等级的合规性，尽量选取《标准电压》（GB/T 156—2017）中推荐值；用电设备的兼容性，兼顾到的生产制造及普及产品；原则上不宜超过400V，最好是小于120V的特低电压。

低压直流系统电压的接地型式也是直流照明配电系统设计的重要部分，分为接地系统和不接地系统，其中接地系统又分为一个极（负极或正极）接地和电源中点接地两种接地型式。低压直流系统的接地型式如图5-4-3所示。不同接地类型将产生不一样的短路故障后果，同时直接影响着直流照明配电系统主要设备（如变换模块、断路器、电缆等）的选择。低压直流配电系统各接地型式特点见表5-4-2。

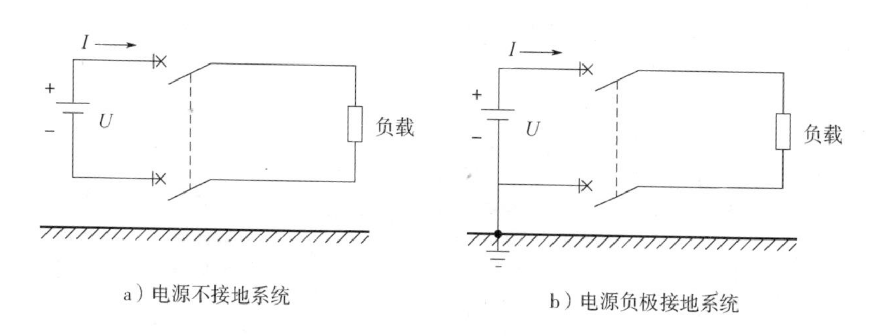

a）电源不接地系统

b）电源负极接地系统

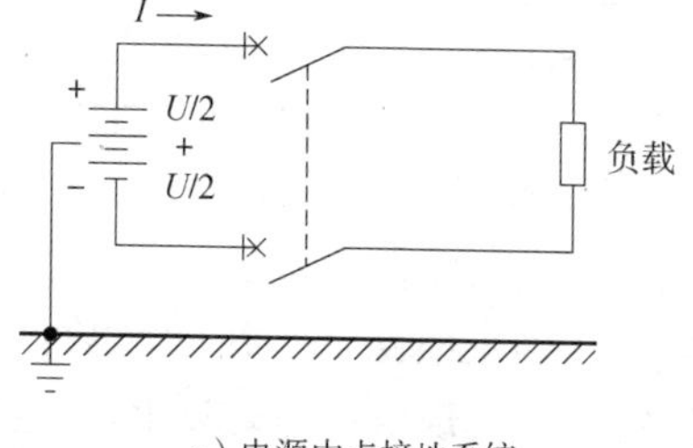

c）电源中点接地系统

图5-4-3 直流系统的接地型式

表 5-4-2　低压直流配电系统各接地型式特点

接地型式	安全性分析	安全性评估	安全性保障（依重要性排序）	应用难易	断路器接线
不接地系统	最高电压为 U；最大 I_{sc} 为电源正负两极短路，单极接地故障无影响；发生两点故障将加大触电危险	单点故障时仍具有较高安全性，两点故障危险性较高；故障识别和选线困难	①直流剩余电流检测装置 ②直流剩余电流分级辨识和选线保护	对直流 RCD 依赖最大，应用难度最大	断路的各极在电源正负极间平均分配，共同执行分断
电源一个极接地	最高电压为 U；最大 I_{sc} 为电源正负两极短路、正极接地故障	故障电流及对线路威胁较大，故障特征明显，易于识别和分级选线保护	①直流断路器寿命和可靠性 ②直流 RCD 装置	应用难度最小	断路器的各极在正极串联，共同执行分断
电源中点接地	最高电压为 U；最大 I_{sc} 为电源正负两极短路，单极接地故障为 $I_{sc}/2$	故障电流相对一极接地系统小，对线路威胁较大，对断路器开断电压要求较高，故障特征明显，易于识别和分级选线保护	①直流断路器寿命和可靠性 ②直流 RCD 装置	断路器短期面临成本压力，应用难度中等	各极断路器必须能在 $U/2$ 时执行最大分断 I_{sc}

3. 电缆及其他设备选择

直流照明配电系统中断路器选型必须考虑以下因素：①根据系统额定电压、接地方式确定断路器串接的极数；②计算负载电流、预期短路电流，确定断路器规格和热磁过电流脱扣器的整定值以及断路器分断能力。

AC/DC、DC/DC 变换模块选型如下：①根据交直流系统的电压确定 AC/DC、DC/DC 变换模块的输入输出电压；②通过负荷计算确定 AC/DC、DC/DC 变换模块的额定容量，并应大于 1.3 倍的 P_c；③根据电能的流向选择单向、双向变换器。

低压直流系统导体的选择原则可参考《民用建筑电气设计标准》第7.4.2 条，低压配电导体截面的选择应符合下列要求：①根据系统额定电压选择电线电缆的耐压值；②按敷设方式、环境条件确定的导体截面面积、导体载流量不应小于预期负荷的最大计算电流和按保护条件所确定的电流；③线路电压损失不应超过允许值；④导体应满足动稳定与热稳定的要求；⑤导体最小截面面积应满足机械强度的要求。同时还应注意直流、交流配电系统线缆选择的不同：①相同结构的电缆在低压直流系统时直流电阻会比交流系统下的交流电阻小一些，因而相同结构的直流电缆具有较高的载流和过电流能力，相同结构的电缆用在直流系统时额定电压是交流系统时的 1.5 倍；②相同电压的交直流电场施加于绝缘时，直流电缆的电场比交流电场要小得多，由于二者电场结构的差异，交流电缆通电时的最大电场集中在导体表面附近，而直流电缆通电时的最大电场主要集中在绝缘表层以内，因此更具安全性。

5.4.4 照明控制

1. 控制的形式

照明控制的方式多样，通常有以下几种形式：翘板开关就地控制、接触器控制、智能照明控制等。智能照明控制又包括 BA 系统控制、总线控制、DALI 控制、DMX 控制、TCP/IP 网络控制、无线控制等。随着物联网的高速发展，无线通信技术日新月异，具有功耗低、通信距离远、抗干扰等特征的无线物联网智能控制技术得到长足发展。

一个现代化的五星级酒店的灯光系统首先是要求能够营造良好的环境，使得客人在工作或休闲时，能有一种享受，从而对酒店留下良好的印象。追求更高品质的照明环境及智能化的控制手段是必然的趋势和需求。这些需求主要体现在健康和舒适性、节能和耐用性、方便和灵活控制、经济及可维护性等方面。

2. 控制方式的选择

1）大堂通过智能照明控制系统进行调光及开关控制，在前台设置可编程控制面板，方便地实现灯光场景选择，如：贵宾迎接模式、白天营业模式、中午休息模式、深夜模式、夜间营业模式及节日模式等。

2）餐厅在窗口或采光棚位置设置照度感应器，自动控制餐厅的照度，在服务台可编程控制面板，预设备场、音乐、白天、晚上、节日等场景模式。

3）宴会厅采用智能灯光控制系统，预设多种场景，如：宴会准备模式、入场模式、宴会进行模式、宴会结束模式等。

4）走道、楼梯间通过时钟控制和红外感应控制相结合的方式来控制的灯光，设置白天、傍晚、晚上、下半夜、高峰期等多个场景模式。

5）洗手间采用定时控制和红外移动控制等方式。在人员上下班期间只开启某部分壁灯电源，同时启动红外移动控制方式，人来开灯，人离开后灯延时关闭。酒店照明控制方式选择见表5-4-3。

表5-4-3 酒店照明控制方式选择

序号	控制方式	场所
1	翘板开关控制	各设备机房、办公用房、库房、有自然光的楼梯间、布草间、一般客房等
2	接触器现场控制	大厨房、员工餐厅等
3	总线智能控制	暗楼梯间、公共走廊、车库、电梯厅
4	无线物联网智能控制	公共走廊、车库
5	现场调光控制	餐厅、大堂、大堂吧、全日餐厅、中餐厅、SPA公共区域、泳池、健身房、大宴会厅、多功能厅、会议室、总统套房、行政套房等

3. 客房照明控制

通常星级酒店对于酒店客房电器的控制采用智能控制器控制，每房间在客房配电箱旁设一台客房智能控制器控制客房内全部电器，满足酒店管理的要求，与酒店管理、门禁、VOD、房务传呼及

BA 等系统联动，其主要功能如下：照明场景控制、窗帘控制、门禁控制、房间温度控制、服务指令、紧急呼叫及其他。实现各种设备集中分散控制、灵活方便、亮度可调。具体要求如下：

1）插卡控制：取电卡具有一卡通身份识别功能；根据不同房卡身份，启动相应的模式。

2）场景控制：通过过道或门厅的智能开关实现场景功能，按一个按键实现一个场景。

3）感应控制：人来灯亮，人走灯灭，通过门磁与感应器判断房间内有人、无人状态，实现全自动控制，不需要任何动作。

4）无线遥控：使用遥控器控制房间中的所有设备，无线信号不受障碍物阻隔。

5）集中控制：使用床头集中控制器可以方便地控制屋内的所有设备。

6）远程控制：前台可以通过电话控制所有房间中的设备。

7）空调管理具备空置房、预定房、Checkin、已租房、ECO 等多种节能管理，系统软件能进行运营数据分析，向酒店提供节能优化管理策略。

第6章　线缆选择及敷设

6.1　线缆选择

6.1.1　一般规定

酒店建筑受类型、规模、服务特点和所在的建筑等级等众多因素的影响，各功能空间及设备设施的配置差别很大。宾馆、酒店属于消防法中的公众聚集场所，也就是《建筑设计防火规范》（GB 50016—2014）（2018 年版）及《人员密集场所消防安全管理》（GB/T 40248—2021）定义的人员密集场所。

选用阻燃、耐火、绝缘等性能好、低电阻率的线缆，对于用电设备节能运行、提高建筑安全性和供电可靠性、提高供电质量具有较大意义。

6.1.2　线缆的分类

1. 线缆结构

线缆的基本结构主要由导体、绝缘、护套等组成。

电缆中导体的作用是传送电流，为了减少线路损耗和电压降，一般采用高电导率的金属材料来制造电缆的导体。同时还应考虑材料的力学强度、价格等因素。常用导体材料有：铜、铝（铝合金）。

绝缘的主要作用是使线缆中的导体与周围环境或相邻导体间相互绝缘。绝缘材料要有高的击穿强度、相当高的绝缘电阻，具有一定的柔软性和机械强度且绝缘性能长期稳定。常用绝缘材料有聚氯乙烯、交联聚乙烯、乙丙橡胶、硅橡胶、云母等。

护套的作用是保护绝缘层不受水、湿气及其他有害物质的入侵，保证绝缘层的性能不变。护套分为金属护套、橡塑护套及组合护套。常用护套材料有聚氯乙烯、聚乙烯、聚烯烃、铜护套、铝护套等。

绝缘和护套材料的不同直接影响线缆的电气性能（电压等级、接地型式、绝缘水平、载流量、动/热稳定性等）以及环境适应性（抗拉、耐冲击、耐腐蚀、耐气候、老化性能、阻燃、耐火、耐辐射、防虫咬等）。应结合酒店所处的地理环境和具体使用要求，选择合适的线缆结构。

线缆结构示意图如图 6-1-1 所示。

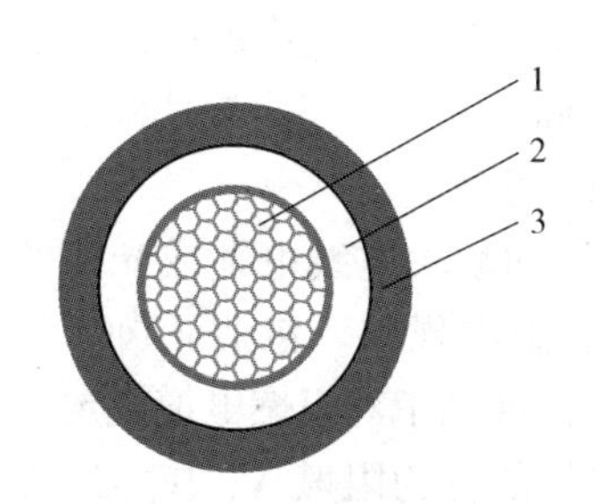

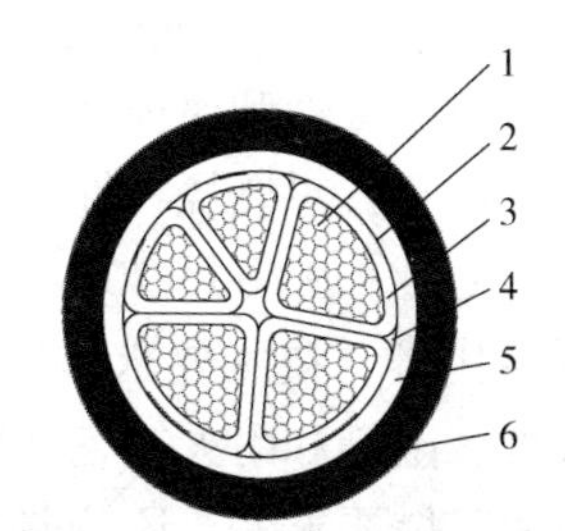

图 6-1-1　线缆结构示意图

2. 线缆性能分类

酒店建筑用电缆绝缘及护套主要性能要求根据负荷性质以及敷设场所不同主要体现在以下几方面：

1）阻燃：试样在规定条件下燃烧，在撤去火源后火焰在试样上的蔓延仅在限定范围内，具有阻止或延缓火焰发生或蔓延能力的特性。

2）耐火：试样在规定火源和时间下燃烧时能持续地在指定条件下运行的特性。

3）无卤：燃烧时释出气体的卤素（氟、氯、溴、碘）含量均

≤1.0mg/g 的特性。

4）低烟：燃烧时产生的烟雾浓度不会使能见度（透光率）下降到影响逃生的特性。

5）低毒：燃烧时产生的毒性烟气的毒效和浓度不会在 30min 内使活体生物产生死亡的特性。

6）A 级阻燃电线电缆：不燃电缆。

B1（B2）级阻燃电线电缆：满足《电缆及光缆燃烧性能分级》（GB 31247—2014）中 B1（B2）级燃烧性能要求的电线电缆。

6.1.3 线缆的阻燃及燃烧性能指标

对于我国线缆的燃烧性能指标，在《阻燃和耐火电线电缆或光缆通则》（GB/T 19666—2019）和《电缆及光缆燃烧性能分级》（GB 31247—2014）中分别提出了阻燃电缆燃烧性能中的阻燃、热释放、低烟、毒性和腐蚀性五大特性指标要求。这三个规范源于不同的标准体系，对燃烧特性要求的侧重点也不同。

其中 GB/T 19666—2019 规定了阻燃和耐火电线电缆或光缆的燃烧特性代号、技术要求、试验方法和验收规则。包括无卤、低烟、低毒、阻燃和耐火等燃烧特性。此标准除了对阻燃电缆规定单根电缆的阻燃要求外，还按照成束阻燃性能分为阻燃 A、B、C、D 四个类别，其成束阻燃性能对标 IEC 标准。具体要求见表 6-1-1。

表 6-1-1 线缆成束阻燃性能

代号	试样非金属材料体积 L/m	供火时间/min	合格指标	试验方法
ZA	7	40	试样上的炭化范围不应超过喷灯底边以上 2.5m	GB/T 18380.33
ZB	3.5	40		GB/T 18380.34
ZC	1.5	20		GB/T 18380.35
ZD	0.5	20		GB/T 18380.36

注：代号 ZD 适用于外径≤12mm 的小电线电缆或光缆以及导体标称截面面积≤$35mm^2$ 的电线电缆。

GB 31247—2014 的分级指标与欧盟阻燃电缆分级标准中电缆燃烧性能 Aca 级判据相同。标准中 B1 级电缆燃烧性能试验方法与欧盟 EN13501-6 标准中电缆燃烧性能分级中的 B2ca 测试方法相同。在最新的《民用建筑电气设计标准》（GB 51348—2019）中13.8.4、13.9.1等条文也是引用这个标准的等级划分来指导电缆选择。电缆燃烧性能等级见表6-1-2。

表6-1-2 电缆燃烧性能等级

燃烧性能等级	说明	实验方法	分级判据
A	不燃电缆	GB/T 14402—2007	略
B1	阻燃Ⅰ级电缆	GB/T 31248—2014(20.5kW 火源) GB/T 17651.2—2021、GB/T 18380.12	略
B2	阻燃Ⅱ级电缆		略
B3	普通电缆	—	

6.1.4 线缆的耐火性能指标

耐火电缆的性能应符合表6-1-3的要求。

表6-1-3 耐火电缆的性能

代号	适用范围	试验时间	试验电压	合格指标	试验方法
N	6~20kV电缆	90min供火+15min冷却	额定电压 U_0	试样应不击穿	TICW 8—2012
	6~20kV电缆	试验结束1h内进行15min耐压	$3.5U_0$	试样应不击穿	TICW 8—2012
	0.6/1kV及以下电缆	90min供火+15min冷却	额定电压	1)2A熔断器不断 2)指示灯不熄灭	GB/T 19216.21—2003
	数据电缆	90min供火+15min冷却	110V±10V	1)2A熔断器不断 2)指示灯不熄灭	GB/T 19216.23—2003
	光缆	90min供火+15min冷却	—	最大衰减增量由产品标准规定或由供需双方协商确定	GB/T 19216.25—2003

（续）

代号	适用范围	试验时间	试验电压	合格指标	试验方法
NJ	0.6/1kV 及以下外径≤20mm 电缆	供火加机械冲击 120min	额定电压	1）2A 熔断器不断 2）指示灯不熄灭	IEC 60331-2
NJ	0.6/1kV 及以下外径＞20mm 电缆	供火加机械冲击 120min	额定电压	1）2A 熔断器不断 2）指示灯不熄灭	IEC 60331-1
NS	0.6/1kV 及以下外径≤20mm 电缆	供火加机械冲击 120min，最后 15min 水喷淋	额定电压	1）2A 熔断器不断 2）指示灯不熄灭	GB/T 19666—2019
NS	0.6/1kV 及以下外径＞20mm 电缆	供火加机械冲击 120min，最后 15min 水喷射	额定电压	1）2A 熔断器不断 2）指示灯不熄灭	GB/T 19666—2019
NW	0.6/1kV 及以下外径≤20mm 电缆	单纯供火 180min	额定电压	1）2A 熔断器不断 2）指示灯不熄灭	BS 6387 C
		单纯供火 15min，供火加喷水 15min			BS 6387 W
		供火加机械冲击 15min			BS 6387 Z
	0.6/1kV 及以下外径＞20mm 电缆	供火加机械冲击 180min，供火加喷水 5min	额定电压	1）2A 熔断器不断 2）指示灯不熄灭	BS 8491

说明：1. 燃烧性能 B1 级的耐火电线电缆除具有耐火性能外，还应具有 B1 级燃烧性能。

2. 燃烧性能 A 级的耐火电线电缆为不燃电线电缆，除了应具有耐火性能外，尚应按 GB/T 14402—2007 的试验方法，测得其总热值 PCS≤2.0MJ/kg。

3. 代号 NW 的耐火电缆引用广东省标准《民用建筑电线电缆防火技术规程》（DBJ/T 15-226—2021）。由于《民用建筑电气设计标准》（GB 51348—2019）中规定了消防用电设备在火灾发生期间的最少持续供电时间，如消火栓、消防泵及水幕泵的持续供电时间可能达到 180min，而现有的电缆标准没有相应的电缆。如在设计图中没有详细说明，施工单位可能会采购国标中按照 90min 耐火试验检测的电缆，对工程的安全性有很大的安全隐患。为避免出现这些情况，本次编写参考广东省标准，引入 NW 的耐火电缆。

6.1.5 线缆的选用

1. 电线电缆选用的一般规定

1）电线电缆的选用应根据使用场所分级、使用环境及敷设条件，按满足运行可靠、经济合理等原则综合确定。

2）室外敷设或室内非消防设备线路全长穿管暗敷时，可采用非阻燃电线电缆。但考虑到线路全长穿管暗敷较难实现，在酒店建筑内建议统一选用低烟无卤阻燃电线电缆。因为低烟无卤材料容易受潮影响绝缘性能，受阳光照射容易老化开裂。在室外敷设的线缆建议选用普通阻燃线缆，在天面敷设的电缆桥架要考虑遮阳措施。

2. 线缆导体材质

宾馆、酒店属于人员密集场所，选用的线缆应采用铜芯导体。

3. 绝缘水平

交流系统中电力电缆导体的相间额定电压不得低于使用回路的工作线电压。交流系统中电缆的耐压水平还要考虑单相接地故障和系统绝缘配合的要求。

直流输电电缆绝缘水平应能承受极性反向、直流与冲击叠加等的耐压考核。

4. 绝缘类型

电力电缆绝缘类型应根据运行可靠性、施工和维护方便性以及最高允许工作温度与造价等因素选择，且符合电缆耐火与阻燃、环境保护的要求。

5. 护套类型

线缆外护套材料应满足环境、强度、工作温度等要求，应符合线缆耐火与阻燃的要求。酒店建筑有低毒性要求，应选用聚乙烯或乙丙橡皮等无卤外护层，不应选用聚氯乙烯外护层。

6. 燃烧性能要求

1）当电线电缆成束敷设时，应采用具有相应成束阻燃性能的电线电缆。

电线电缆的阻燃类别应根据同一通道内线缆的非金属含量来确定，阻燃电线电缆的敷设在满足防火封堵措施时，同一通道内电线电缆的非金属含量不应超过表6-1-4、表6-1-5的规定。

表6-1-4　同一通道内电缆非金属含量限值

阻燃类别	电缆的非金属材料含量
ZA	7～14L/m
ZB	3.5～7L/m(含7L/m)
ZC	1.5～3.5L/m(含3.5L/m)
ZD	≤1.5L/m

表6-1-5　电线的阻燃类别选择

适用场所	电线截面面积	阻燃类别
特级、一级	所有截面面积	ZC
二级	$50mm^2$及以上	ZC
	$35mm^2$及以下	ZD

说明：以上条文来源于广东省标准《民用建筑电线电缆防火技术规程》(DBJ/T 15-226—2021)。由于规定试验条件限制，电缆和电线的实验结果有很大差异。对于大截面面积的电缆（截面面积大于$35mm^2$），通常10～20根电缆就能使同一通道内的非金属材料体积含量超过7L/m。而非金属材料体积含量高意味着可燃物多，通道内温度高，火焰容易蔓延。而对于电线（外径小于12mm），单根电线非金属材料体积含量较低。以单芯截面面积$4mm^2$电线为例，要72根电线才能达到7L/m的非金属材料体积含量，大量电线成束敷设对实验结果有干扰（在规定试验条件下非金属材料体积含量高反而不一定能反映实际电线的阻燃性能）。实际工程中也很少出现大量电线同时敷设的情况，一般可选用阻燃C、D类电线。

2）电线电缆选用时，应按使用场所和敷设条件选择燃烧性能和阻燃类别。

3）消防设备的配电线路，其产品的耐火性能，应满足火灾时建筑物内的消防用电设备最少运行时间的要求，见表6-1-6。

表 6-1-6 消防用电设备在火灾发生期间的最少持续供电时间

消防用电设备名称	持续供电时间/min
火灾自动报警装置	≥180(120)
消火栓、消防泵及水幕泵	≥180(120)
自动喷水系统	≥60
水喷雾和泡沫灭火系统	≥30
CO_2 灭火和干粉灭火系统	≥30
防、排烟设备	≥90、60、30
火灾应急广播	≥90、60、30
消防电梯	≥180(120)
应急照明和灯光疏散指示标志	≥180(120)、90、60

7. 耐火母线槽

耐火母线槽：火焰条件下，用于在规定时间内保持电路完整性的母线干线单元。

母线槽耐火时间有 60min、90min、120min、180min。应根据具体消防用电设备在火灾发生期间的最少持续供电时间选择合适的母线槽耐火时间。

6.2 线缆敷设

6.2.1 线缆敷设方式

电线电缆敷设时要根据使用场所环境特征、使用要求、用电设备分布及所选导体的类型等因素选择合适的敷设及防护方式。酒店建筑属人员密集场所，对线路敷设的防火、防潮防护要求严格，穿越防火墙、防火隔墙、人防墙、结构楼板及电气竖井时应采取有效的防火封堵或分隔措施。

因塑料导管（槽）材料属可燃物，若建筑物内净高超 0.8m 的闷顶内采用塑料导管（槽）明敷设电气线缆时，根据《火灾自动报警系统设计规范》（GB 50116—2013）第 D. 0. 1 条要求及《自动喷水灭火系统设计规范》（GB 50084—2017）第 7. 1. 11 条要求，需设置消防火灾探测器及洒水喷淋，故本书建议建筑室内的布线系统均采用金属导管、电缆桥架（包括金属槽盒）敷设。

消防设备供电线缆采用专用桥架敷设，与其他非消防设备供电线缆分开桥架敷设；若两者共电缆井、沟敷设时，消防配电线缆的敷设要求详见《建筑设计防火规范》（GB 50016—2014）（2018 年版）第 10.1.10 条文。

说明：《建筑电气与智能化通用规范》（GB 55024—2022）于 2022 年 10 月 1 日开始实施，对布线系统的设计应满足该规范中相关条文的要求。

酒店建筑若处在海边、山林间等潮湿环境时，室内供配电线路除电线电缆的选型规格等级提高外，其线路敷设方式也需加强防腐保护。

1. 穿管布线要求

干燥场所室内线路穿管明、暗敷时采用壁厚不小于 1.5mm 的镀锌钢导管 JDG，镀锌方式可选择热镀锌或热浸镀锌。明敷于潮湿场所时采用壁厚不小于 2.0mm 的焊接镀锌钢管 SC，建议选用热浸镀锌方式防腐。室外埋地线路可选用刚性塑料导管，引出地（楼）面的管路应采取防止机械损伤的措施。

若项目位于沿海地区，室内敷设的金属导管建议采用锌层厚度较高的热浸镀锌方式。

弱电系统布线穿管敷设要求详见《民用建筑电气设计标准》（GB 51348—2019）第 26.5 节条文。

2. 穿槽盒及桥架的布线要求

项目内各处同一桥架内敷设的成束电线、电缆，其非金属材料含量限制值建议参照《阻燃和耐火电线电缆或光缆通则》（GB/T 19666—2019）第 6.1.2 中表 5 的各类别试验值，若计算值超出某等级限制值，建议提高电缆的阻燃类别或者线缆分开桥架隔离敷设。故由变配电所或总配电室引出的线路桥架规格、数量适当考虑预量，便于满足日后增添线缆的空间。

同一金属槽盒内不同时敷设绝缘导线和电缆。

一级负荷（包括消防设备负荷）末端配电箱需要双电源供电回路，主供和备供回路分开不同桥架敷设；若采用金属槽盒敷设时，应采用金属隔板进行分隔。

对于消防设备配电线路，若常用 A 级矿物绝缘类不燃性电缆可直接明敷或梯架敷设；若采用燃烧性能为 B1 级的非金属外护套矿物绝缘类电缆或 NS、N 级耐火电缆或 N 级耐火电线，则采用封闭式金属槽盒或金属导管敷设保护，同时要求所穿金属导管、金属槽盒及其安装支架也采用防火保护措施。

桥架之间、桥架与其他设备管道的间距要满足电缆敷设施工、维保及后期增设电缆的操作空间，间距要求最小净距详见《民用建筑电气设计标准》（GB 51348—2019）第 8.5.5 及 8.5.15 节条文。电缆桥架避免敷设在气体管道和热力管道的上方及液体管道的下方。

桥架内敷设的电缆总截面面积建议不超过桥架横截面面积的 25%，预留扩容需求。

因屋面受雨水腐蚀、阳光辐射等影响，屋面敷设的电缆桥架建议选用耐腐性高、防水性好的封闭金属槽盒，同时安装高度不小于 300mm 且按照一定间距设置支撑。

一般环境下项目可采用普通热浸镀锌金属桥架；若项目位于沿海地区，建议采用防腐性较高的彩钢电缆桥架敷设。

3. 竖井布线要求

1）建筑内的强、弱电间（井）分开设置。

2）按建筑防火分区布置各层的强电间（井），位置靠近负荷中心，面积尺寸满足竖井垂直布线的间隔及各配电箱、柜的布置安装空间，箱、柜前的操作距离不宜小于 0.8m。

3）电气竖井内垂直电缆采用金属梯架或托盘敷设方式。

4）同一竖井内的高压、低压和应急电源的电气线路，相互之间保持不小于 0.3m 的距离或采取隔离措施，且高压线路应设有明显标志。

5）消防设备配电线路宜与其他非消防配电线路分开不同竖井敷设；若敷设在同一井内时，需两者分别布置在竖井的两侧，且消防配电线路采用矿物绝缘类不燃性电缆。

6）竖井的位置不应贴邻热烟道、热力管道及其他散热量大的场所。

6.2.2 线缆敷设防火要求

为防止及阻隔火焰沿着线路蔓延，保障线缆所经路线的防火分隔要求，室内线缆穿管或桥架穿越不同防火分区防火墙、防火隔墙、室内（外）管沟出（入）建筑物外墙、各层强弱电间竖井及其隔墙、设备房及控制室隔墙等处敷设时均要求采取防火封堵阻隔措施，如采用防火胶泥、耐火隔板、填料阻火包、矿棉板等材料进行填堵密封防火分隔保护，要求按等同建筑构件耐火等级的规定封堵。具体做法及要求详见《电力工程电缆设计标准》（GB 50217—2018）第7章条文。

管线穿越人防的防护密闭隔墙、密闭隔墙、密闭楼楼板时，需事先在路由经过的穿越处预埋防爆密闭套管进行密封隔离。

6.2.3 特殊场所线缆敷设

酒店建筑内若设置锅炉设备，因锅炉房内的蒸汽锅炉设备、热力管道及其他管道较多及室内环境要求，室内的配电线路均要求穿金属导管和电缆桥架敷设。

线路敷设路由均要求避免沿锅炉热风道、烟道、热水箱和其他载热体表面敷设；当需要沿载热体表面敷设时，应采取隔热防火措施。

若锅炉房设有可燃气、燃油、热力管管沟时，管沟内不应敷设线缆。

酒店建筑内的厨房、洗衣房、SPA区域，因环境温度高、湿度大，室内的线路若与热水管、蒸汽管等热力管道及气体管道同侧平行、交叉敷设时，其相互间的净距需满足《民用建筑电气设计标准》（GB 51348—2019）第8.3.5节、8.5.15节条文要求。同时采取防水、隔热措施。

厨房内的线路须避开明火、产生蒸汽等蒸汽流的2.0m以外敷设。

6.3 智慧电缆安全预警系统

6.3.1 系统构成

1. 智慧电缆的定义

智慧电缆是具有实时感知、多场景融合、自主预警及智能处置等特点的新型电缆。目前常见的产品主要有两个大类：一类是具有实时感知、自主预警等功能的自动感知电缆；另外一类是多场景融合类的电缆。

2. 光纤复合低压电缆

光纤复合低压电缆（optical fiber composite low-voltage cable，OPLC），是一种将光单元复合在低压电力电缆内，具有电力传输和光通信传输能力的电缆，适用于额定电压 0.6/1kV 及以下电压等级。OPLC 主要由光单元、导体、绝缘层、填充物、铠装层和外护层等部分组成。典型结构示意图如图 6-3-1 所示。

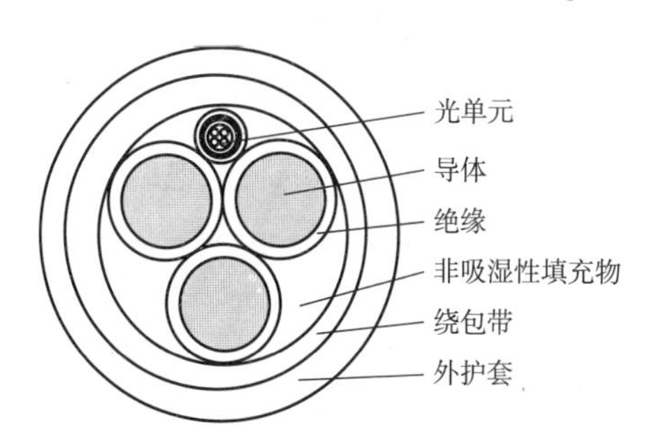

图 6-3-1 OPLC 典型结构示意图

光单元是由光纤和保护材料构成的部件，保护材料通常为非金属。

OPLC 是集光缆和电力线于一体，避免二次布线就可以满足信息化、自动化、互动化的需求，在特定场景可以降低工程费用，具有较强的优势和较广泛的应用前景。

3. 自动感知电缆

近年随着经济的飞速发展，酒店用电设备越来越多，其内部的电力电缆利用比重也越来越高。而随着电缆数量的增多及运行时间的延长，电缆的故障也越来越频繁。要求电缆保障运维手段与之相适应。利用新一代光纤传感技术与传统电缆相结合，提高电缆运维的信息化水平，实现整个电能传输途中的动态可测试性。通过嵌入式智能故障诊断与预测设备，可以大大提高电缆运维的准确性、可靠性和实效性。自动感知电缆典型结构示意图如图 6-3-2 所示。

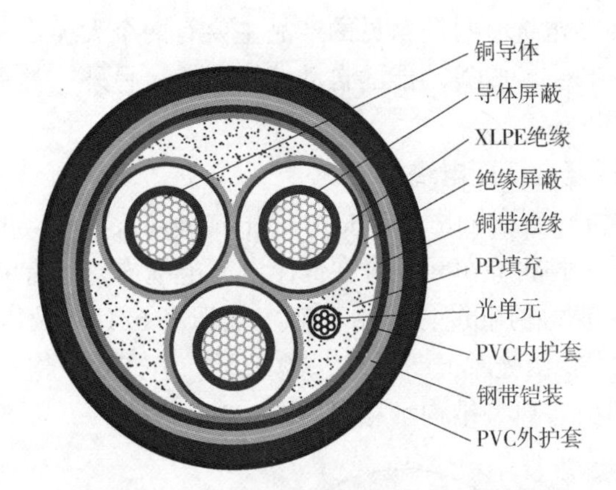

图 6-3-2　自动感知电缆典型结构示意图

内置式直接反映电缆导体温度的智慧电缆有两种常见的形式。

(1) 基于布拉格光纤光栅传感器的智慧电缆

预警主机（激光源）发射出固定波长的传输激光源，进入分布在线路上的布拉格光纤光栅传感器中，光栅的中心波长 λ 会随着光纤周围温度、振动的变化而发生很大的变化，引起中心波长的漂移，经解调可得到对应的温度特性、振动特性曲线。这种形式适用于检测室外线路（电缆沟内）是否积水或有异常情况发生，同时还可以对电缆外护套、中间接头、户外终端头温度有无异常等实时监测。

(2) 基于拉曼（Raman）散射分布式光纤传感器的智慧电缆

系统主要利用拉曼散射和光时域反射两种原理达到测温与定位的功能。利用光纤后向拉曼散射的温度效应，对光纤所在的温度场进行实时测量。利用光时域反射技术（optical time-domain reflectometer，OTDR），利用入射光与反射光之间的时间差对每个温度采集点到入射端的距离及光纤异常温度点的距离定位。特别适用于长距离、测点连续的应用场所，如超高层酒店的竖井、室外的电缆管廊等。

4. 智慧电缆的安全预警系统

电力电缆故障的最直接原因是绝缘水平降低而被击穿，导致绝缘能力降低的因素很多，根据实际运行经验，归纳起来不外乎以下几种情况：①外力损伤；②绝缘受潮；③化学腐蚀；④长期过负荷运行；⑤电缆接头故障；⑥环境和温度；⑦电缆本体的正常老化或不可预测的自然灾害等。

随着电缆的应用越来越多，加之智能电网对供电可靠性要求的提升，需要更为智能的电缆检测技术对电缆进行状态诊断及评估。电缆智能安全预警系统通过对电缆本体的监测（主要监测电缆的温度、载流量等）和对电缆附属设备的监测（主要监测电缆终端温度等），可以早期发现中间接头及电缆长期运行中存在的“疾病”。

通过搭建智慧电缆管理平台，通过广泛采用传感和互联网技术，同时基于统计学数学模型，实现对电缆基础信息的全面获取、电缆运行状况的全方位把握以及电缆寿命的提前预测，达到合理安排电缆更换，保证电力供应安全可靠，这也是在智能电网中实现对电缆有效管理的极其重要的部分。

6.3.2 系统配置及应用

1. 系统配置

系统主要由智慧电缆、测温主机、核心交换机和监控中心组成。

2. 智能预警安全用电线缆解决方案

通过智慧电缆系统实时了解电缆本体、中间接头、终端头的运行温度，发现异常数据及时报警，解决了电缆的安全隐患；实时了解配电电流、电压、电量、无功功率及谐波等各种电气参数；通过烟感、水浸、温度传感器、温湿度传感器、摄像头及门禁等获取配电房环境数据，确保用电环境安全；使用寿命长，长期稳定，灰尘堆积等环境因素不会对传感器测温产生影响，可以与电缆同寿命。

6.4 母线槽智能测控系统

6.4.1 系统构成

1. 监测系统构成

母线作为一种输送大电流的载体，是建筑物内对大负荷设备

（组）配电的主要配电装置。变配电系统通过母线配电时，受母线本身结构密封性影响，会降低电流载体的散热效果；同时母线驳接连接处容易出现电阻大的情况，导致发热量增大，是母线发生故障率最高的位置；且日常维保时不便于维保人员观察到、容易疏忽，所以这些都成了导致母线发生故障的不利因素，对项目内某些重要负荷的供电可靠性产生不良影响。

为对上述母线容易出现问题的位置进行检测，通过自动检测技术开发，在母线槽上配置接头温湿度自动检测（温湿度传感器）和控制装置，通过无线或总线方式传输信号及控制数据，由主机平台集中远程检测预警管理及实现对母线槽的运行控制。检测系统有效提高了母线运行的安全性、日常运维的可靠性，一定程度上杜绝了母线故障的火灾隐患。

测控系统由总线、温湿度传感器或感温光纤、信号采集器或光纤测温主机、网关或网络交换机、系统监控主机、系统软件构成。

2. 监测系统分类

监测系统按信号传输方式分为有线方式、无线方式、光纤（分布）方式。

1）有线方式：在母线连接处安装温湿度传感器，通过专用线缆为温湿度传感器持续供电和数据传输，数据信号收集到采集器，再集中传送至测控主机。系统利用 RS485 线缆进行数据传输和转换，监测安装温湿度传感器位置的温度及湿度变化，实时在线进行温湿度监测，及时预警母线连接处的超温及受潮的隐患，并精确定位。

2）无线方式：在母线连接器部位安装温湿度传感器，通过无线传输方式将采集到的数据直接传送至与之对应频段的采集器及网关中，然后再借助以太网转至测控主机。系统采用 WiFi 无线通信方式进行系统组网，实现温湿度传感器与网关间的无线数据传输和转换，实时监测安装温湿度传感器位置的温度及湿度变化，实时在线进行温湿度监测，及时预警母线连接处的超温及受潮的隐患，并精确定位。

3）光纤（分布）方式：在母线连接处缠绕感温光纤，再分布接入光纤测温主机中，光纤测温主机可连接显示器进行就地展示和报警，亦可借助对应网络传至测控主机。系统采用感温光纤探测和传输信号，利用先进的 OTDR 技术和 Raman 散射光对温度敏感的特性，探测出沿着光纤不同位置的温度的变化，实现真正分布式的实时在线监测，可及时预警母线温升的隐患，并精确定位；同时系统具有自检功能，也可检测自身运行状况，具有光纤断纤定位报警功能。

6.4.2 系统配置及应用

1. 系统配置

系统按上述分类分别配置不同的设备：

1）有线方式：温湿度传感器、信号采集器及集中器、布线系统、软件系统、监控主机。

2）无线方式：温湿度传感器、无线信号采集器、网关、软件系统、监控主机。

3）光纤（分布）方式：感温光纤、光纤测温主机、交换机、软件系统、监控主机。

2. 应用

酒店建筑项目若建筑规模较大（配电干线大量采用母线时）或地处湿度大的环境时，建议对项目内的母线系统设置母线槽智能测控系统。实现主动式运维管理，实时在线对母线系统的过温、绝缘预警检测，迅速解除母线设备的故障隐患及配电系统的断电隐患，能对故障点精确定位，预防事故的扩大，极大地保障了变配电系统的可靠性。

第7章　防雷、接地与安全防护

7.1　防雷系统

7.1.1　建筑物的防雷分类和电子信息系统雷电防护分级

1. 建筑物的防雷分类

酒店建筑属于人员密集的公共建筑，应根据《建筑物防雷设计规范》（GB 50057—2010），按表7-1-1要求进行防雷分类。

表7-1-1　酒店建筑防雷分类

防雷分类	酒店建筑
第二类防雷建筑物	国宾馆
	高度超过100m的超高层酒店建筑
	建筑物年预计雷击次数大于0.05次/a的酒店建筑
第三类防雷建筑物	建筑物年预计雷击次数大于或等于0.01次/a，且小于或等于0.05次/a的酒店建筑

建筑物年预计雷击次数应按照GB 50057—2010附录A给出的方法计算。当建筑物屋顶部位的高度不同时，应沿建筑物周边逐点算出最大扩大宽度，其等效面积应按每点最大扩大宽度外端的连接线所包围的面积计算。

说明：《建筑电气与智能化通用规范》（GB 55024—2022）自2022年10月1日开始实施，建筑防雷分类应根据此规范7.1.1条的要求进行划分，该条文与《建筑物防雷设计规范》（GB 50057—2010）的要求有所不同。

2. 电子信息系统雷电防护分级

现代酒店建筑含有大量的电子信息设备，对酒店的日常管理和安全运营起着至关重要的作用。根据《建筑物电子信息系统防雷技术规范》（GB 50343—2012），酒店建筑电子信息系统从高到低划分为 A、B、C、D 四个雷电防护等级，按照以下两种方法分别进行评估，并按其中较高防护等级确定。

1）根据电子信息系统的重要性、使用性质和价值确定雷电防护等级，见表 7-1-2。

表 7-1-2　按酒店性质确定电子信息系统雷电防护等级

雷电防护等级	建筑物电子信息系统
B 级	五星级及更高星级宾馆电子信息系统
C 级	四星级及以下星级宾馆电子信息系统

2）按防雷装置的拦截效率确定雷电防护等级，见表 7-1-3。

根据 GB 50343—2012 附录 A 给出的方法计算建筑物及入户设施年预计雷击次数 $N = N_1 + N_2$，以及建筑物电子信息系统设备可接受的年平均最大雷击次数 N_c。当 $N \leqslant N_c$时，不需为电子信息系统安装防雷装置；当 $N > N_c$时，应安装电子信息系统防雷装置。防雷装置的拦截效率为 $E = 1 - N_c/N$，并按照表 7-1-3 确定电子信息系统雷电防护等级。

表 7-1-3　按防雷装置的拦截效率确定电子信息系统雷电防护等级

雷电防护等级	防雷装置的拦截效率 E
A 级	$E > 0.98$
B 级	$0.9 < E \leqslant 0.98$
C 级	$0.8 < E \leqslant 0.9$
D 级	$E \leqslant 0.8$

酒店电子信息系统应按以上雷击风险评估得到的雷电防护等级，采取相应的防雷保护措施。

7.1.2　建筑物的防雷措施

酒店建筑物应采取综合防雷措施，包括建筑物防雷装置和雷电电磁脉冲防护措施。建筑物防雷装置包括接闪器、引下线和接地装置等。雷电电磁脉冲防护措施包括防雷等电位联结、屏蔽及合理布线、隔离界面、SPD 选择和安装等。

1. 接闪器

(1) 直击雷防护

酒店建筑接闪器应该根据不同的结构形式和屋面做法进行设置。

1) 钢筋混凝土屋面建筑采用接闪带（网）、接闪杆或由其混合组成。接闪带应装设在建筑物易受雷击的屋角、屋脊、女儿墙及屋檐等部位，在整个屋面上形成一定尺寸的网格（第二类防雷建筑物网格尺寸不大于 10m×10m 或 12m×8m，第三类防雷建筑物网格尺寸不大于 20m×20m 或 24m×16m），女儿墙上安装的接闪带应采用明敷方式，可采用直径不小于 8mm 的热浸锌圆钢，女儿墙外角应在接闪器保护范围之内；外圈的接闪带及作为接闪带的金属栏杆等应设在外墙外表面或屋檐边垂直面上或垂直面外。当屋面钢筋网以上的防水和混凝土层需要保护时，接闪带应采用明敷安装方式；当允许不保护时或设有屋顶人员活动场所时，宜利用屋顶钢筋网作为接闪器，在混凝土施工时应在四周女儿墙处及屋面设备处预留钢筋连接头，以便进行防雷连接。根据建筑形式，在建筑屋顶四周女儿墙、屋面突出结构处设置接闪短杆，高度为 0.5～1m，可以进一步提高建筑物防雷效果。

有的酒店建筑在屋顶设有休闲娱乐场地，例如室外网球场，如图 7-1-1 所示，此情况下需要验算球场四周金属护网和场地灯杆是否也会起到接闪的作用，并需要和屋面防雷装置做可靠连接，作为室外休闲娱乐场地的防雷措施。

图 7-1-1 屋顶运动场地防雷示意

酒店建筑屋面一般设有大量机电设备。对于冷却塔等非金属设备，应设置接闪杆保护；对于金属外壳设备，可不设接闪杆保护，但其金属外壳应当和屋面接闪带进行可靠电气连接。酒店屋顶设有卫星接收天线时，应将设备天线安装在 LPZ 0B 区域内，如图 7-1-2 所示，可以通过设置专用接闪杆，或将其置于建筑物主楼接闪器保护范围内（例如裙房屋顶），使其免遭直接雷击。

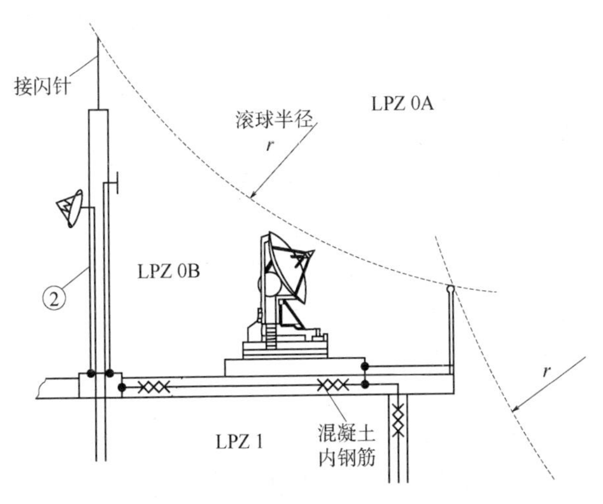

图 7-1-2　酒店卫星天线防雷做法

2）金属屋面防雷做法。金属屋面的建筑物在满足表 7-1-4 中要求的前提下，宜利用其屋面金属板作为接闪器。

表 7-1-4　可作为接闪器的金属屋面最小厚度

金属板材质	不锈钢、热镀锌钢和钛板	铜板	铝板
金属板下有可燃物	4mm	5mm	7mm
金属板下无可燃物	0.5mm	0.5mm	0.65mm

金属板应无绝缘被覆层，板间的连接应是持久的电气贯通，可采用铜锌合金焊、熔焊、卷边压接、缝接、螺钉或螺栓连接。当金属屋面厚度不满足要求时，需要另设置接闪带或接闪杆保护。

(2) 侧击雷防护

对于二类防雷建筑，高度超过 45m 时，当滚球半径 45m 球体从屋顶周边接闪带外向地面垂直下降接触到突出外墙的物体时，应设置接闪器保护。结构圈梁中的钢筋应每3层连成闭合环路作为均压环，并应同防雷装置引下线连接。当建筑物高度为250m及以上时，结构圈梁中的钢筋应每层连成闭合环路作为均压环，并应同防雷装置引下线作电气连接。

对于三类防雷建筑，高度超过60m时，当滚球半径60m球体从屋顶周边接闪带外向地面垂直下降接触到突出外墙的物体时，应设置接闪器保护。

对于高度超过60m的二类或三类防雷建筑物，其上部占高度20%并超过60m的部位应采取侧击雷防护措施，按照屋顶要求在其侧面设置接闪器，接闪器应重点布置在墙角、边缘和显著突出的物体上。

对于有玻璃幕墙的建筑物，玻璃幕墙金属框架应相互电气贯通，自成体系，并就近与防雷引下线可靠连接，连接处不同金属间应采取防电化学腐蚀措施。

2. 引下线

根据GB 50057—2010，引下线包括专设引下线和专用引下线。

专设引下线指的是当没有混凝土结构中的钢筋或钢结构柱作为防雷引下线时而专门设置的引下线。专用引下线指的是利用结构钢柱或钢筋作为引下线并用作防雷检测的自然引下线，专用防雷引下线的钢筋应上端与接闪器、下端与防雷接地装置可靠连接，结构施工时做明显标记。

对于钢筋混凝土建筑，当结构柱或墙内的钢筋采用土建施工的绑扎法、螺钉、对焊或搭焊连接时，宜用作建筑物防雷装置的自然引下线。专用防雷引下线是自然引下线的一部分，可利用混凝土结构柱中至少1根直径不小于10mm的钢筋（或截面面积总和不小于1根10mm钢筋的多根钢筋）通长焊接作为专用防雷引下线，并用作防雷检测线。根据《建筑电气工程施工质量验收规范》（GB 50303—2015），接闪器与防雷引下线必须采用焊接或卡接器连接，防雷引下线与接地装置必须采用焊接或螺栓连接，目前实际工程中以焊接居多。实际上，钢筋混凝土柱或墙中专用防雷引下线之外的其他自然引下线也能起到泄放雷电流的作用，此处强调专用防雷引下线设置的目的是保证此引下线的电气可靠性，也是和验收规范相协调。

钢结构建筑物应利用其钢结构柱作为防雷引下线。

对于没有混凝土钢筋可供利用的建筑，例如砖混建筑、木结构建筑等，需要专设引下线。要求专设引下线数量不应少于两根，并应沿建筑物四周和内庭院四周均匀对称布置，每根引下线的冲击接地电阻不应大于10Ω。专设引下线宜采用圆钢或扁钢。当采用圆钢时，直径不应小于 8mm。当采用扁钢时，截面面积不应小于 $50mm^2$，厚度不应小于 2.5mm。专设引下线宜沿建筑物外墙明敷设，并应以较短路径接地，建筑艺术要求较高者也可暗敷，但截面面积应加大一级，圆钢直径不应小于 10mm，扁钢截面面积不应小于 $80mm^2$。

专设引下线间距要求：第二类防雷建筑物不应大于 18m，第三类防雷建筑物不应大于 25m。实际工程中建议参考对专设引下线的要求设置。

防雷引下线附近的防接触电压和跨步电压的措施：

（1）防接触电压应符合下列规定之一

1）利用建筑物四周或建筑物内金属构架和结构柱内的钢筋作为自然引下线时，其专用引下线的数量不少于 10 处，且所有自然引下线之间通过防雷接地网互相电气导通。

2）引下线 3m 范围内地表层的电阻率不小于 50kΩ·m，或敷设 5cm 厚沥青层或 15cm 厚砾石层。

3）外露引下线，其距地面 2.7m 以下的导体用耐 1.2/50μs 冲击电压 100kV 的绝缘层隔离，或用至少 3mm 厚的交联聚乙烯层隔离。

（2）防跨步电压应符合下列规定之一

1）利用建筑物四周或建筑物内的金属构架和结构柱内的钢筋作为自然引下线时，其专用引下线的数量不少于 10 处，且所有自然引下线之间通过防雷接地网互相电气导通。

2）引下线 3m 范围内土壤地表层的电阻率不小于 50kΩ·m；或敷设 5cm 厚沥青层或 15cm 厚砾石层。

3）用网状接地装置对地面做均衡电位处理。

3. 接地装置

防雷接地与交流工作接地、安全保护接地、直流工作接地宜共用一组接地装置，接地装置的接地电阻值应按各系统要求的最小值确定。

酒店建筑应优先利用钢筋混凝土基础中的钢筋作为防雷接地网，当接地电阻不能满足要求，需要在土壤中增设人工接地体并和混凝土基础内钢筋或钢材连接，土壤中的人工接地体宜采用铜质、镀铜或不锈钢导体，以减少电化学腐蚀。沿建筑物四周敷设成闭合环状的水平接地体，应埋设在建筑物散水以外，在经过建筑物出入口附近采取防跨步电压措施。

在高土壤电阻率地区，可采用下列方法降低防雷接地网的接地电阻：

1）采用多支线外引接地网，外引长度不应大于有效长度的 $2\sqrt{\rho}$（m）；

2）将接地体埋于较深的低电阻率土壤中，也可采用井式或深钻式接地极；

3）采用符合环保要求的降阻剂；

4）换土；

5）敷设水下接地网。

7.1.3 雷击电磁脉冲防护措施

雷击电磁脉冲的防护措施包括：①防雷等电位联结；②屏蔽及合理布线；③协调配合的电涌保护器；④隔离界面。

1. 防雷等电位联结

在建筑物的地下室或地面处，下列物体应与防雷装置做防雷等电位联结：①建筑物金属结构；②金属装置；③建筑物内系统；④进出建筑物的金属管线。

等电位联结网络应利用建筑物内部或其上的金属部件多重互连，组成网格状低阻抗等电位联结网络，并与接地装置构成一个接地系统，如图7-1-3所示。电子信息设备机房的等电位联结网络可直接利用机房内墙结构柱内钢筋引出的预留接地端子接地。

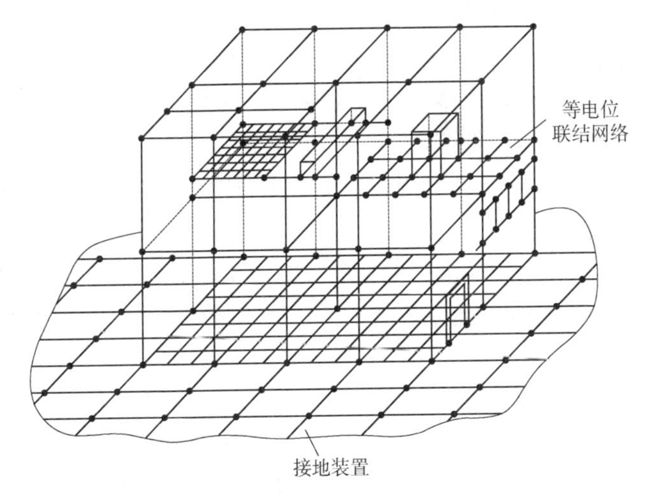

图 7-1-3　建筑等电位联结网络

进入建筑物的金属管线（含金属管、电力线、信号线）应在入口处就近连接到等电位联结端子板上。在 LPZ1 入口处应分别设置适配的电源和信号电涌保护器，使电子信息系统的带电导体实现防雷等电位联结。在 LPZ0A 或 LPZ0B 区与 LPZ1 区交界处应设置总等电位接地端子板，总等电位接地端子板与接地装置的连接不应少于两处。

2. 屏蔽及布线

为减小雷电电磁脉冲在电子信息系统内产生的过电压，宜采用建筑物屏蔽、机房屏蔽、设备屏蔽、线缆屏蔽和线缆合理布设等措施，这些措施应综合使用。

建筑物的屏蔽利用建筑物的金属框架、混凝土中的钢筋、金属墙面、金属屋顶等自然金属部件与防雷装置连接构成格栅形大空间屏蔽，可以降低雷电电磁场强度和电涌电流。

酒店建筑的电子信息机房一般布置在建筑物地下层和低楼层中心部位，其设备布置在 LPZ1 区之后的后续防雷区内，并与相应的雷电防护区屏蔽体及结构柱留有一定的安全距离，一般利用建筑物屏蔽都能满足机房电磁环境要求。当建筑物自然金属部件构成的大空间屏蔽不能满足机房内电子信息系统的电磁环境要求时，应增加机房屏蔽措施。

线缆屏蔽应符合下列规定：

1）与电子信息系统连接的金属信号线缆采用屏蔽电缆时，应在屏蔽层两端并宜在雷电防护区交界处做等电位联结并接地。当系统要求单端接地时，宜采用两层屏蔽或穿钢管敷设，外层屏蔽或钢管按上述要求处理。

2）当户外采用非屏蔽电缆时，从室外弱电井到机房的引入线应穿钢管埋地引入；电缆屏蔽槽或金属管道应在入户处进行等电位联结。

3）当相邻建筑物的电子信息系统之间采用电缆互联时，宜采用屏蔽电缆，电缆屏蔽层两端或金属管道两端应分别连接到独立建筑物各自的等电位联结带上，屏蔽层应能承载预期大小的雷电流。当不满足要求时应沿信号电缆屏蔽层并联敷设旁路等电位联结导体，增大雷电流泄放能力。

4）光缆的所有金属接头、金属护层、金属挡潮层、金属加强芯等，应在进入建筑物处直接接地。

线缆敷设应符合下列规定：电子信息系统线缆宜敷设在金属线槽或金属管道内。电子信息系统线路宜靠近等电位联结网络的金属部件敷设，不宜贴近雷电防护区的屏蔽层。布置电子信息系统线缆路由走向时，应尽量减小由线缆自身形成的电磁感应环路面积。

3. 协调配合的 SPD 系统

SPD 用于限制来自外部和内部的电涌，用来对不能直接进行等电位联结的带电导体或信号线路进行防雷等电位联结，详见 7.1.4 节。

4. 隔离界面

隔离界面指能够减少或隔离进入 LPZ 的线路上的传导电涌的装置（此术语引自 GB/T 21714—2015）。例如：绕组间屏蔽层接地的隔离变压器、无金属光缆和光隔离器。隔离变压器主要用于电源回路，无金属光缆和光隔离器用于信号回路的雷电电磁脉冲防护。

7.1.4 电涌保护器的选择和安装

1. SPD 的参数选择

SPD 应根据酒店建筑的雷电防护等级和 SPD 安装位置，按其冲击放电电流 I_{imp}、标称放电电流 I_n、最大持续工作电压 U_c、有效电压保护水平 $U_{p/f}$ 等参数进行选择，并应根据与被保护敏感设备的距离分级设置，协调配合。SPD 性能应满足现行国家标准《低压电涌保护器（SPD）第 11 部分：低压电源系统的电涌保护器 性能要求和试验方法》（GB/T 18802. 11—2020）的相关规定。

1）对应酒店建筑不同的电子信息系统雷电防护等级，低压配电系统用 SPD 的冲击电流和标称放电电流参数，宜符合表 7-1-5 的规定。

表 7-1-5 低压配电系统电涌保护器冲击电流和标称放电电流参数推荐值

电子信息系统雷电防护等级	LPZ0 与 LPZ1 边界		LPZ1 与 LPZ2 边界		后续防护区的边界
	Ⅰ类试验	Ⅱ类试验	Ⅱ类试验	Ⅱ类试验	Ⅲ类试验
	I_{imp}/kA	I_n/kA	I_n/kA	I_n/kA	U_{OC}/kV/I_{SC}/kA
A 级	≥20	≥60	≥30	≥10	≥10/≥5
B 级	≥15	≥40	≥20	≥10	≥10/≥5
C 级	≥12. 5	≥20	≥10	≥5	≥6/≥3

2）低压配电系统用 SPD 的最大持续运行电压 U_c 不应低于表 7-1-6 规定的值。

表 7-1-6 低压配电系统电涌保护器的最小 U_c 值

电涌保护器的安装位置	配电网络的系统特征				
	TT 系统	TN-C 系统	TN-S 系统	引出中性线的 IT 系统	无中性线引出的 IT 系统
每一相线与中性线间	1. 15U_0	不适用	1. 15U_0	1. 15U_0	不适用
每一相线与 PE 线间	1. 15U_0	不适用	1. 15U_0	$\sqrt{3}U_0$	线电压

（续）

电涌保护器的安装位置	配电网络的系统特征				
	TT 系统	TN-C 系统	TN-S 系统	引出中性线的 IT 系统	无中性线引出的 IT 系统
中性线与 PE 线间	U_0	不适用	U_0	U_0	不适用
每一相线与 PEN 线间	不适用	$1.15U_0$	不适用	不适用	不适用

注：U_0是低压系统相线对中性线的标称电压，即相电压220V。

3）SPD 的有效电压保护水平 $U_{p/f}$应小于被保护设备的额定冲击耐受电压 U_w，U_w 可按表 7-1-7 的规定选用。SPD 的 $U_{p/f}$值的选取应符合表 7-1-8 的规定。

表 7-1-7　220/380V 三相系统各种设备耐冲击过电压额定值

设备位置	电源进线端设备	配电分支线路设备	用电设备	需要保护的电子信息设备
额定冲击耐受电压类别	Ⅳ类	Ⅲ类	Ⅱ类	Ⅰ类
U_w/kV	6	4	2.5	1.5

表 7-1-8　SPD 有效电压保护水平 $U_{p/f}$值

	屏蔽情况	被保护设备距 SPD 线路距离	SPD 有效电压保护水平	备注
1	线路无屏蔽	≤5m	$U_{p/f} \leqslant U_w$	考虑末端设备的绝缘耐冲击过电压额定值
2	线路有屏蔽	≤10m	$U_{p/f} \leqslant U_w$	
3	无屏蔽措施	>10m	$U_{p/f} \leqslant (U_w - U_i)/2$	考虑振荡现象和电路环路的感应电压对保护距离的影响
4	空间和线路屏蔽或线路屏蔽并两端等电位联结	>10m	$U_{p/f} \leqslant U_w/2$	不计 SPD 与被保护设备之间电路环路感应过电压
	U_w——被保护设备绝缘的额定冲击耐受电压 U_i——雷击建筑物时，SPD 与被保护设备之间的电路环路的感应过电压(kV)			

4）电子信息系统信号传输线路的电涌保护器，应根据线路的工作频率、传输速率、传输带宽、工作电压、接口形式和特性阻抗等参数，选择插入损耗小、分布电容小并与纵向平衡、近端串扰指标适配的电涌保护器。U_c应大于线路上的最大工作电压的1.2倍，U_p应低于被保护设备的额定冲击耐受电压U_w或电涌抗扰度。SPD性能应满足现行国家标准《低压电涌保护器　第21部分：电信和信号网络的电涌保护器（SPD）性能要求和试验方法》（GB/T 18802.21—2016）的相关规定。

2. SPD专用保护装置的选择应用

由于SPD因劣化或线路发生暂时过电压时会出现短路失效，存在起火、爆炸的风险。为了避免因SPD短路失效引发的火灾，影响配电系统的供电连续性，造成人员和财产的损失，应在SPD支路前端安装低压电涌保护器专用保护装置。

传统的过电流保护电器OCPD（如断路器、熔断器）在耐受高的冲击放电电流以及分断SPD内置热保护所不能断开的工频电流方面存在不足。以施耐德SPD专用保护装置iSCB为例，传统短路保护电器（SCPD）与SPD专用保护装置iSCB的功能对比见表7-1-9。

表7-1-9　传统SCPD与SPD专用保护装置iSCB的功能对比

	微型断路器	塑壳断路器	熔断器	iSCB
电涌耐受能力	较差	好	好	好
SPD安装线路的预期短路电流的分断能力	较差	好	好	好
SPD内置热保护所不能断开的工频电流的分断能力	较差	较差	较差	好

SPD专用保护装置应按《民用建筑电气设计标准》（GB 51348—2019）中11.9.11条的规定进行选取，并应满足以下要求：

1）耐受安装电路SPD的I_{max}或I_{imp}或U_{oc}冲击电流不断开。

2）分断SPD安装线路的预期短路电流。

3）电源出现暂时过电压（TOV）或SPD出现劣化引起的大于

5A 的危险泄漏电流时（能使 SPD 起火）能够瞬时断开。

4）额定冲击耐受电压 U_{imp}：6kV。

5）专用保护装置应取得 CQC 认证。

图 7-1-4 所示为 SPD 专用保护装置 iSCB 的选型。

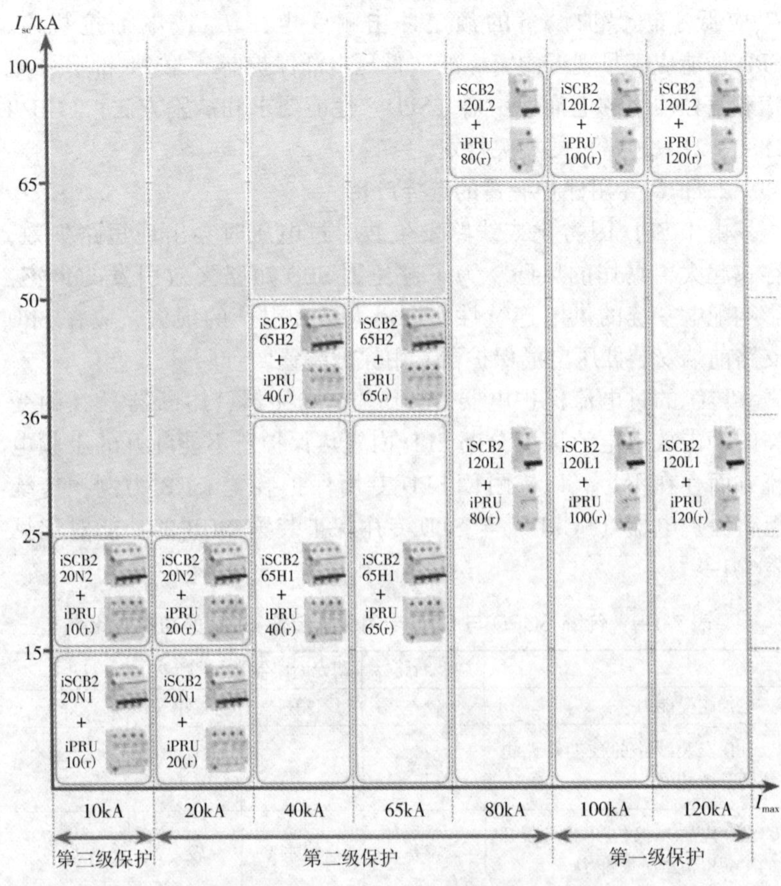

图 7-1-4　SPD 专用保护装置 iSCB 的选型

3. SPD 智能监测系统

酒店建筑可根据其智能化要求及运行维护需求，设置 SPD 智能监测系统，对 SPD 工作状态及运行参数进行实时监测，具备通信接口可实现数据远程传输。系统由智能型 SPD 监测模块、传输线路和监控软件组成。

智能型 SPD 监测模块具有以下功能：

1）雷击数据监测（雷击次数、雷击时间、雷击波形、雷击峰值、雷击能量信息），SPD 寿命预判、泄漏电流监测、SPD 电压监测、SPD 专用保护装置状态监测。

2）本地告警功能（寿命告警、SPD 专用保护装置告警、阻性泄漏告警、电压告警）。

3）模块供电应采用 220V ×（1 ± 20%）供电，无须外置开关电源。

4）智能监测模块和电涌保护模块应采用分体式设计，同时电涌模块需具备在线插拔功能，电涌模块损坏后只需更换电涌模块，无须整体更换。

监控软件主要功能如下：

1）雷击信息显示（雷击次数、雷击时间、雷击峰值）/寿命信息显示。

2）报警显示（SPD 寿命报警、SPD 专用保护装置报警、SPD 阻性泄漏报警、电压报警）。

3）报表统计分析功能/历史记录功能。

4）为方便低压配电系统的运行维护及资产管理，系统宜具备基于云平台的远程监管系统。

图 7-1-5 所示为施耐德 SSiPRD1 和 SSiPRU 智能型电涌保护器，图 7-1-6 所示为施耐德 Smart SPD 云物联管理系统示例图。

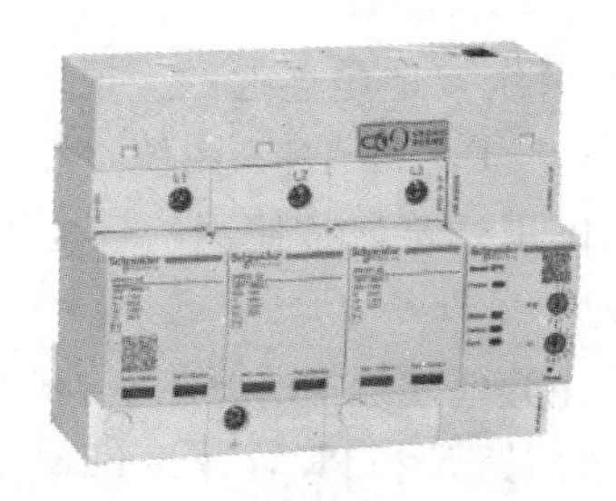

图 7-1-5　施耐德 SSiPRD1 和 SSiPRU 智能型电涌保护器

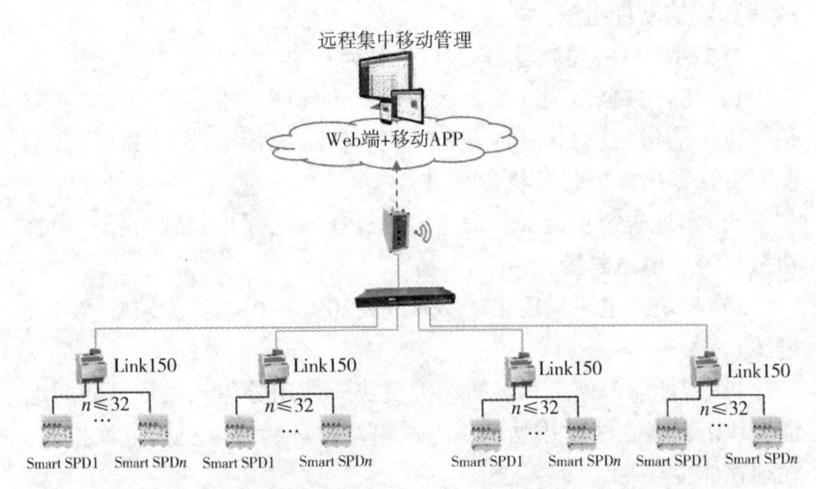

图 7-1-6　施耐德 Smart SPD 云物联管理系统示例图

7.2　接地系统

7.2.1　低压配电系统接地型式的选择

1. 低压配电系统不同接地型式的特点

低压配电系统有 TN、TT、IT 三种接地型式。第 1 个字母表示电源中性点和地的关系，第 2 个字母表示电气装置的外露可导电部分对地的关系。

(1) TN 系统

电气装置的保护接地和电源的系统接地是连通的，根据 N 和 PE 的关系，TN 系统又分为 TN-C、TN-C-S 和 TN-S 系统。TN-S 系统中，N 和 PE 是完全分开的，是民用建筑最常使用的接地型式，系统保护较易实现，电磁兼容性好。

当建筑物内部未设置变电室，由其他建筑物的变电室进行低压供电时，可采用 TN-C-S 系统。室外线路 N 和 PE 合并为 PEN 导体，入户后 PEN 导体重复接地后分成 N 和 PE 导体，室内供电为 TN-S 系统。

完全采用TN-C系统的方式由于安全性不高，正常工作时会产生杂散电流，在民用建筑中已经很少采用。

（2）TT系统

电气装置的保护接地和电源端的系统接地在电气上是分开的，因此电源端的故障电压不会传导至设备端，但对设备本身的耐压水平要求较高。TT系统适用于无等电位联结的户外场所或小型建筑物供电，例如室外路灯等。缺点是需要设置RCD作为保护电器，保护较复杂，配电级数多时选择性难以实现。

（3）IT系统

在发生第一次接地故障时，无须切断电源，因此IT系统适用于供电不间断和防电击要求高的场所，例如煤矿、医院手术室等。该系统的缺点是故障防护和维护管理复杂。酒店建筑基本不需要采用IT系统。

2. 园区低压接地系统型式

酒店园区有多个单体建筑时，会涉及园区低压配电系统接地型式选择问题。当酒店单体建筑内设有变电所时，应采用TN-S系统供电。当变电所不在本建筑内，由其他建筑的变电所进行低压供电时，可采用TN-S或TN-C-S系统供电，推荐采用TN-S系统供电，原因分析如下：

当采用TN-C-S系统供电时，存在如下问题：

1）当建筑物A的变电室为建筑物B供电的低压回路只有一个时，如图7-2-1所示，室外电缆为4芯，回路PEN导体在建筑物B进线处重复接地，其后为TN-S系统，三相回路采用5芯导体。由于两个接地极和PEN导体为并联关系，会对PEN导体中电流分流，因此正常情况下两个接地极之间会存在杂散电流。由于两个接地极间的阻抗相对于PEN导体阻抗较大，因此杂散电流一般数值不大（约为零点几个安培），但会对接地极造成腐蚀。

2）当建筑物A采用多个回路为建筑物B供电时，如图7-2-2所示，由于各回路PEN导体都要在建筑物B的配电室进行重复接地和等电位联结，它们在电路上是并联关系。因此在正常情况下，某回路PEN导体电流会流经其他回路的PEN导体，产生电磁干扰。

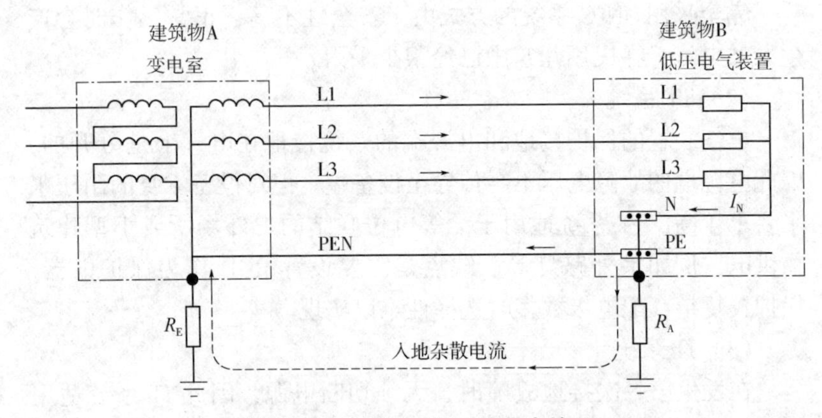

图 7-2-1　TN-C-S 单回路供电情况

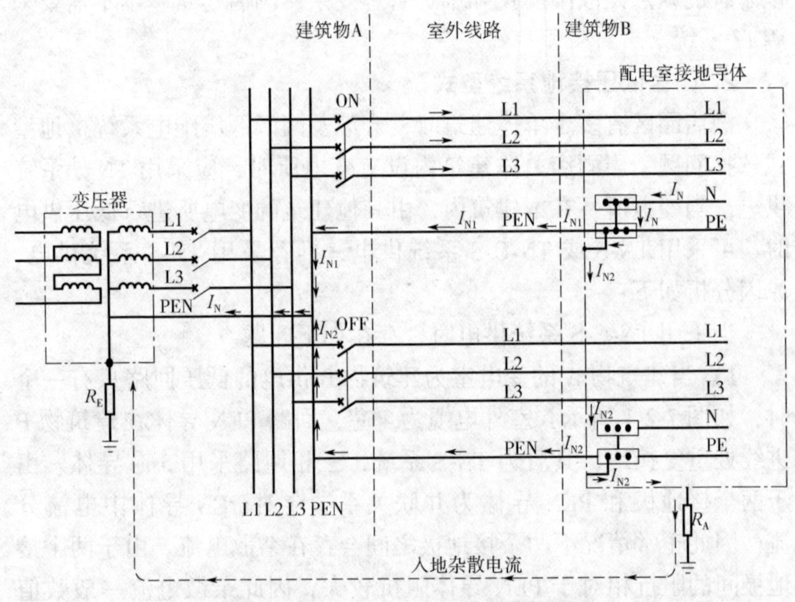

图 7-2-2　TN-C-S 多回路供电情况

3）TN-C-S 系统和变压器中性点一点接地方式不兼容。如图 7-2-3所示，当变电室 2 台变压器采用中性点一点接地方式时，TN-C-S 系统 PEN 导体在建筑物 B 入户处进行的重复接地使中性点一点接地方式变成了多点接地方式。

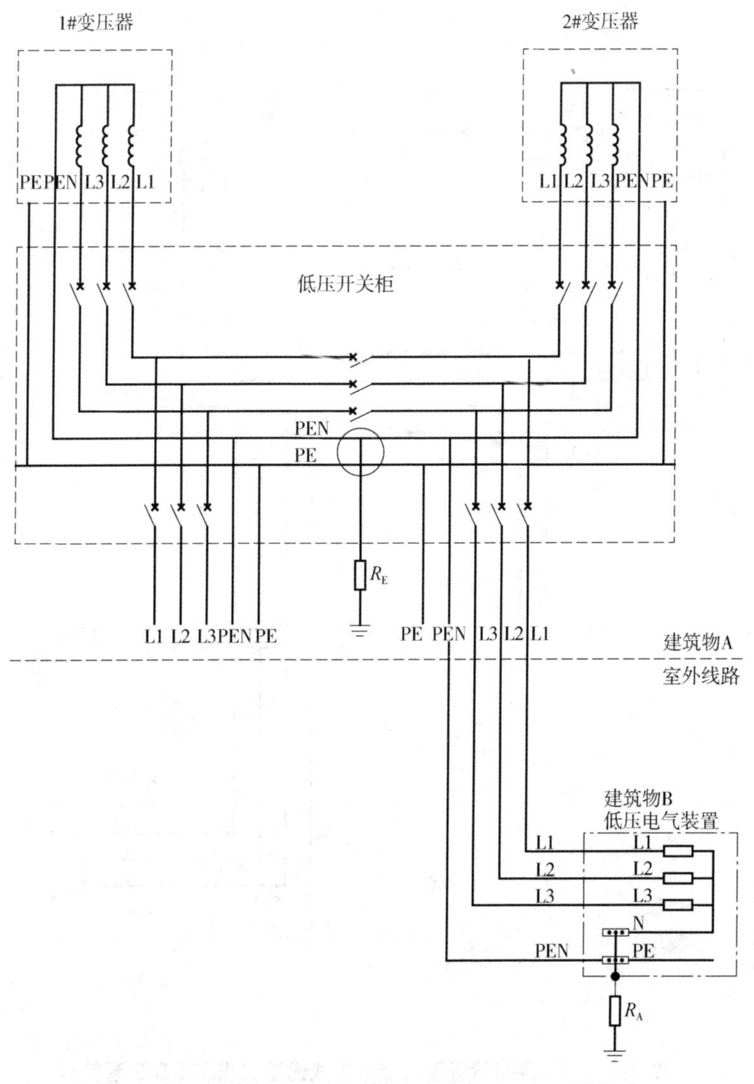

图 7-2-3　变压器一点接地方式配出 TN-C-S 回路情况

4）TN-C-S 系统和变压器就近直接接地方式不兼容。如图 7-2-4 所示，2 台变压器中性点采用就近直接接地方式，为防止出现杂散电流，低压主进线和母联均采用 4 极开关。因 PEN 导体中不允许插入开关器件，此种情况下，无法引出 TN-C-S 系统。

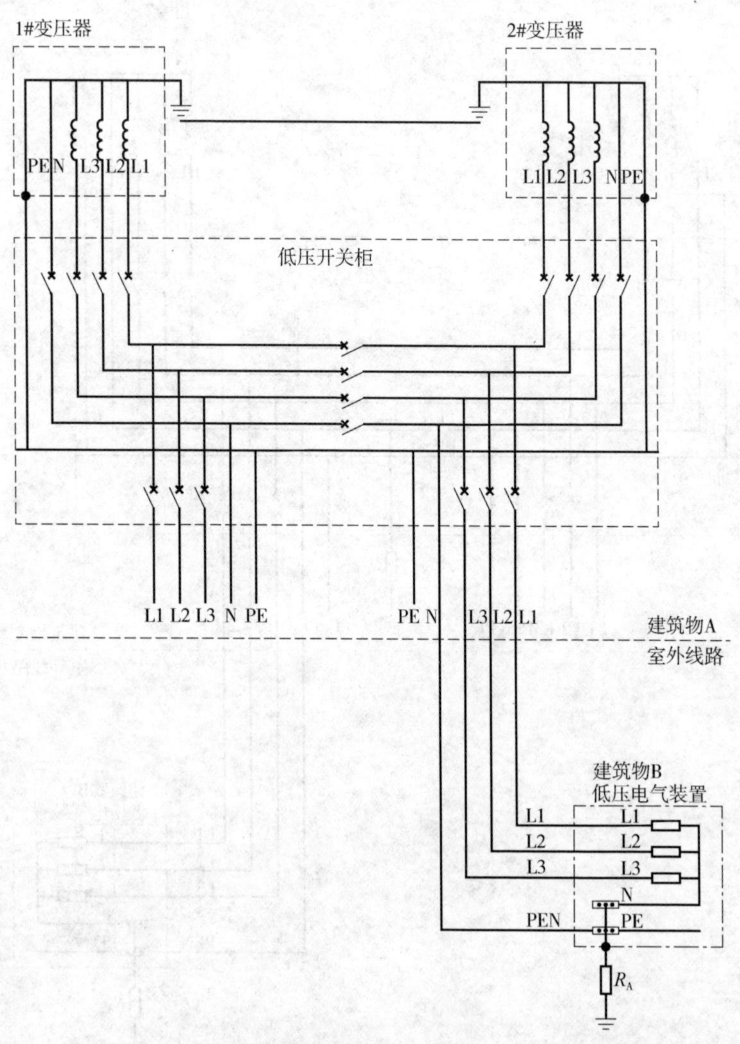

图 7-2-4　变压器就近直接接地方式无法引出 TN-C-S 系统

综合以上分析，园区低压供电采用 TN-C-S 系统存在诸多问题，而采用 TN-S 系统可以避免上述问题，因此园区建筑物低压供电建议采用 TN-S 系统。对于室外无等电位联结的户外场所，例如室外路灯等，宜采用 TT 系统供电，并采用 RCD 作为保护电器。

当酒店园区有多个建筑单体时，如图 7-2-5 所示，各建筑单体基础接地极之间宜通过接地导体进行连接，整体形成环状或网格状，通过此措施可降低各建筑整体接地电阻值，降低故障时不同建筑物之间的电位差，并对电气和电子系统的 EMC 运行起到很好的保障作用。

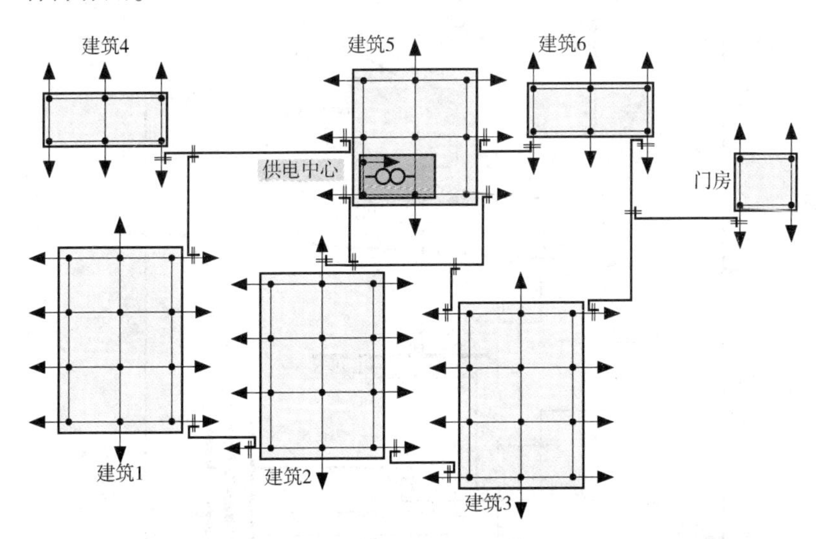

图 7-2-5　园区接地网示意图

7.2.2　建筑物总等电位联结和辅助等电位联结

1. 总等电位联结

建筑物总等电位联结主要用于安全保护目的，用于防止人身电击、电气火灾、雷电灾害等。酒店建筑应设置总等电位联结，并将下列部分通过等电位联结导体进行连接：

1）电源进线箱 PE/PEN 母排。

2）接地装置的接地导体。

3）各类公用设施的金属管道，电缆的金属外皮等。

4）外部防雷装置的引下线。

5）建筑物可连接的金属构件，包括混凝土结构中的钢筋、电梯轨道等。

建筑物等电位联结和接地示意图如图 7-2-6 所示。

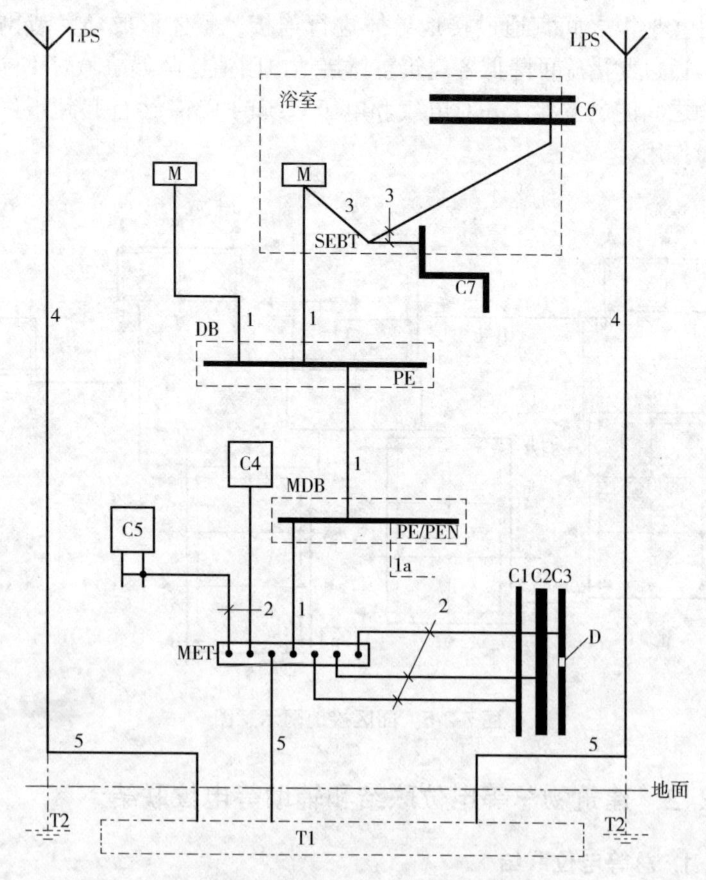

图 7-2-6 接地和等电位联结示意图

其中，

C1，C2，C6，C7——金属管道；

C3——燃气管道（进线处设置绝缘段）；

C4，C5——空调和供热系统设备；

1——配电系统 PE 导体；

2——总等电位联结导体；

M——电气设备外露可导电部分；

LPS——防雷装置引下线；

T1——混凝土基础内或土壤内的接地极。

保护联结导体截面面积选择：接到总接地端子（MET）的总等电位联结导体截面面积按不小于装置内最大保护接地导体的一半选择，且最大不超过25mm²铜导体或其他材料的等效截面面积导体；最小截面面积为6mm²铜或50mm²钢。

实际工程做法：当建筑物有地下室时，可在地下一层室内沿外墙四周敷设一圈内部环形导体，就近连接进出建筑物金属管道、入户电源和信号线路金属铠装、防雷引下线、变电室总接地端子等，如图7-2-7所示。

2. 辅助等电位联结

辅助等电位联结是一种附加的安全防护措施，用于下列情况：

1）在局部区域，自动切断供电的时间不能满足电击防护要求；

2）在特殊场所（例如浴室、游泳池等），需要有更低接触电压要求的防电击措施；

3）具有防雷和电子信息系统抗干扰要求的场所，例如电子信息机房等。

辅助等电位联结导体应连接区域内可同时触及的固定电气设备的外露可导电部分和外界可导电部分，如果可行也包括钢筋混凝土结构内的主筋。

辅助等电位联结导体截面面积应满足下列要求：

1）连接两个外露可导电部分的保护联结导体，其电导不应小于接到外露可导电部分的较小的保护接地导体的电导。

2）连接外露可导电部分和装置外可导电部分的保护联结导体，其电导不应小于相应保护接地导体一半截面面积所具有的电导。

3）作辅助联结用的单独敷设的保护联结导体的最小截面面积应满足以下规定：有防机械损伤保护时，最小为2.5mm²铜或16mm²铝；无防机械损伤保护时，最小为4mm²铜或16mm²铝。在实际工程中通常采用铜导体。

图7-2-6中，辅助等电位联结端子（SEBT）不需要通过专用接地干线和总等电位接地端子（MET）相连。实际上，两者之间已经通过回路PE导体连通。为进一步降低预期接触电压，就近连接混凝土结构中的钢筋是非常有效的措施。例如，设有淋浴的卫生

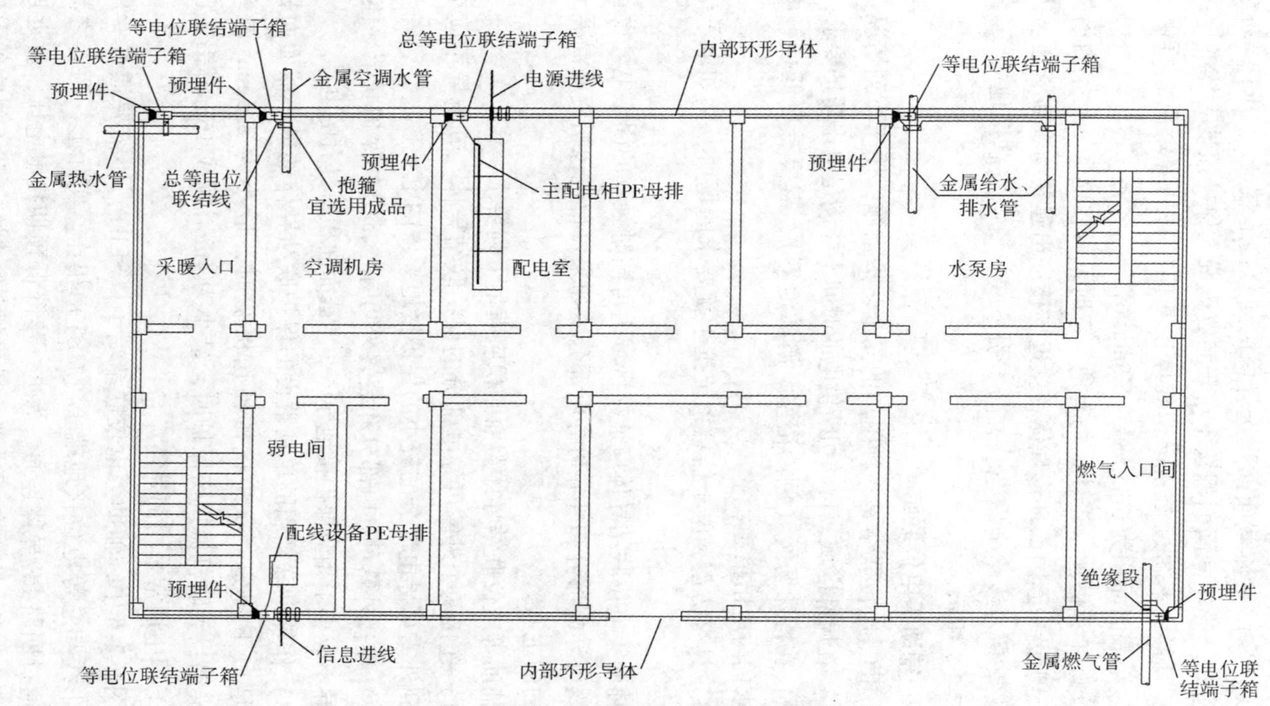

图7-2-7　总等电位联结平面示例图

间的辅助等电位联结应和附近钢筋做良好的电气连接，在基本不增加造价的情况下，大大提高电气安全性。

7.2.3　变电室和柴油发电机房的接地

1. 变电室接地方案

根据变压器低压侧中性点接地位置的不同，分为中性点直接接地方式和低压柜内一点接地方式。

1）变压器中性点采用直接接地方式时，如图 7-2-8 所示，为防止出现杂散电流，进线开关和母联开关应采用 4 极开关。此种方式可以视为一个“纯粹”的 TN-S 系统，从变压器至低压柜包括相导体、N 和 PE 导体，由于 4 极开关可断开 N 母排，无法配出 TN-C 和TN-C-S系统。

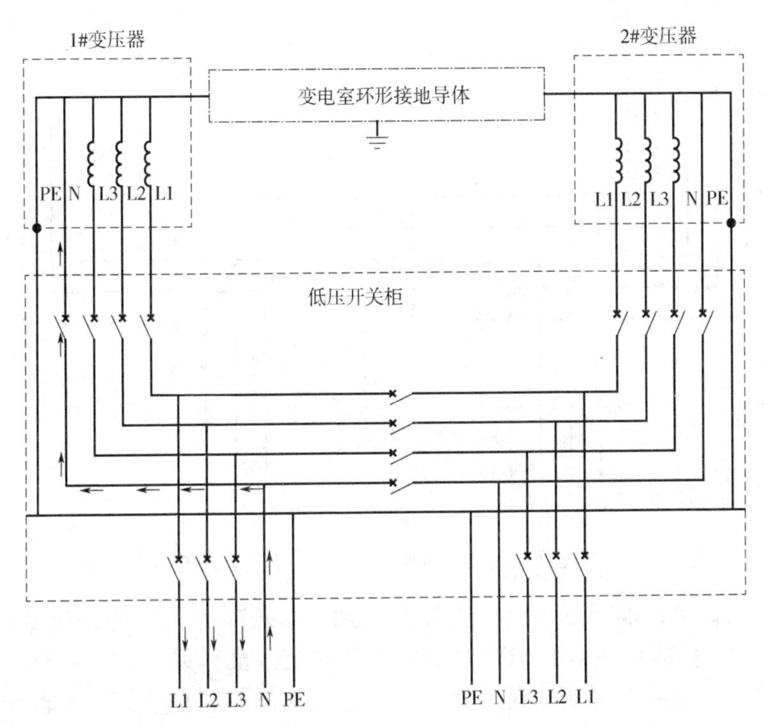

图 7-2-8　变压器中性点直接接地方式（2 台变压器中间带母联）

2）变压器中性点采用低压柜内一点接地方式，如图 7-2-9 所示。变压器中性点不直接接地，而是通过在低压柜内，连接 PEN 和 PE 母排实现变压器中性点的一点接地。此种方式类似于 TN-C-S 系统，低压主进开关和母联开关均为 3 极。正常情况下，N 线工作电流不会在接地导体中产生杂散电流；发生接地故障时，故障电流的流经路径也能满足导体热稳定的要求。变压器中性点一点接地方式是最经济、最合理的方式。

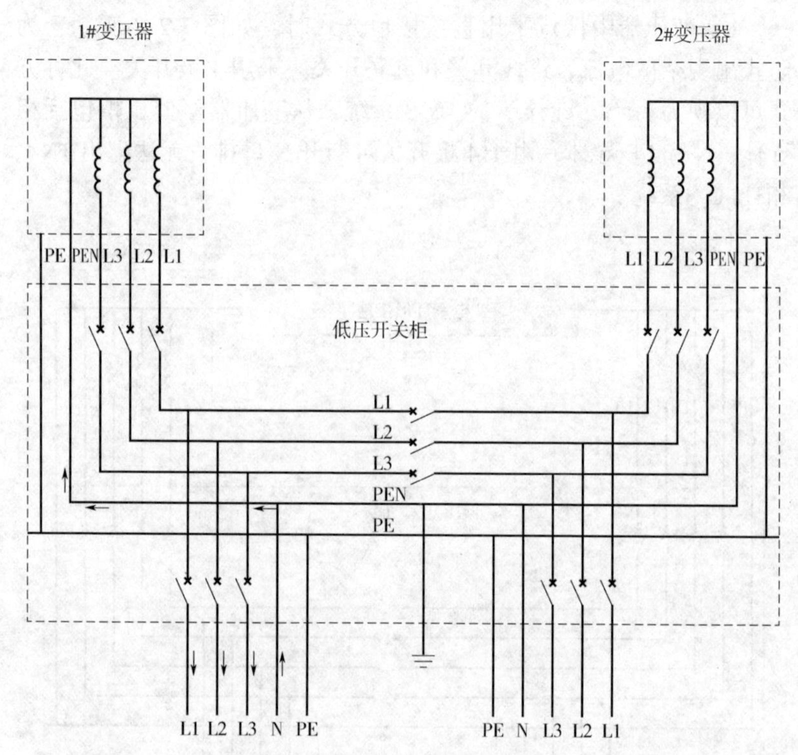

图 7-2-9　变压器中性点一点接地方式（2 台变压器中间带母联）

国家标准《低压电气装置》GB/T 16895 系列（等同采用 IEC 60364 标准）中，对于有多个电源的系统，推荐采用一点接地方式。这里需要说明的是，对一点接地方式不能机械理解、生搬硬套。对于有多个变电室的建筑或一个变电室内有 2 台以上变压器的情况，是否所有变压器中性点都要连在一起进行一点接地呢？简要分析如下：图 7-2-10 为 4 台变压器的情况，如简单采用一点接地，每 2 台变压器之间设母联，当 1#变压器某馈出回路发生接地故障时，故障电流要绕经 3#和 4#变压器低压柜中的一点接地连接点才能回到 1#变压器中性点，接地故障回路阻抗大大增加，故障电流变小。当两组变压器相距较远时，接地故障保护灵敏度将不能满足电击防护要求。

从图 7-2-10 可以看出，一点接地不能简单地把所有变压器中性点连接在一起进行接地。实际上，只需要将具有母联关系的各组变压器分别进行一点接地即可，就可以实现在正常情况下接地导体中没有杂散电流、故障情况下满足保护灵敏度的要求。

2. 柴油发电机房的接地

当柴油发电机和变电室贴临布置时，柴油发电机组可和变压器采用一点接地方式，如图 7-2-11 所示。柴油发电机组中性点不直接接地，而是通过变电室低压柜内的接地连接点实现一点接地。需要注意的是，此种情况下连接变压器中性点和柴油发电机组中性点的导体为 PEN 导体，发生接地故障时要流经故障电流，不能被断开，此种情况下市电和柴油发电机的切换开关应为 3 极开关。

当柴油发电机和变电室相距较远时，柴油发电机组应采用就近直接接地方式，如图 7-2-12 所示。此种情况下市电和柴油发电机组的切换开关应为 4 极开关。

在实际工程中，柴油发电机组通常作为应急电源，为保障其作为独立电源的可靠性，建议柴油发电机组中性点接地就近设在柴油发电机房内，采用直接接地方式。当机房内设有多台低压柴油发电机组，需要并机运行时，为防止运行时出现杂散电流，各台柴油发电机组中性点不应分别直接接地，而应该在并机配电柜内实施一点接地方式，读者可自行分析。

7.2.4 电子信息机房的接地

1. 机房接地要求

电子信息机房的功能接地、保护接地、防静电接地、防雷接地等宜与建筑物供配电系统共用接地装置，接地电阻值按系统中最小

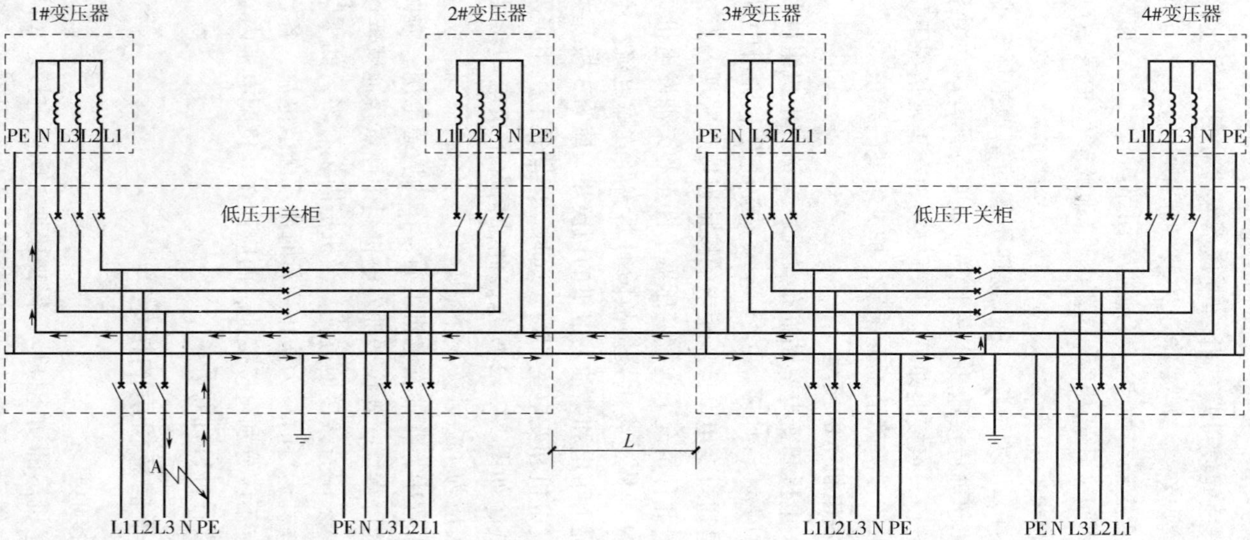

图7-2-10　多台变压器中性点一点接地方式问题分析（4台变压器）

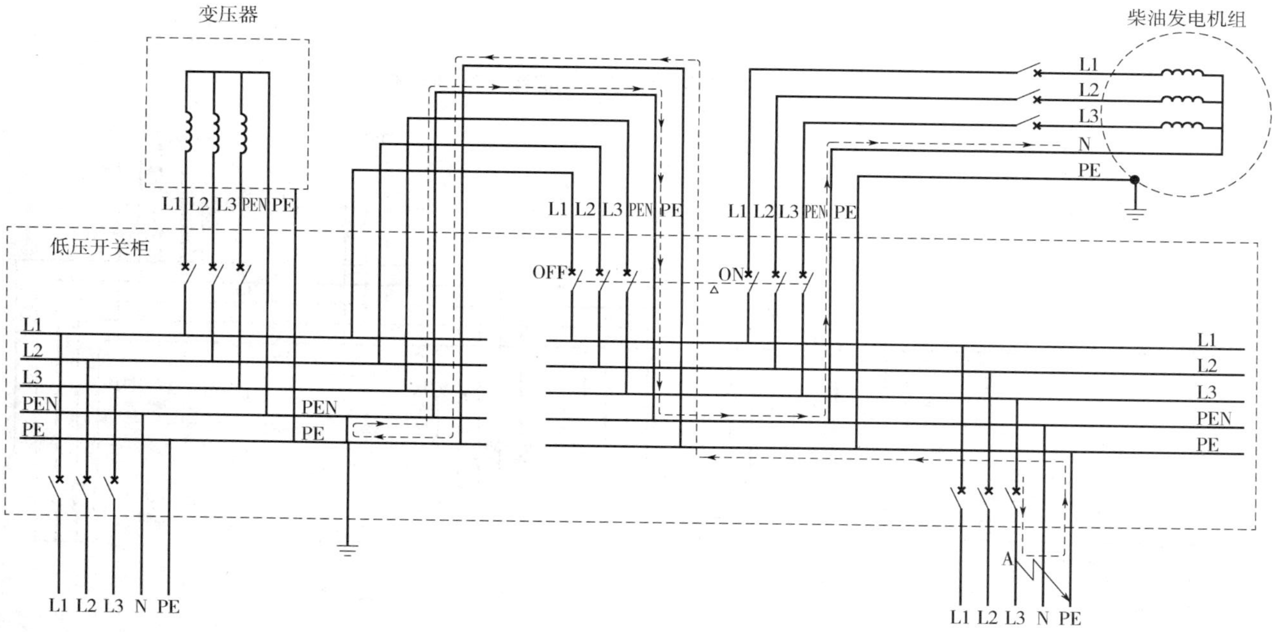

图7-2-11 柴油发电机组和变压器采用一点接地方式

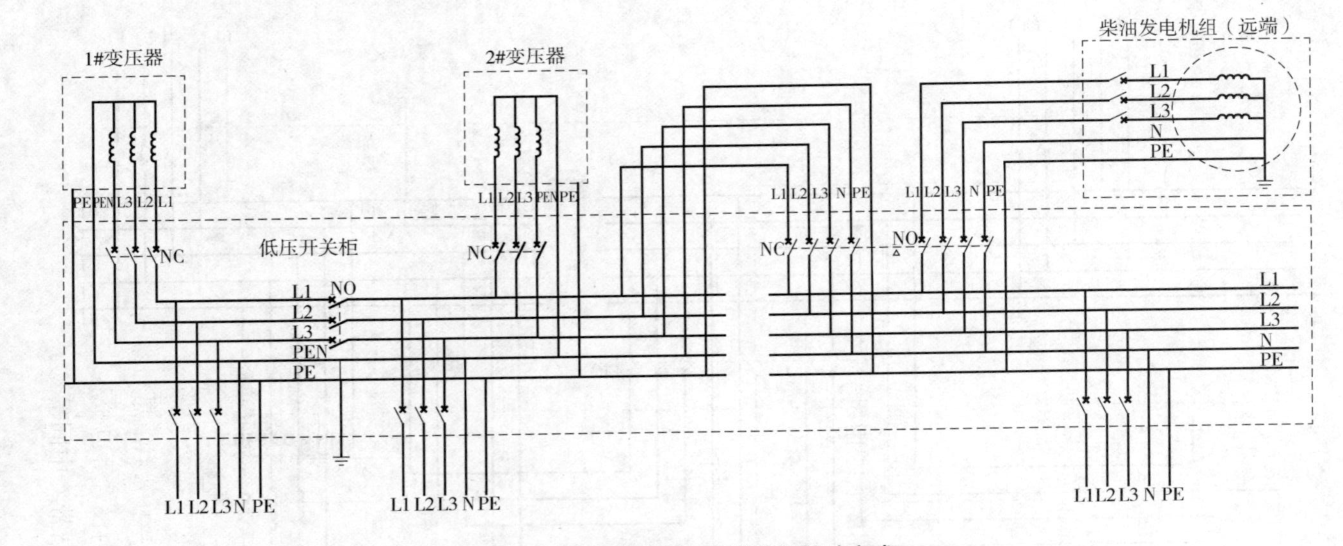

图7-2-12　柴油发电机组就近直接接地方式

值确定，一般不大于1Ω。

建筑物的总接地端子（MET）可引出铜质接地干线，电子信息系统应以最短距离与其连接后并接地。当系统设备较多时，接地干线应敷设成闭路环。

当建筑内设有多个电子信息机房时，各机房接地端子箱引出的接地干线应在弱电间（弱电竖井）处与竖向接地干线汇接。弱电间（弱电竖井）应设接地干线和接地端子箱，接地干线宜采用不小于25mm²的铜导体与机房接地端子箱连接；弱电竖井内的接地干线应至少每三层与楼板内钢筋做一次等电位联结。

电子信息系统信号回路接地系统的形式，应根据电子设备的工作频率和接地导体长度，确定采用S型接地、M型接地或SM混合型接地。推荐采用接至共用接地系统的网状联结网络，如图7-2-13所示。

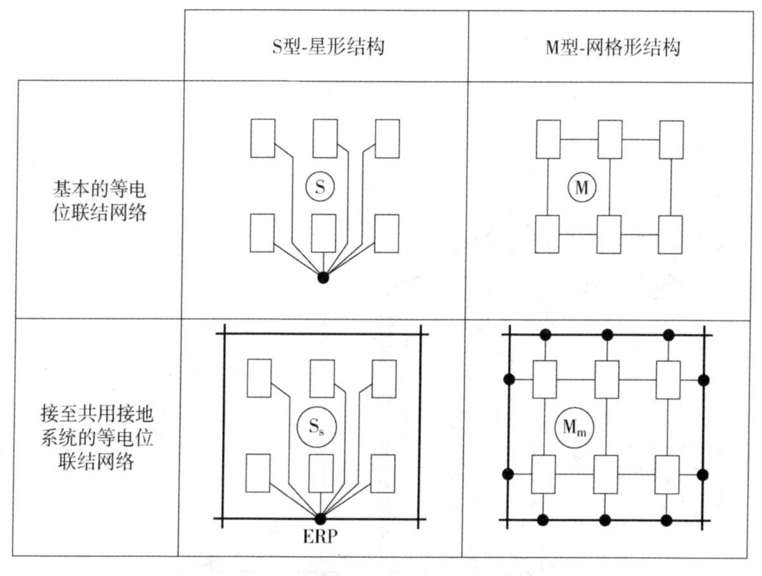

图7-2-13　电子信息系统等电位联结网络的结构形式

2. 机房接地做法

图7-2-14为电子信息机房接地做法示例，适用于机柜较多的机房。机房内设置等电位接地端子，四周敷设30×3mm紫铜带作为等电位联结带，中间等电位联结网格采用100×0.3mm铜箔或

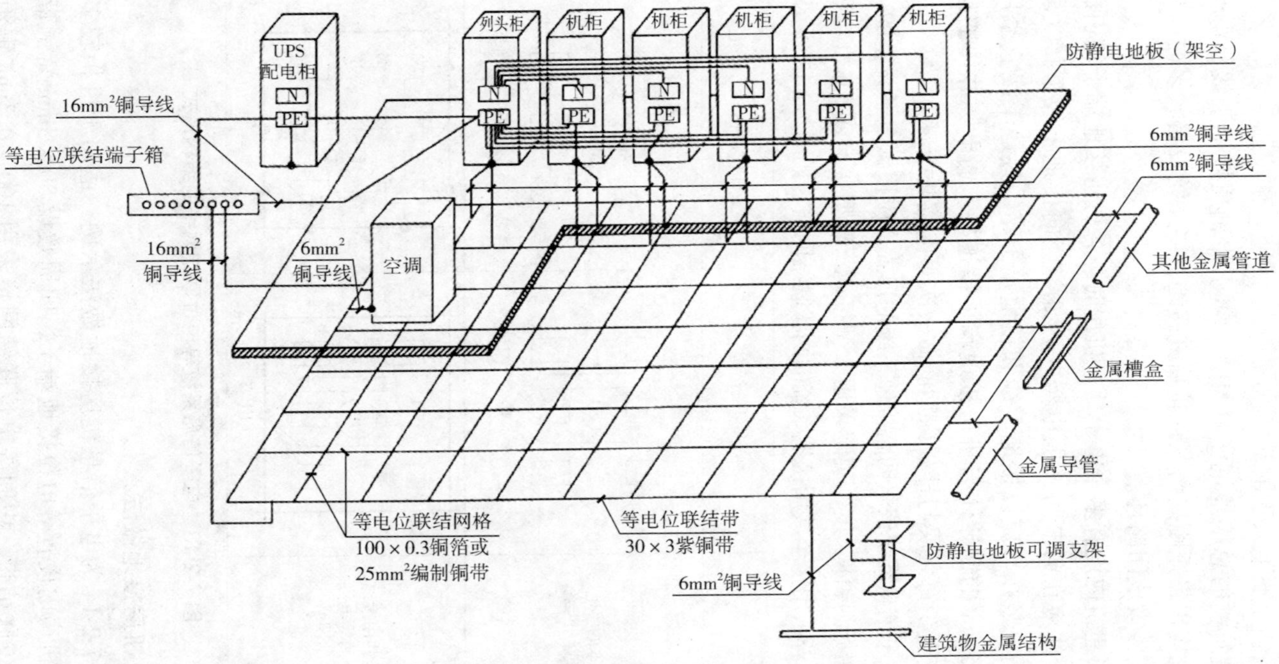

图7-2-14 电子信息机房等电位联结示例图

$25mm^2$编织铜带，敷设于架空地板内。机房等电位联结的对象包括：机房配电箱外壳、电气设备外壳、防静电架空地板金属龙骨、架空地板下等电位联结铜带、墙面或地面内钢筋或金属结构、金属槽盒、其他金属管道或设备等。

信息设备机柜外壳采用两根不同长度的$6mm^2$铜导线与等电位联结网格进行连接，其长度各为不同于1/4干扰波长的倍数，并不宜大于0.5m。

7.3 安全防护措施

7.3.1 一般要求

酒店建筑应综合装置和设备所在位置、使用需求、特点、接触人员等因素，设置相应的安全防护措施。

对于浴室、游泳池、喷泉、桑拿等场所，由于人体电阻降低和身体接触地电位而增加电击危险的场所，应采取特殊安全防护措施。

7.3.2 浴室的电气安全防护

1. 浴盆和淋浴盆（间）的区域划分

装有浴盆或淋浴器场所各区域范围示意图如图7-3-1和图7-3-2所示。

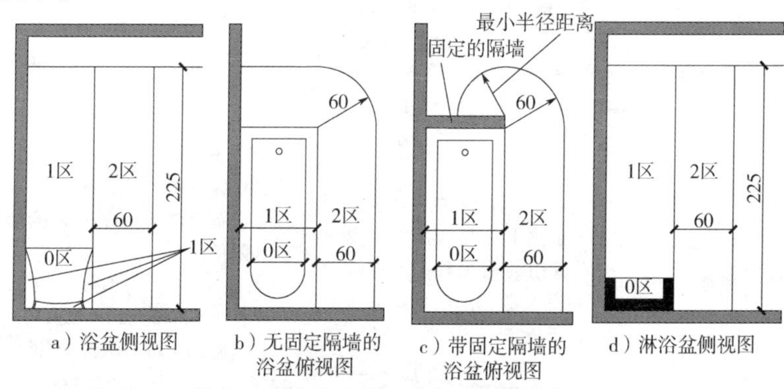

图7-3-1 装有浴盆或淋浴器场所各区域的范围（单位：cm）

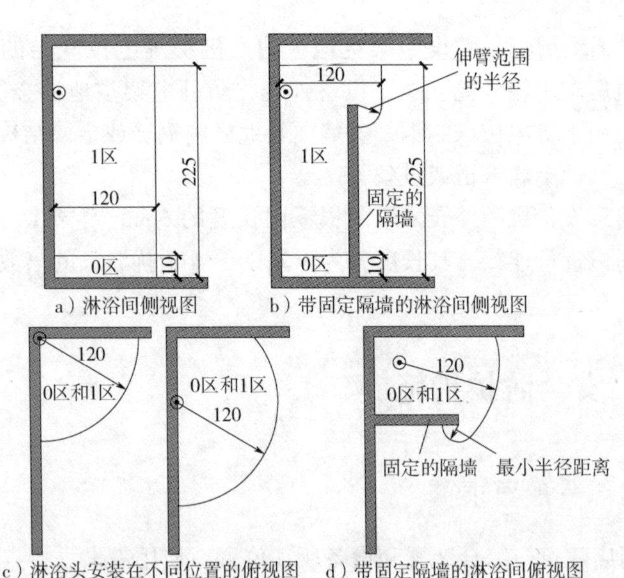

图 7-3-2　无淋浴盆或装设淋浴器场所中 0 区和 1 区的范围（单位：cm）

2. 装有浴盆或淋浴器的房间安全防护措施

装有浴盆或淋浴器的房间内不同分区的安全防护措施要求见表 7-3-1。

表 7-3-1　不同分区内的安全防护措施要求

分区	电气设备防护等级	用电设备的要求	开关设备、控制设备和附件的要求
0 区	至少为 IPX7	符合相关的产品标准，而且采用产品安装说明中所适用的固定永久性连接的用电设备，且采用额定电压不超过交流 12V 或直流 30V 的 SELV 保护措施	不应装设开关设备、控制设备和附件
1 区	至少为 IPX4	只能采用固定永久性的连接用电设备，并且采用产品安装说明中所适用的用电设备（通风设备、电热水器、灯具、额定电压不超过交流 25V 或直流 60V 的 SELV 或 PELV 作保护的设备等）	符合 0 区和 1 区安装使用要求的用电设备，其电源回路所用的接线盒和附件 可装设标称电压不超过交流 25V 或直流 60V 的 SELV 或 PELV 作保护措施的回路的附件，其供电电源应设置在 0 区或 1 区以外

（续）

分区	电气设备防护等级	用电设备的要求	开关设备、控制设备和附件的要求
2 区	至少为 IPX4（公共浴池内应为 IPX5）	—	插座以外的附件 SELV 或 PELV 保护回路的附件，供电电源应设置在 0 区或 1 区以外 符合标准要求的剃须刀电源器件 采用 SELV 或 PELV 保护电源插座、用于信号和通信设备的附件

装有浴盆或淋浴器的房间内除下列回路外，应对电气配电回路采用额定剩余动作电流不超过 30mA 的剩余电流保护器（RCD）进行保护。

1）采用电气分隔的保护措施，且一个回路只供给一个用电设备；

2）采用 SELV 或 PELV 保护措施的回路。

房间内应设置辅助保护等电位联结，将保护导体与外露可导电部分和可接近的外界可导电部分（如供水系统的金属部分和排水系统的金属部分、加热系统的金属部分和空气调节系统的金属部分、燃气系统的金属部分、可解除的建筑物的金属部分等）相连接。

7.3.3 游泳池、戏水池和喷水池的电气安全防护

1. 游泳池、戏水池和喷水池的区域划分

游泳池和戏水池的区域划分示意图如图 7-3-3 和图 7-3-4 所示，喷水池的区域划分示意图如图 7-3-5 所示，喷水池没有 2 区。

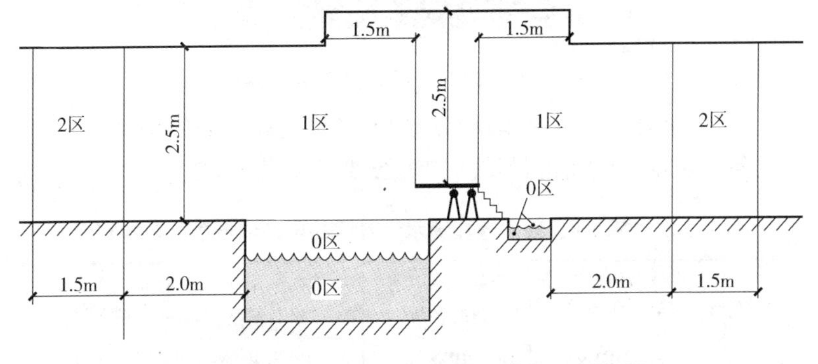

图 7-3-3　游泳池和戏水池的区域范围（侧视图）

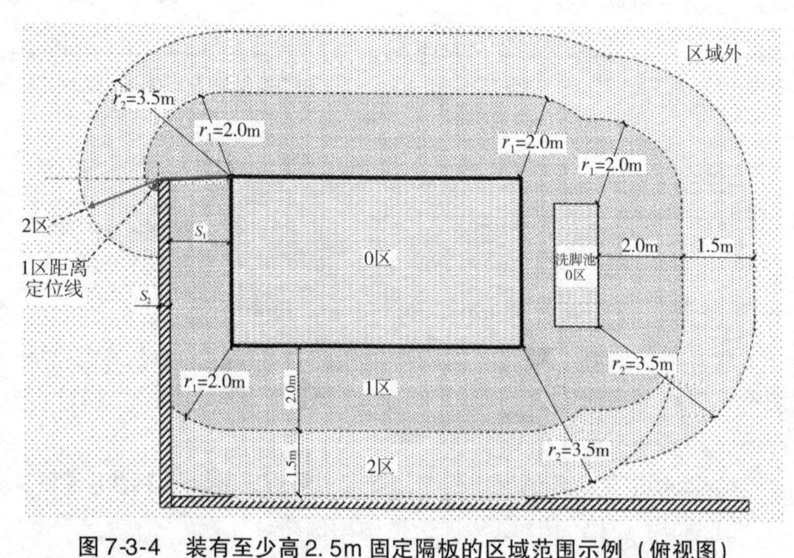

图7-3-4 装有至少高2.5m固定隔板的区域范围示例（俯视图）

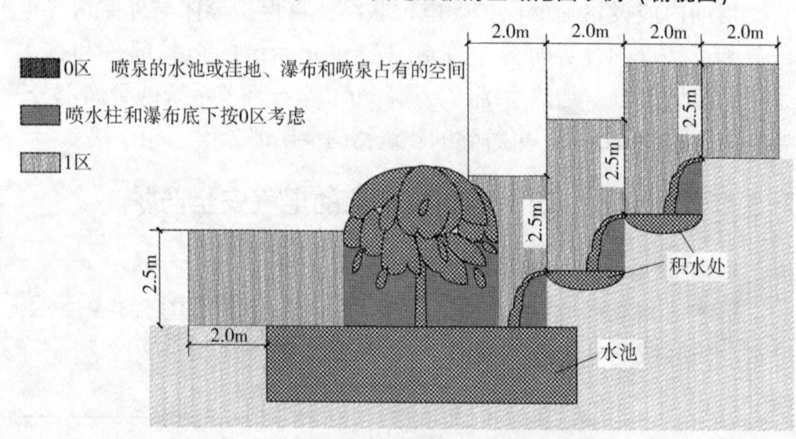

图7-3-5 喷水池区域的确定示例（侧视图）

2. 游泳池、戏水池和喷水池的电气设备最低防护等级

各区域电气设备的最低防护等级要求见表7-3-2。

表7-3-2 游泳池、戏水池和喷水池各区的电气设备最低防护等级

区域	户外采用喷水进行清洗	户外不用喷水进行清洗	户内采用喷水进行清洗	户内不用喷水进行清洗
0	IPX5/IPX8	IPX8	IPX5/IPX8	IPX8

（续）

区域	户外采用喷水进行清洗	户外不用喷水进行清洗	户内采用喷水进行清洗	户内不用喷水进行清洗
1	IPX5	IPX4	IPX5	IPX4
2	IPX5	IPX4	IPX5	IPX2

注：当预期采用喷水进行清洗时，对于 0 区采用 IPX5 是为了保证喷水清洗中的防水性能，IPX8 是为了保证浸水时的防水性能，两者都是需要的。

3. 游泳池的安全防护措施

（1）游泳池用电设备要求

游泳池各区的用电设备应符合下列规定：

1）0 区和 1 区内固定连接的游泳池清洗设备，应采用不超过交流 12V 或直流 30V 的 SELV 供电。

2）如果泳池专用的供水泵或其他特殊电气设备安装在游泳池近旁的房间或位于 1 区和 2 区以外某些场所内，人体通过人孔或门可以触及的电气设备应采用下列之一的保护措施：

①采用不大于交流 12V 或直流 30V 的 SELV 供电。

②采用电气分隔的措施，并同时满足下列条件：

◆当泵或其他设备连接到游泳池内时，应采用非导电材料的连接水管；

◆只能用钥匙或工具才能打开人孔盖或门；

◆装在上述房间或某一场所内的所有电气设备，应具有至少 IP5X 防护等级或采用外护物（外壳）来达到该防护等级的保护要求。

③采用自动切断供电电源措施，并同时满足下列条件：

◆当泵或其他设备连接到游泳池内时，应采用电气绝缘材料制成的水管或将金属水管纳入水池等电位联结系统内；

◆只能用钥匙或工具才能打开人孔盖或门；

◆装在 1 区和 2 区之外或水池周围场所的所有电气设备应具有至少 IPX5 防护等级或采用外护物（外壳）来达到该防护等级的保护要求；

◆设置辅助等电位联结；

◆电气设备应装设额定剩余动作电流不大于30mA的剩余电流保护器。

3）游泳池的2区内安装的设备应采用下列一种或多种保护方式：

①采用SELV供电。

②采用额定剩余动作电流不大于30mA的剩余电流保护器自动切断电源。

③仅向一台设备供电的电气分隔保护措施。

（2）游泳池安装开关设备和控制设备要求

游泳池各区安装开关设备和控制设备的要求见表7-3-3。

表7-3-3 游泳池开关设备和控制设备设置要求

分区	开关设备和控制设备设置要求
0	不应安装开关设备或控制设备以及电源插座
1	只允许为SELV回路安装开关设备或控制设备以及电源插座
2	只能安装采用下列保护措施之一的开关设备、控制设备和电源插座： 1）由SELV供电 2）采用额定剩余动作电流不大于30mA的剩余电流保护器（RCD）自动切断电源 3）采用电气分隔保护

（3）游泳池布线要求

1）在0区和1区内，非本区的配电线路不得通过。0区内不应安装接线盒，在1区内只允许为SELV回路安装接线盒。

2）安装在2区内或在界定0区、1区或2区的墙、顶棚或地面内且向这些区域外的设备供电的回路应满足下列要求之一：

①埋设深度至少为5cm。

②采用额定剩余动作电流不大于30mA的剩余电流保护器（RCD）。

③采用SELV安全特低电压供电。

④采用电气分隔保护。

（4）游泳池辅助等电位联结

游泳池在0区、1区和2区内的所有电气设备的外露可导电部分应和这些区域内装置外可导电部分相连接，包括：进出泳池的各种金属管道；泳池结构中的钢筋和金属构件；建筑物的金属构件等。

4. 喷水池的安全防护措施

1）允许进人的喷水池，应执行游泳池的相关规定。以图 7-3-6 旱地喷泉为例，当水泵位于下方 0 区内时，水泵和地面 LED 照明灯具应采用交流 12V 或直流 30V 以下的 SELV 供电，SELV 电源置于 2 区之外，进排水金属水管应做好等电位联结。

图 7-3-6　旱地喷泉

2）不让人进入的喷水池在 0 区和 1 区内应采用下列保护措施之一：

①由 SELV 供电，其供电电源装在 0 区和 1 区之外。

②采用额定剩余动作电流不大于 30mA 的剩余电流保护器（RCD）自动切断电源。

③仅向一台设备供电的电气分隔保护措施。

喷水池布线还应满足以下要求：

1）0 区内电气设备的敷设，在非金属导管内的电缆或绝缘导体，应尽量远离水池的外边缘，在水池内的线路应尽量以最短路径连接至设备。

2）0 区和 1 区内敷设在非金属导管内的电缆或绝缘导体，应采取适当的机械防护。

7.3.4 常用设备电气装置的安全防护措施

1. 电梯的安全防护措施

与电梯相关的所有电气设备及导管、槽盒的外露可导电部分均应与保护接地导体（PE）连接，电梯的金属构件应做等电位联结。井道照明采用SELV供电，超高层建筑可采用额定剩余动作电流不大于30mA的剩余电流保护器自动切断电源。

2. 自动旋转门、电动门、电动卷帘门和电动伸缩门等的安全防护措施

室外带金属构件的电动伸缩门的配电线路，应设置过负荷保护、短路保护及剩余电流动作保护电器，并应做等电位联结。

自动旋转门、电动门和电动卷帘门的所有金属构件及其附属电气设备的外露可导电部分均应做等电位联结。

3. 电动汽车充电设施的安全防护措施

室外型的充电设施应具有防水、防尘能力，防护等级不低于IP56，室内性的充电设施防护等级不低于IP32。交流充电桩应设置过负荷保护、短路保护，并应设置额定剩余动作电流不大于30mA的A型RCD，充电桩保护接地端子应与保护接地导体可靠连接。

安装在公共区域或停车场的充电桩应采取防撞击措施。

4. 其他设备电气装置的安全防护措施

临时用电的电气设备、室外工作场所的用电设备应设置额定剩余动作电流值不大于30mA的剩余电流保护器。

采用Ⅰ类灯具的室外分支线路应装设剩余电流动作保护器。安装在人员可触及的防护栏上的照明装置应采用特低压安全供电。

照明设备所有带电部分应采用绝缘、遮拦或外护物保护，距地面2.8m以下的照明设备应使用工具才能打开外壳进行光源维护。室外安装照明配电箱与控制箱等应采用防水、防尘型，防护等级不应低于IP54，北方地区室外配电箱内元器件还应考虑室外环境温度的影响，距地面2.5m以下的电气设备应借助于钥匙或工具才能开启。

7.3.5 其他特殊场所的电气安全

1. 电干、湿桑拿室的电气安全防护措施

电干、湿桑拿室设备的配电线路，应装设过负荷保护、短路保护及剩余电流动作保护器。室内不应设置电源插座，除加热器自带的开关外，所有照明、设备电源开关均应设在蒸房外。

电干、湿桑拿室的可导电部分应设置等电位联结。

桑拿室的温度分区如图 7-3-7 所示。

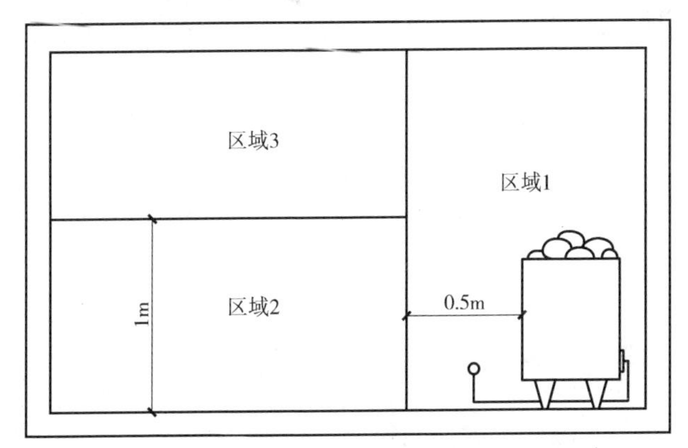

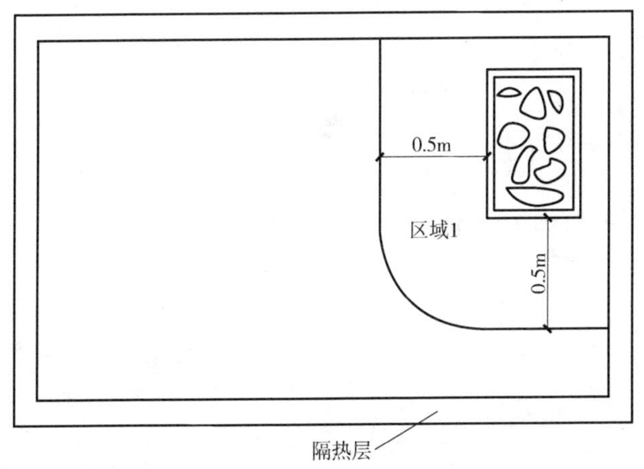

图 7-3-7　桑拿室的温度分区

区域 1 中只应安装属于桑拿浴加热器的设备；区域 3 中设备应

能耐受最低温度为 125℃，而导线绝缘应能耐受的最低温度为 170℃。

2. 厨房电气安全防护措施

厨房设备电源开关除设备上自带的开关外，宜布置在干燥、便于操作的场所，并满足安装场所相应的防护等级要求。

厨房内电缆槽盒、设备电源管线，应避开明火 2.0m 以外敷设。

厨房内电缆槽、盒应避开产生蒸汽等热气流 2.0m 以外敷设。

厨房设备应设置等电位联结。

第8章　火灾自动报警及消防控制系统

8.1　概述

8.1.1　系统组成

1. 火灾自动报警及消防控制系统综述

火灾探测报警系统是实现火灾早期探测并发出火灾报警信号的系统，一般由火灾触发器件（火灾探测器、手动火灾报警按钮）、声/光报警器、火灾报警控制器等组成。火灾自动报警系统是探测火灾早期特征、发出火灾报警信号，为人员疏散、防止火灾蔓延和启动自动灭火设备提供控制与指示的消防系统。

2. 各子系统描述

火灾自动报警及消防控制系统主要包括火灾探测报警系统、消防联动控制系统、消防应急广播、可燃气体探测报警系统、电气火灾监控系统、消防设备电源监控系统、防火门监控系统等。

（1）火灾探测报警系统

火灾探测报警系统是实现火灾早期探测并发出火灾报警信号的系统，一般由触发器件（各类火灾探测器、火灾手动报警按钮）、声和/或光报警器、火灾报警控制器及其信号、控制线缆等组成。触发器件包含自动和手动两种，其中各类火灾探测器属于自动触发器件，手动火灾报警按钮属于手动触发器件。声和/或光报警器是一种用以发出区别于周围环境声和光的火灾警示信号的装置，告知和警示火灾相关区域内的所有人员火灾的情况。火灾报警控制器是火灾探测报警系统的核心组成部分。火灾报警控制器具有向火灾探测器提供持续稳定的电源，监视触发器、声和/或光报警器及系统本身的工作状态，接收、编译、处理、存储火灾探测器输出的报警信号，执行相应控制任务等功能。

（2）消防联动控制系统

消防联动控制系统是接收火灾报警信号，按预先设置的逻辑完成各项消防功能的控制系统。消防联动控制系统由消防电话设备、消防应急广播设备、消火栓按钮、消防电气控制装置（气体灭火控制器、防火卷帘控制器、防排烟控制器、消火栓水泵控制器等）、消防控制室图形显示装置、消防联动控制器等组成。

消防联动控制的对象主要包含以下设施：各类自动灭火设施、消防水泵、通风及防排烟设施、防火卷帘、防火门、电梯、非消防电源切断、火灾应急广播、火灾警报、火灾疏散照明、火灾疏散指示等。

（3）消防应急广播

消防应急广播系统是引导火灾场所人员逃生疏散和灭火指挥的重要设备。系统由控制主机、音源设备、广播功率放大器、火灾报警控制器（联动型）传输线路、火灾联动控制模块、扬声器等构成。集中报警系统和控制中心报警系统应设置消防应急广播。

（4）可燃气体探测报警系统

可燃气体探测报警系统属于火灾预警系统，是火灾自动报警系统的独立子系统。

可燃气体探测报警系统由可燃气体探测器、声和/或光警报器、可燃气体报警控制器等组成。发生可燃气体泄漏时，可燃气体报警控制器驱动安装在保护区域现场的声和/或光报警器发出报警提醒人员采取相应的处置措施排除火患，控制关断可燃气体管道切断阀并联动相关事故排气风机起动或调整至高速运行状态等，防止可燃气体进一步泄漏并造成更大的火灾、爆炸等隐患。

（5）电气火灾监控系统

电气火灾监控系统是为了避免因线路短路、过负荷、漏电、接触电阻过大等因素导致电气火灾发生而设置的预警系统，是火灾自动报警系统的独立子系统。

电气火灾监控系统由电气火灾监控设备、终端探测器及监控器（剩余电流式电气火灾探测器、测温式电气火灾探测器）等组成。

当电气设备系统中的电流、温度等参数发生异常或突变时，终端探测器利用电磁感应、温度变化对该信息进行采集并传输至监控器及监控设备，经放大、数/模转换、计算机分析对信息进行分析判断，与预设值进行比较，发出预警或报警信号。消防控制室内的值班人员根据以上显示的信息，到相应探测器的事故现场进行检查、处理。

（6）消防设备电源监控系统

消防设备电源监控系统是用于监控消防设备电源工作状态，在电源发生过电压、欠电压、过电流、断相等故障时能发出报警信号的监控系统，是火灾自动报警系统的独立子系统。消防设备电源监控系统由消防设备电源状态监控器、电压传感器、电流传感器、电压/电流传感器等部分或全部设备组成。消防设施的电源是否可以可靠、稳定地工作，是建筑物消防安全的重要先决条件。

（7）防火门监控系统

防火门监控系统是负责监测所有位于疏散通道的防火门开启、关闭及故障状态并在消防应急疏散时能够联动关闭常开防火门的控制系统。防火门监控系统由防火门监控器、现场电源、防火门控制器、电磁释放器、闭门器、门磁开关等组成。

（8）余压监控系统

余压监控系统由余压监控器（主机）、余压控制器、余压传感器和泄压阀执行器组成。

余压监控器（主机）设置在消防控制室，监控与其连接的余压控制器和余压传感器的状态信息，当出现故障报警时应能发出声光报警。

余压控制器设置在加压送风机就近的箱子附近，用于监控与其连接的余压传感器监测区域的余压，余压控制器接收到超压报警信息后，按PID比例积分方式控制泄压阀执行器进行泄压，调节余压在安全范围内。

余压传感器设置在有正压送风的前室内以及楼梯间内。当设置在前室时，设定值为25～30Pa；当设置在楼梯间时，仅在楼梯间高度的1/3处安装一只，设定值为40～50Pa。当某一区域出现超压时，由控制器控制泄压阀进行泄压。

余压传感器与余压控制器之间使用二总线通信（自带DC 24V电源），余压控制器之间以及到监控主机的通信可通过二总线传输。

8.1.2 智慧酒店火灾自动报警及消防控制系统

1. 酒店建筑火灾自动报警系统的通用做法

酒店建筑火灾报警系统，具有火灾报警、联动控制、紧急广播等功能。系统包括手动报警按钮、感烟/感温探测器、警铃和水流指示器等报警装置。系统同时监视消火栓按钮、报警阀、压力开关、水流指示器及信号阀等的动作信号。

火灾自动报警系统的报警信号总线通常采用环形或树形总线的回路组成方式。消防控制中心内有下列设备：图形管理系统工作站、系统运行记录打印机、火灾自动报警控制器、消防联动控制盘、消防专用电话主机、紧急广播主机、应急电源配电盘、带有消防控制功能的电梯总监控屏等。

酒店除了游泳池、桑拿房、客房卫生间以外，一般设置有火灾报警探测器。在燃气总表间、燃气锅炉房、使用燃气的厨房设置燃气探测器，使用燃气的锅炉房通常设置防爆型火灾探测器，火灾时，联动燃气快速切断阀。

2. 酒店建筑火灾报警系统的特点

1）为方便酒店的管理，需要更加及时准确地得到火灾信息，在电话系统操作间、保安室等员工24h值班处、酒店总经理的办公室，通常会设置远程重复显示盘。该重复显示盘可显示酒店报警主机上所有的火灾报警信号。在酒店前台设置声光报警装置，当酒店部分发出任何火警信号时，都将触发声光报警装置动作。火灾发生时，酒店内部的寻呼系统会直接接收火警信号，或者通过电话系统接收消防控制室的指令，同时发出寻呼信息到指定的寻呼机上。当客房发生火灾时，寻呼信息还要包括客房号。

2）为了在火灾时及时进行人员疏散，同时考虑到酒店的特殊性，在酒店的走廊、残疾人客房卧室及浴室内，通常设置高亮度频闪报警器。

3）所有客房卧室里的光电感烟探测器一般采用带蜂鸣器的底座。火灾时，烟感被激活，蜂鸣底座自动响起。

4）当酒店电梯厅处的光电感烟探测器探测出火灾，且确认火警时，联动电梯回降。

8.2 火灾报警系统

8.2.1 一般规定

火灾报警系统的常规设置方式及技术措施如下。

火灾自动报警系统常用于人员居住和经常有人滞留的场所、存放重要物资或燃烧后产生严重污染需要及时报警的场所。火灾自动报警系统应设有自动和手动两种触发装置，即火灾报警信号是由自动或手动两种触发装置发出的信号。自动触发装置包括各种火灾探测器、水流指示器、压力开关等。在防火分区疏散通道、楼梯口等处设置的手动火灾报警按钮是手动触发装置，在应急情况下，人工手动通报火警。火灾自动报警系统设备应选择符合国家有关标准和有关市场准入制度的产品。系统中各类设备之间的接口和通信协议的兼容性应符合现行国家标准的有关规定。

任一台火灾报警控制器所连接的火灾探测器、手动火灾报警按钮和模块等设备总数和地址总数，均不应超过3200点，其中每一总线回路连接设备的总数不宜超过200点，且应留有不少于额定容量10%的余量；任一台消防联动控制器地址总数或火灾报警控制器（联动型）所控制的各类模块总数不应超过1600点，每一联动总线回路连接设备的总数不宜超过100点，且应留有不少于额定容量10%的余量。系统总线上应设置总线短路隔离器，每只总线短路隔离器保护的火灾探测器、手动火灾报警按钮和模块等消防设备的总数不应超过32点；总线穿越防火分区时，应在穿越处设置总线短路隔离器。高度超过100m的建筑中，除消防控制室内设置的控制器外，每台控制器直接控制的火灾探测器、手动报警按钮和模块等设备严禁跨越避难层。

8.2.2 系统形式的选择和设计要求

1. 系统形式划分

火灾自动报警系统的形式包括区域报警系统、集中报警系统和控制中心报警系统三种。

需要报警而不需要联动自动消防设备的保护场所一般采用区域报警系统；需要报警且同时需要联动自动消防设备，并只设置一台具有集中控制功能的火灾报警控制器和消防联动控制器的保护的场所，应采用集中报警系统，并应设置一个消防控制室；设置两个及以上消防控制室的保护场所（如大型酒店园区），或设置两个及以上集中报警系统的保护场所，应采用控制中心报警系统。

2. 不同系统形式的设计要求

区域报警系统由火灾探测器、手动火灾报警按钮、火灾声光警报器及区域火灾报警控制器等组成。这是系统的最小组成要求，可以根据需要增加消防图形显示装置和指示楼层的区域显示器。区域报警系统的火灾报警控制器应设置在有人值班的场所。

集中报警系统由火灾探测器、手动火灾报警按钮、火灾声光警报器、消防应急广播、消防专用电话、消防图形显示装置、火灾报警控制器、消防联动控制器等组成。集中报警系统应设置一个消防控制室，系统中主要控制器、消防图形显示装置等均应设置在消防控制室内。

控制中心报警系统由两个及以上集中报警系统或两个及以上消防控制室组成。设置了两个及以上消防控制室时，应确定一个主消防控制室；主消防控制室应能显示所有火灾报警信号和联动控制状态信号，并应能控制重要的消防设备；各分消防控制室内消防设备之间可互相传输、显示状态信息，但不应互相控制；系统共用的消防水泵等消防设备，宜由最高级别的消防控制室统一控制，建筑群可由就近的分消防控制室控制，主消防控制室通过跨区联动的方式控制；防排烟风机等消防设备，可根据建筑消防控制室的管控范围划分情况，由相应的消防控制室控制。

8.2.3 酒店典型区域火灾探测器的设置

1. 酒店常用火灾探测器

目前酒店常用的火灾探测器主要有感烟式、感温式、感光式、可燃气体探测式和复合式等类型。

（1）感烟探测器

这类火灾探测器对燃烧或热解产生的固体或液体微粒予以响应，可以探测物质初期燃烧所产生的气溶胶或烟雾粒子浓度。因为气溶胶或烟雾粒子可以改变光强，减小探测感烟火灾探测器电离室的离子电流，改变空气电容器的介电常数或改变半导体的某些性质，故感烟火灾探测器又可分为离子型、光电型、电容式或激光型等类型。离子型感烟探测器基本不采用。

（2）感温探测器

这种火灾探测器响应异常温度、温升速率和温差等火灾信号，是使用面广、品种多、价格最低的火灾探测器。其结构简单，很少配用电子电路，与其他种类比较，可靠性高，但灵敏度较低。常用的有定温型——环境温度达到或超过预定值时响应；差温型——环境温升速率超过预定值时响应；差定温型——兼有差温、定温两种功能。感温型火灾探测器使用的敏感元件主要有热敏电阻、热电偶、双金属片、易熔金属膜盒和半导体等。

（3）感光火灾探测器

感光火灾探测器又称火焰探测器，主要对火焰辐射出的红外光、紫外光、可见光予以响应。常用的有红外火焰型和紫外火焰型两种。

（4）可燃气体探测器

这类探测器主要用于易燃、易爆场所中探测可燃气体（粉尘）的浓度，一般调整在爆炸浓度下限的1/6～1/5时动作报警。其主要传感元件有铂丝、铂钯（黑白元件）和金属氧化物半导体（如金属氧化物、钙钛晶体和尖晶石）等几种。可燃气体探测器目前主要用于酒店厨房、燃料气储备间等存在可燃气体的场所。

（5）复合火灾探测器

复合火灾探测器是可以响应两种或两种以上火灾参数的火灾探测器，主要有感温感烟型、感光感烟型、感光感温型等。

2. 酒店典型区域的火灾探测器设置

对火灾初期有阴燃阶段，产生大量的烟和少量的热，很少或没有火焰辐射的场所，应选择感烟火灾探测器。对火灾发展迅速，可产生大量热、烟和火焰辐射的场所，可选择感温火灾探测器、感烟火灾探测器、火焰探测器或其组合。对火灾发展迅速，有强烈的火焰辐射和少量烟、热的场所，应选择火焰探测器。对火灾初期有阴燃阶段，且需要早期探测的场所，宜增设一氧化碳火灾探测器。对使用、生产可燃气体或可燃蒸气的场所，应选择可燃气体探测器。应根据保护场所可能发生火灾的部位和燃烧材料的分析，以及火灾探测器的类型、灵敏度和响应时间等选择相应的火灾探测器，对火灾形成特征不可预料的场所，可根据模拟试验的结果选择火灾探测器。同一探测区域内设置多个火灾探测器时，可选择具有复合判断火灾功能的火灾探测器和火灾报警控制器。

针对酒店典型区域的火灾探测器设置，选取两个不同品牌国际酒店管理公司的要求，并结合相应标准规范，设置要求见表8-2-1。酒店典型区域火灾探测器设置见表8-2-2。

表8-2-1 酒店火灾探测器设置要求

GB 50116—2013 规范要求	A品牌国际酒店管理公司 要求	B品牌国际酒店 管理公司要求
5.2.2 下列场所宜选择点型感烟火灾探测器： 1. 饭店、旅馆 2. 计算机房、通信机房、电影或电视放映室等 3. 楼梯、走道、电梯机房、车库等 5.2.11 下列场所宜选择可	1）酒店消防中心应有消防系统报警监控板（可监控电梯所在楼层并可手动逼降、四方通信，可与轿厢内FCC、电话总机及电梯机房间通话）、消防联动柜及电梯监控板；按国内一般习惯与安保监控中心共用，从而改善人员效率	1）安装了防火门自动控制装置的紧急出口必须符合以下要求：可在火灾报警和探测系统启动时自动解锁。断电时，自动防故障装置必须处于开启

（续）

GB 50116—2013 规范要求	A 品牌国际酒店管理公司 要求	B 品牌国际酒店 管理公司要求
燃气体探测器： 1. 使用可燃气体的场所 2. 燃气站和燃气表房以及存储液化石油气罐的场所 3. 其他散发可燃气体和可燃蒸气的场所 6.2.2　点型火灾探测器的设置应符合下列规定：探测区域的每个房间应至少设置一只火灾探测器 6.2.4　在宽度小于 3m 的内走道顶棚上设置点型探测器时，宜居中布置。感温火灾探测器的安装间距不应超过 10m；感烟火灾探测器的安装间距不应超过 15m；探测器至端墙的距离，不应大于探测器安装间距的 1/2 6.2.5　点型探测器至墙壁、梁边的水平距离，不应小于 0.5m 6.2.6　点型探测器周围 0.5m 内，不应有遮挡物 6.2.7　房间被书架、设备或隔断等分隔，其顶部至顶棚或梁的距离小于房间净高的 5% 时，每个被隔开的部分应至少安装一只点型探测器 6.2.8　点型探测器至空调送风口边的水平距离不应小于 1.5m，并宜接近回风口安装。探测器至多孔送风顶棚孔口的水平距离不应小于 0.5m 6.2.18　感烟火灾探测器在格栅吊顶场所的设置，应符合	2）消防报警系统必须有国际 UL、FM 验证 3）提醒要求烟感头全面覆盖保护室内地区，包括别墅类酒店在内。卫生间/浴室、水管竖井地区可不设置。停车场、厨房、有蒸汽/废气房、锅炉房要求采用温感探测器 4）主消防报警回路要求为甲类环形 4 线，并设隔离模块在回路中作分段。所有地址码的客房烟感头必须含蜂鸣器底座。所有客房、配电室电缆井和小房间烟感头须为智能地址码型号 5）消防报警系统要求可以进行“手动操作”“全自动无延时操作”及“全自动带 2 段延时”操作模式的选择。在“手动操作”模式下，报警不会对其他机电系统进行联动。在“全自动带 2 段延时”模式下，系统编程建议：应令系统在烟感动作后，值班人员可在 20s 内按下“知悉”选择开关，所有联动即进入 3min（可调校减少）延时状态，以便酒店人员对火灾进行确认，然后才启动警铃、电梯归零和消防风机及其他联动。3min 后如无人响应操作，系统联动即刻进行。喷淋水流指示器动作时不作延迟联动，立即响动声光报警及其他有关联动 6）在电话接线值班总台及值班工程师房须各设 1 台简单	状态 2）各间客房均必须安装区域式硬线连接烟感或温感探测器。必须可寻址。当区域式硬线连接温感探测器在其使用寿命终结需要更换时，必须将其更换为烟感探测器，新建建筑除外 3）必须在内部客房走廊安装烟感探测器。最大间距不得超过 15m(50ft) 4）在以下区域内，需要将探测器通过系统总线连接到消防控制盘。公共区域、酒店后台区域、未安装固定式灭火系统的阁楼安装探测器时，必须按照制造商要求设置，地方法规禁止的建筑或建筑内的区域除外，温感探测器可用于厨房区等不适合使用烟感探测器的区域 5）如果以下任一装置启动则必须激发全面报警：烟感或温感探测器（客房除外）、自动喷淋水流装置

（续）

GB 50116—2013 规范要求	A 品牌国际酒店管理公司 要求	B 品牌国际酒店 管理公司要求
下列规定： 1. 镂空面积与总面积的比例不大于15%时，探测器应设置在吊顶下方 2. 镂空面积与总面积的比例大于30%时，探测器应设置在吊顶上方 3. 镂空面积与总面积的比例为15%～30%时，探测器的设置部位应根据实际试验结果确定 4. 探测器设置在吊顶上方且火警确认灯无法观察时，应在吊顶下方设置火警确认灯	火灾显示盘（LCD/LED，纯显示功能，无须复位等功能）。电话接线值班总台须设对讲机，可与电梯轿厢内通话 7）灭火系统的动作状态，须有消防主泵及稳（补）压水泵"运行""故障报警""自动/停止/手动"开关选择位置，及消防水池低水位报警显示 8）提供煤气泄漏探头在厨房和煤气阀/表房，有漏气时自动切断供气阀并报警反馈回到消防控制中心	6）"可寻址的"烟感探测器允许两阶段火灾报警。第二报警启动装置的激活必须激发全面报警 7）必须对报警盘进行永久监控

表 8-2-2 酒店典型区域火灾探测器设置示意

位置	探测器类型
客房区域	带蜂鸣器的感烟探测器
使用可燃气厨房区域	感温探测器、可燃气体探测器
宴会厅区域	视高度而定，低于12m设置感烟探测器
大堂区域	视高度而定，低于12m设置感烟探测器
多功能厅区域	感烟探测器

8.2.4 手动火灾报警按钮及警报的设置

1. 手动火灾报警按钮及警报的通用设置要求

(1) 手动火灾报警按钮

当在火灾探测器没有探测到火灾，火灾事故现场的人员发现了火灾时，人员手动按下手动火灾报警按钮，报告火灾信号。正常情况下当手动火灾报警按钮报警时，火灾发生的概率比火灾探测器要大得多，几乎没有误报的可能。因为手动火灾报警按钮的报警触发条件是必须人工按下按钮启动。按下手动报警按钮 3～5s 手动报警按钮上的火警确认灯会点亮，这个状态灯表示火灾报警控制器已经收到火警信号，并且确认了现场位置。

手动火灾报警按钮安装在公共场所，当人工确认火灾发生后按下按钮，向火灾报警控制器发出信号，火灾报警控制器接收到报警信号后，显示出报警按钮的编号或位置并发出报警音响。手动火灾报警按钮和各类编码探测器一样，可直接接到控制器总线上。

（2）火灾警报器

火灾警报器也叫火灾声光警报器，是一种安装在现场的声光报警设备，当现场发生火灾并确认后，安装在现场的火灾声光警报器可由消防控制中心的火灾报警控制器启动，发出强烈的声光报警信号，以达到提醒现场人员注意的目的。

未设置消防联动控制器的火灾自动报警系统，火灾声光警报器由火灾报警控制器控制；设置消防联动控制器的火灾自动报警系统，火灾声光警报器由火灾报警控制器或消防联动控制器控制。公共场所宜设置具有同一种火灾变调声的火灾声警报器；具有多个报警区域的保护对象，宜选用带有语音提示的火灾声警报器。火灾声警报器设置带有语音提示功能时，应同时设置语音同步器。火灾声警报器单次发出火灾警报时间宜为 8～20s，同时设有消防应急广播时，火灾声警报应与消防应急广播交替循环播放。同一建筑内设置多个火灾声警报器时，火灾自动报警系统应能同时启动和停止所有火灾声警报器工作。

2. 酒店典型区域手报火灾报警按钮设置要求

针对酒店典型区域的手动火灾报警按钮设置，选取两个不同品牌国际酒店管理公司的要求，并结合相应标准，设置要求见表 8-2-3。

表 8-2-3　酒店手动火灾报警按钮设置要求

GB 50116—2013 规范要求	A 品牌国际酒店管理公司要求	B 品牌国际酒店管理公司要求
6.3.1　每个防火分区应至少设置一只手动火灾报警按钮。从一个防火分区内的任何位置到最邻近的手动火灾报警按钮的步行距离不应大于 30m。手动火灾报警按钮宜设置在疏散通道或出入口处 6.3.2　手动火灾报警按钮应设置在明显和便于操作的部位。当采用壁挂方式安装时，其底边距地高度宜为 1.3～1.5m，且应有明显的标志 6.5.1　火灾灯光警报器应设置在每个楼层的楼梯口、消防电梯前室、建筑内部拐角等处的明显部位，且不宜与安全出口指示标志灯具设置在同一面墙上 6.5.2　每个报警区域内应均匀设置火灾警报器，其声压级不应小于 60dB；在环境噪声大于 60dB 的场所，其声压级应高于背景噪声 15dB 6.5.3　当火灾警报器采用壁挂方式安装时，其底边距地面高度应大于 2.2m	1）必须提供声光警报器的情况：在每个客房层公共走廊、主要公众区、人员集中区如酒吧、餐厅、宴会厅等，主要机电设备房、后勤员工区、厨房、洗衣房、办工区等；应放在适当明显位置，后勤设备房及厨房须能听到警报。至少须在下列地方设置声光警报器：宴会厅（每区 1 个）、大堂地区、大堂酒吧、餐厅座位区、地下室及后勤区主通道、桑拿、健身中心、娱乐区/KTV、SPA（如有） 2）玻璃破碎型手动报警动作时不作延迟联动，立即响动声光报警及其他有关联动 3）送风穿过多个防火分区的空调机组（风柜）、新风机组、风机和客房卫生间总排风机在报警时需自动强切停止。喷淋系统水流指示器动作时应立即启动警铃及强切，不需再作确认。强切非消防电源为国内要求，但建议在消防中心手动实现以减少对客人/酒店的干扰 4）须放置声光警报器于指定残疾人士客房及楼层走廊	1）各间客房均必须安装就地声音报警装置 2）各间客房均必须安装烟感探测器以及就地声音报警装置，必须可寻址 3）在以下位置必须将手动启动装置（手拉报警装置/手动报警器）连接到火灾报警控制盘：在或靠近前台处、各底层出口、各楼梯入口处，距手动启动装置（手拉报警装置）的最大距离不得超过 61m（200ft） 4）在火灾探测系统启动时必须在整个建筑物内均能听到全面报警声并且满足以下要求：系统探测器必须在探测到起火点的第一时间启动警报，系统探测器必须第一时间在报警盘处启动警报，警报在床头必须至少达到 75dB，在所有其他区域则应达到 65dB 5）如果手动启动装置（手拉报警装置）启动则必须激发全面报警 6）必须提供一种在发出全面警报或广播疏散消息时能让听力受损客人听到的报警方法，建议使用闪光信号灯和振动枕头垫

8.2.5 消防应急广播的设置

1. 消防应急广播的通用设置要求

消防应急广播系统的联动控制信号应由消防联动控制器发出，当确认火灾后，应同时向全楼进行广播。消防应急广播的单次语音播放时间宜为10～30s，应与火灾声警报器分时交替工作，可采取1次火灾声警报器播放、1次或2次消防应急广播播放的交替工作方式循环播放。在消防控制室应能手动或按预设控制逻辑联动控制选择广播分区、启动或停止应急广播系统，并应能监听消防应急广播。在通过传声器进行应急广播时，应自动对广播内容进行录音。消防控制室内应能显示消防应急广播的广播分区的工作状态。消防应急广播与普通广播或背景音乐广播合用时，应具有强制切入消防应急广播的功能。

2. 酒店典型区域的应急广播设置要求

针对酒店典型区域的火灾探测设置，选取两个不同品牌国际酒店管理公司的要求，并结合相应标准，设置要求见表8-2-4。

表8-2-4 酒店应急广播设置要求

GB 50116—2013 规范要求	A品牌国际酒店管理公司要求	B品牌国际酒店管理公司要求
6.6.1 消防应急广播扬声器的设置，应符合下列规定： 1. 民用建筑内扬声器应设置在走道和大厅等公共场所。每个扬声器的额定功率不应小于3W，其数量应能保证从一个防火分区内的任何部位到最近一个扬声器的直线距离不大于25m，走道	1)酒店消防中心应有消防广播控制板(可监控电梯所在楼层并可手动逼降、四方通信，可与轿厢内FCC、电话总机及电梯机房间通话) 2)须增加足够功率放大器作全楼同时应急广播，须有至少1个备用功率放大器。备用蓄电池(或UPS)须足够至少6h广播，如计算功率极大可考虑降低备用蓄电池(或UPS)容量/时间 3)每层消防扬声器线路须有自动监测开路及短路装置，在消防中心显示故障状态，并在短路时可自动切断该线路。扬声器线路电线不应有三通接口(注意：应从1个扬声器至另1个以手拉手方式配线)，否则会导致线路失去监测功	1)在以下建筑里自动火灾报警系统必须包含广播疏散信息系统：高层酒店、其他未安装固定式灭火系统的酒店 2)广播疏散信息系统必须满足以下

（续）

GB 50116—2013 规范要求	A 品牌国际酒店管理公司要求	B 品牌国际酒店管理公司要求
末端距最近的扬声器距离不应大于12.5m 2. 在环境噪声大于60dB的场所设置的扬声器，在其播放范围内最远点的播放声压级应高于背景噪声15dB 3. 客房设置专用扬声器时，其功率不宜小于1W 6.6.2 壁挂扬声器的底边距地面高度应大于2.2m	能及发生故障报警 4）扬声器须有金属保护背盒 5）须有最少3个频道的多语录音芯片作自动多语广播 6）广播启动时须自动强切各区（如宴会厅、酒吧、KTV等）本身独立音响系统 7）在所有MEP机房、洗衣房、员工更衣室、停车场、所有厨房、所有功能厅/包间、商务中心、餐厅、VIP房、酒吧、办公室、地下室后勤区、公共卫生间、疏散楼梯必须安装消防广播扬声器 8）提醒消防广播扬声器须设置在所有地区（除极少有人在内房间如风机房、小储物间外），包括大堂、后勤区、员工区、主要机电设备房及主要室外公共平台等	要求：包括以当地语言和英语预先录制的疏散信息，警报在床头必须至少达到75dB，在人员聚集场所至少应达到65dB，包括报警 3）必须对报警盘进行永久监控

8.3 消防联动控制系统

8.3.1 一般规定

1. 联动控制方式

消防联动控制方式分为集中控制以及分散与集中混合控制两种方式。

（1）集中控制方式

由设置在消防控制室内的消防联动控制器或者火灾报警控制器（联动型）对系统中的所有设备进行控制。如防烟排烟设备、消防给水设备、消防排烟窗、防火卷帘设备、电动阀与电磁阀及其他消防设施，其所有火灾报警信号、联动控制及联动状态信号，均由消防控制室集中控制。集中控制方式适用于火灾自动报警形式为集中报警系统的建筑。

（2）分散与集中混合控制方式

可以由就近消防控制室（可以是主消防控制室也可以是分消

防控制室）内的消防联动控制器或者火灾报警控制器（联动型）对系统中的相关设备进行控制，也可以由最高级别的主消防控制室集中控制。

主控制室内应能集中显示保护对象内所有的火灾报警部位信号和联动控制状态信号，并能显示设置在各分消防控制室内的消防设备的状态信息。

各分消防控制室内的消防设备之间可以相互传输、显示状态信息但不应相互控制。

2. 联动控制信号

消防联动控制信号分为联动触发信号、联动控制信号及联动反馈信号三种，消防联动控制信号对比见表 8-3-1。

表 8-3-1　消防联动控制信号对比

名称	定义	信号发出方	信号接收方	作用
联动触发信号	由消防设施发出的用于联动控制器逻辑判断的信号	消防设施	联动控制器	逻辑判断
联动控制信号	由联动控制器发出的控制消防设施的信号	联动控制器	消防设施	控制消防设施工作
联动反馈信号	由消防设施发送给联动控制器的状态、工作信号	消防设施	联动控制器	监视消防设施情况

3. 联动控制一般规定

1）消防联动控制器应能按设定的控制逻辑向各相关的受控设备发出联动控制信号，并接收相关设备的联动反馈信号。

2）消防联动控制器的电压控制输出应采用直流 24V，其电源容量应满足受控消防设备同时启动且维持工作的控制容量要求。

3）各受控设备接口的特性参数应与消防联动控制器发出的联动控制信号相匹配。

4）消防水泵、防烟和排烟风机的控制设备，除应采用联动控制方式外，还应在消防控制室设置手动直接控制装置。消防水泵、防烟和排烟风机等消防设备的手动直接控制应通过火灾报警控制器

（联动型）或消防联动控制器的手动控制盘实现，盘上的启停按钮应与消防水泵、防烟和排烟风机的控制箱（柜）直接用控制线或控制电缆连接。部分省、市、地区尚应根据当地消防部门验收要求设置独立的手动直接控制装置，在火灾报警控制器（联动型）或消防联动控制器故障或失效时，能直接控制设备启动。

5）启动电流较大的消防设备宜分时启动。

6）消防水泵控制柜应设置机械应急启泵功能，并应保证在控制柜内的控制线路发生故障时由有管理权限的人员在紧急时启动消防水泵。机械应急启动时，应确保消防水泵在报警后5min内正常工作。

8.3.2 消防联动控制要求

1. 工作原理

消防联动控制系统工作原理如图8-3-1所示。

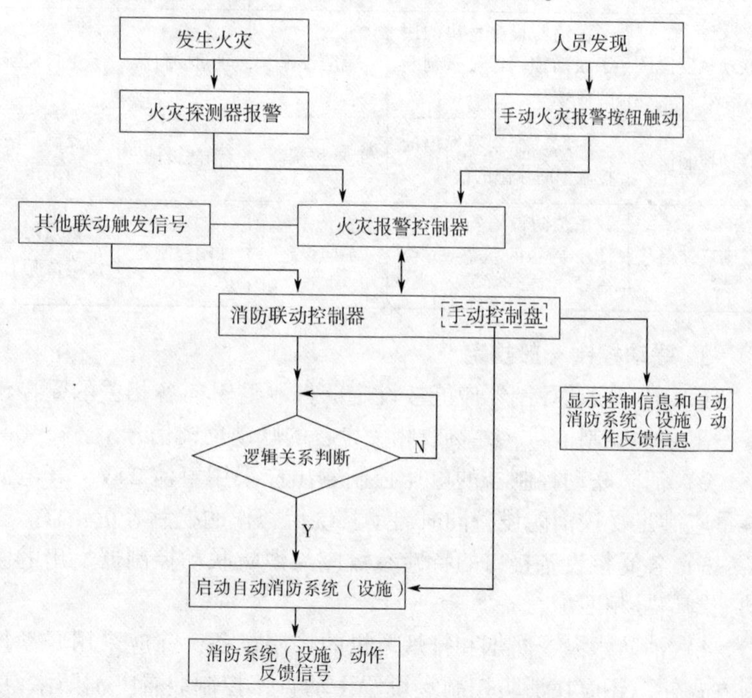

图8-3-1 消防联动控制系统工作原理

2. 各系统的联动要求

消防设施的消防联动控制要求见表8-3-2。

表8-3-2 消防设施的消防联动控制要求

联动控制设备	消防设施名称	联动控制	手动控制	信号反馈至消防联动控制器
消防联动控制器	自动喷水（喷淋）灭火系统	由湿式报警阀压力开关的动作信号作为触发信号，直接控制启动喷淋消防泵，联动控制不应受消防联动控制器处于自动或手动状态影响	应将喷淋消防泵控制箱（柜）的启动、停止按钮用专用线路直接连接至设置在消防控制室内的消防联动控制器的手动控制盘上，直接手动控制喷淋消防泵的启动、停止，现场设置机械强启装置	水流指示器、信号阀、压力开关、喷淋消防泵的启动和停止的动作信号
消防联动控制器	预作用自动喷水系统	由同一报警区域内两只及以上独立的感烟火灾探测器或一只感烟火灾探测器与一只手动火灾报警按钮的报警信号，作为预作用阀组开启的联动触发信号。由消防联动控制器控制预作用阀组的开启，使系统转变为湿式系统；当系统设有快速排气装置时，应联动控制排气阀前的电动阀的开启	应将喷淋消防泵控制箱（柜）的启动和停止按钮、预作用阀组和快速排气阀入口前的电动阀的启动和停止按钮，用专用线路直接连接至设置在消防控制室内的消防联动控制器的手动控制盘上，直接手动控制喷淋消防泵的启动、停止及预作用阀组和电动阀的开启，现场设置机械强启装置	水流指示器、信号阀、压力开关、喷淋消防泵的启动和停止的动作信号，有压气体管道气压状态信号和快速排气阀入口前电动阀的动作信号

（续）

联动控制设备	消防设施名称	联动控制	手动控制	信号反馈至消防联动控制器
消防联动控制器	消火栓系统	由消火栓系统出水干管上设置的低压压力开关、高位消防水箱出水管上设置的流量开关或报警阀压力开关等信号作为触发信号，直接控制启动消火栓泵，联动控制不应受消防联动控制器处于自动或手动状态影响。当设置消火栓按钮时，消火栓按钮的动作信号应作为报警信号及启动消火栓泵的联动触发信号，由消防联动控制器联动控制消火栓泵的启动	应将消火栓泵控制箱（柜）的启动、停止按钮用专用线路直接连接至设置在消防控制室内的消防联动控制器的手动控制盘上，并应直接手动控制消火栓泵的启动、停止，现场设置机械强启装置	消火栓泵的动作信号
消防联动控制器	防烟系统	由加压送风口所在防火分区内的两只独立的火灾探测器或一只火灾探测器与一只手动火灾报警按钮的报警信号，作为送风门开启和加压送风机启动的联动触发信号，并应由消防联动控制器联动控制相关层前室等需要加压送风场所的加压送风口开启和加压送风机启动 系统中任一常闭加压送风口开启时，加压风机应能自动启动	应能在消防控制室内的消防联动拉制器上手动控制送风口、电动挡烟垂壁、排烟口、排烟窗、排烟阀的开启或关闭及防烟风机、排烟风机等设备的启动或停止，防烟、排烟风机的启动、停止按钮应采用专用线路直接连接至设置在消防控制室内的消防联动控制器的手动控制盘上，并应直接手动控制防烟、排烟风机的启动、停止	送风口、排烟口、排烟窗或排烟阀开启和关闭的动作信号，防烟、排烟风机启动和停止及电动防火阀关闭的动作信号，均应反馈至消防联动控制器；排烟风机入口处的总管上设置的280℃排烟防火阀在关闭后应直接联动控制风机停止，排烟防火阀及风机的动作信号应反馈至消防联动控制器
消防联动控制器	挡烟垂壁	由同一防烟分区内且位于电动挡烟垂壁附近的两只独立的感烟火灾探测器的报警信号，作为电动挡烟垂壁降落的联动触发信号，并应由消防联动控制器联动控制电动挡烟垂壁的降落		
消防联动控制器	排烟系统	由同一防烟分区内的两只独立的火灾探测器的报警信号，作为排烟口、排烟窗或排烟阀开启的联动触发信号，并应由消防联动控制器联动控制排烟口、排烟窗或排烟阀的开启，同时停止该防烟分区的空气调节系统 由排烟口、排烟窗或排烟阀开启的动作信号，作为排烟风机启		

（续）

联动控制设备	消防设施名称	联动控制	手动控制	信号反馈至消防联动控制器
消防联动控制器	排烟系统	动的联动触发信号，并应由消防联动控制器联动控制排烟风机的启动 系统中任一排烟阀或排烟口开启时，排烟风机、补风机自动启动		
气体灭火专用联动控制器、泡沫灭火专用联动控制器	气体灭火系统、泡沫灭火系统	由同一防护区域内两只独立的火灾探测器的报警信号、一只火灾探测器与一只手动火灾报警按钮的报警信号或防护区外的紧急启动信号，作为系统的联动触发信号，探测器的组合宜采用感烟火灾探测器和感温火灾探测器组合；关闭防护区域的送（排）风机及送（排）风阀门 停止通风和空气调节系统及关闭设置在该防护区域的电动防火阀 联动控制防护区域开口封闭装置的启动，包括关闭防护区域的门、窗 启动气体灭火装置、泡沫灭火装置，气体灭火控制器、泡沫灭火控制器，可设定不大于30s的延迟喷射时间 气体灭火防护区出口外上方应设置表示气体喷洒的火灾声光警报器，指示气体释放的声信号应与该保护对象中设置的火灾声警报器的声信号有明显区别。启动气体灭火装置、泡沫灭火装置的同时，应启动设置在防护区入口处表示气体喷洒的火灾声光警报器；组合分配系统应首先开启相应防护区域的选择阀，然后启动气体灭火装置、泡沫灭火装置	在防护区疏散出口的门外应设置气体灭火装置、泡沫灭火装置的手动启动和停止按钮 气体灭火控制器、泡沫灭火控制器上应设置对应于不同防护区的手动启动和停止按钮	气体灭火控制器、泡沫灭火控制器直接连接的火灾探测器的报警信号 选择阀的动作信号 压力开关的动作信号

(续)

联动控制设备	消防设施名称	联动控制	手动控制	信号反馈至消防联动控制器
消防联动控制器	防火门	由常开防火门所在防火分区内的两只独立的火灾探测器或一只火灾探测器与一只手动火灾报警按钮的报警信号,作为常开防火门关闭的联动触发信号,联动触发信号应由火灾报警控制器或消防联动控制器发出,并应由消防联动控制器或防火门监控器联动控制防火门关闭	防火门在消防状态时均应能手动直接开启	疏散通道上各防火门的开启、关闭及故障状态信号应反馈至防火门监控器
消防联动控制器	疏散通道上的防火卷帘	防火分区内任两只独立的感烟火灾探测器或任一只专门用于联动防火卷帘的感烟火灾探测器的报警信号应联动控制防火卷帘下降至距楼板面1.8m处;任一只专门用于联动防火卷帘的感温火灾探测器的报警信号应联动控制防火卷帘下降到楼板面;在卷帘的任一侧距卷帘纵深0.5~5m内应设置不少于两只专门用于联动防火卷帘的感温火灾探测器	应由防火卷帘两侧设置的手动控制按钮控制防火卷帘的升降	防火卷帘下降至距楼板面1.8m处、下降到楼板面的动作信号和防火卷帘控制器直接连接的感烟、感温火灾探测器的报警信号
	非疏散通道上的防火卷帘	由防火卷帘所在防火分区内任两只独立的火灾探测器的报警信号,作为防火卷帘下降的联动触发信号,并应联动控制防火卷帘直接下降到楼板面	应由防火卷帘两侧设置的手动控制按钮控制防火卷帘的升降,并应能在消防控制室内的消防联动控制器上手动控制防火卷帘的降落	
消防联动控制器	电梯	确认火灾后强制所有电梯停于首层或电梯转换层		电梯运行状态信息和停于首层或转换层的反馈信号

(续)

联动控制设备	消防设施名称	联动控制	手动控制	信号反馈至消防联动控制器
消防联动控制器	声光警报器和消防广播	确认火灾后全楼报警和广播	手动控制选择广播分区、启动或停止	消防应急广播的广播分区的工作状态
应急照明控制器	消防应急照明和疏散指示系统	确认火灾后,由发生火灾的报警区域开始,顺序启动全楼的消防应急照明和疏散指示系统	应能按预设逻辑自动、手动控制系统应急启动	系统配接灯具、集中电源或应急照明配电箱的工作状态信息
消防联动控制器	非消防电源切断	确认火灾后,切断火灾区域及相关区域的消防电源		
消防联动控制器	门禁	确认火灾后,打开涉及疏散的门禁		
可燃气体报警控制器	燃气切断	可燃气体报警控制器发出报警信号时,应能启动保护区域的火灾声光警报器,关断燃气阀门		可燃气体报警控制器的报警信息和故障信息
厨房灭火控制器	厨房灭火系统	厨房着火时产生的一定温度导致布设在炉灶上方的探测器断开,同时连接在探测器上的钢丝绳松开,自动机械释放装置动作,氮气通过减压装置进入药剂罐,把药剂压出并通过释放管道喷至灶台,与此同时通过氮气瓶的压力使水流阀动作,当药剂喷射完毕后,系统开始喷水至灶台处,冷却灶台表面,这样灶台上的火灾由于受到药剂的抑制和水的冷却而被扑灭		预留和火灾自动报警系统的接口

8.3.3 酒店管理公司的特殊要求

高星级酒店的消防系统一般都是酒店管理公司关注的重中之重，一般都有专门的消防设计标准和审核团队贯穿项目的设计、施工、运维全过程。

1. 系统要求

1）高星级酒店的火灾自动报警系统设备除符合我国国家标准外，还必须具备 UL 或 FM 认证，部分项目两项认证均要求具备。

2）报警总线采用环形结构。

3）消防广播和背景广播分开设置。

4）疏散楼梯底部及布草间、污衣井顶部设置探测器。

5）泳池周边应设置探测器。

2. 探测器设置

1）客房或者睡眠区安装带有蜂鸣器底座的探测器，音量在床头处达到 75～85dB，一间套房内安装的若干个探测器需同时报警。

2）各设备机房设置声光警报器及消防广播。

3）部分酒店管理公司要求声光警报器选用氙气频闪灯。

3. 布线方式

1）消防广播必须采用手拉手连接方式，不应设置分支回路。

2）公共区域和客房消防广播回路分开设置。

厨房排烟罩和灶台应设置厨房专用灭火系统，并应预留适量输入模块将报警信号、动作信号反馈至火灾报警控制器。

8.4 消防物联网系统

随着“智慧城市”“智慧园区”“智慧建筑”建设的不断深化，5G、物联网、AI 技术正在成为中国驱动创新与实现数字化转型的重要力量，智慧消防建设必将逐渐成为其中的重要环节。

传统的消防设施运维管理依靠人员进行日常巡检，维保基于纸质记录，缺乏完善的预警机制，难以落实消防安全责任和人员，无法自动归纳分析消防设施运行情况。

消防设施物联网系统的出现，较好地解决了这一问题。该系统是通过信息感知设备，按消防远程监控系统约定的协议，连接物、人、系统和信息资源，将数据动态上传至信息运行中心。该系统是把消防设施与互联网相连接进行信息交换，实现将物理实体和虚拟世界的信息进行交换处理并做出反应的智能服务系统。

8.4.1 系统的组成与一般规定

1. 系统的组成

消防设施物联网自下而上由感知层、传输层、应用层、管理层构成。消防设施物联网系统架构如图 8-4-1 所示。

2. 系统的一般规定

消防设施物联网系统应符合下列规定：

1）不得降低原有消防设施的技术性能指标。

2）不得影响原有消防设施的功能。

3）不得降低原有消防设施的可靠性。

4）不得对消防设施运行状态进行控制。

8.4.2 系统的设计

1. 系统设置

建筑物内的消防给水及消火栓系统、自动喷水灭火系统、机械防烟和机械排烟系统、火灾自动报警系统应接入消防设施物联网系统，其他消防设施宜接入消防设施物联网系统。

消防设施物联网系统应设置信息装置，并应设置在消防控制室内。消防设施物联网系统信息装置传输示意图如图 8-4-2 所示。

2. 消防给水及消火栓系统

1）应设置水系统信息装置、消防泵信息监测装置，并宜设置消防泵流量和压力监测装置。

2）试验消火栓处应设置末端试水监测装置，其他消防给水各分区最不利处的消火栓或试验消火栓宜设压力传感器或预留手持终

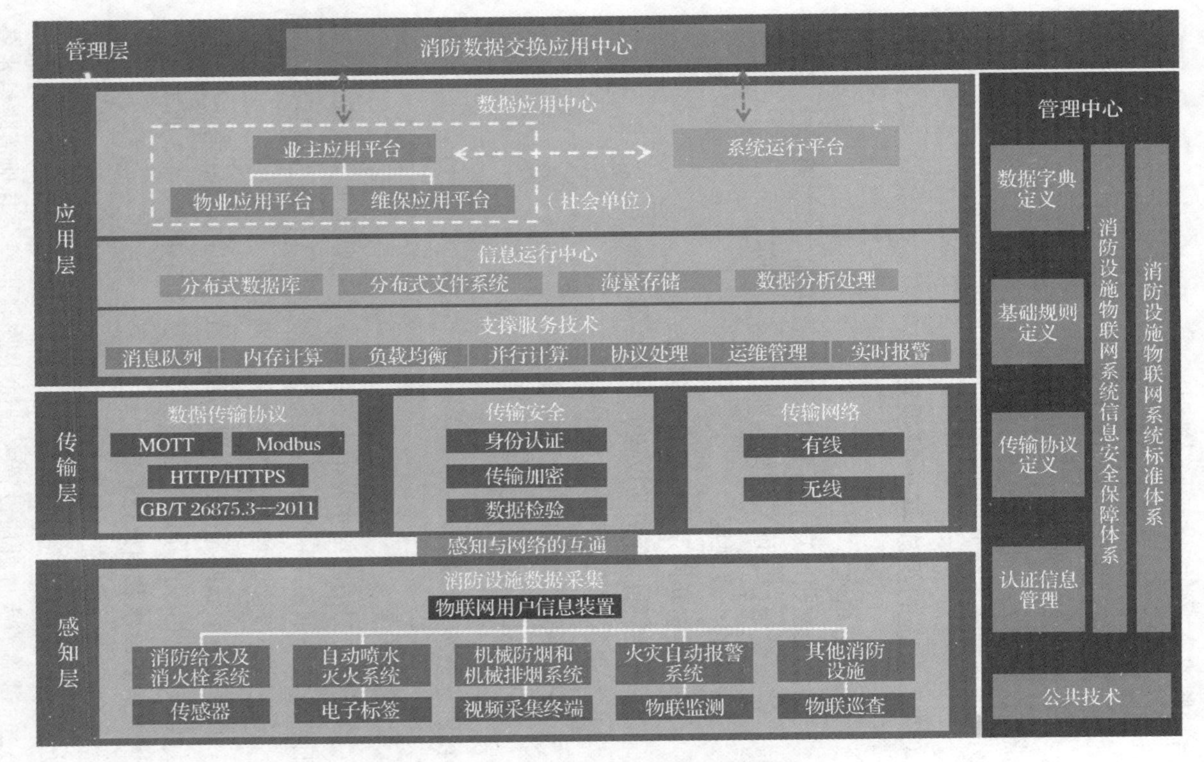

图8-4-1 消防设施物联网系统架构

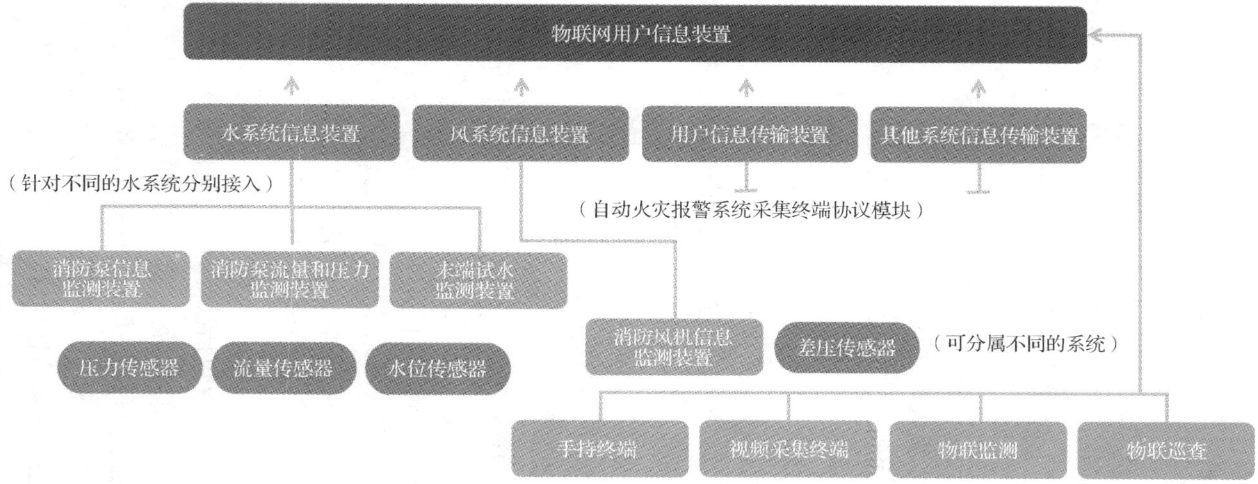

物联网用户信息装置

水系统信息装置

风系统信息装置

用户信息传输装置

其他系统信息传输装置

（针对不同的水系统分别接入）

消防泵信息监测装置

消防泵流量和压力监测装置

末端试水监测装置

压力传感器

流量传感器

水位传感器

（自动火灾报警系统采集终端协议模块）

消防风机信息监测装置

差压传感器

（可分属不同的系统）

手持终端

视频采集终端

物联监测

物联巡查

图8-4-2 消防设施物联网系统信息装置传输示意图

端的接口。

3）高位消防水箱、转输消防水箱和消防水池内应设置水位传感器。

4）消防水泵的进水总管、出水总管上应设置压力传感器。

5）总体消防引入管的消防水表后宜设置压力传感器。

6）消防泵信息监测装置的消防水泵应处于自动状态。当消防水泵处于手动状态时，水系统信息装置和物联网用户信息装置应发出预警信息，并且应将信息上传至消防设施物联网应用平台。

3. 自动喷水灭火系统

1）每个报警阀组控制的最不利点喷头处应设置末端试水监测装置。其他防火分区、楼层宜设压力传感器或预留手持终端的接口。

2）其余要求同消防给水及消火栓系统。

4. 机械防烟和机械排烟系统

1）应设置风系统信息装置和消防风机信息监测装置。

2）消防风机的前后风管上应设置差压传感器。

3）机械防烟和机械排烟系统可采用手持终端对加压送风口和防火分区内排烟口的风量进行检测。

5. 火灾自动报警系统

1）消防设施物联网系统应对火灾自动探测报警系统、消防联动控制系统进行物联监测，数据采集的内容应满足现行国家标准《火灾自动报警系统设计规范》（GB 50116—2013）中附录A的要求。

2）消防设施物联网系统应对电气火灾监控系统进行物联监测。数据采集的信息应包括已有的电气火灾监控器中的数据信息，并应采集电气火灾监控器的故障信息。

3）消防设施物联网系统应对可燃气体报警系统进行物联监测。数据采集的信息应包括已有的可燃气体报警控制器中的数据信息，并应采集可燃气体报警控制器的故障信息。

4）消防设施物联网系统应采集消防设备供电的主电源和备用电源的交流或直流电源的工作状态信息以及过电压、欠电压、过电流、断相、短路等故障信息和消防设备电源监控系统本身的程序故障、通信故障等信息，并应上传至信息运行中心。

6. 其他消防设施

1）气体灭火系统和二氧化碳灭火系统：

应采集显示气体控制盘手动和自动的信息以及系统报警、喷放、故障的信息；

应设置系统压力泄漏传感器、灭火剂质量传感器；

宜设置气体保护区域的气密性传感器。

2）消防应急照明和疏散指示系统：宜采用电子标签、物联巡查，并应符合现行国家标准《消防安全标志 第1部分：标志》（GB 13495—2015）和《消防应急照明和疏散指示系统》（GB 17945—2010）的有关规定；应采集消防应急照明和疏散指示系统的故障状态和应急工作状态的信息。

3）消防应急广播系统应采集消防应急广播的启动、停止的运行状态和故障报警的信息。

4）消防电话采集消防在用电话故障状态的信息。

5）防火分隔设施信息采集宜采用电子标签、物联巡查，应采集防火卷帘控制器、防火门控制器工作状态、电源状态和故障状态的信息。

6）消防电梯应采集消防电梯迫降信息及消防电梯的停用和故障状态信息。

7）建筑灭火器设施信息采集宜采用电子标签、物联巡查，电子标签应采用可靠的物理手段固定在灭火器适宜、明显的位置上，并不得破坏灭火器结构的本体性能。

8）电动排烟窗、电动挡烟垂壁和其他联动设备应显示联动设备的启动、停止或动作状态的信息。

9）消防控制室、消防水泵房应设置视频采集终端，并应对采集的信息进行监视。

8.5 消防设备选型

8.5.1 主机设备（智能型火灾报警控制器）的选型

1）符合《火灾报警控制器》（GB 4717—2005）和《消防联

动控制系统》（GB 16806—2006），火灾报警控制器通过 3C 认证，消防联动控制器通过型式检验认证，检测报告在有效期内。

2）火灾报警控制器具备点阵式彩色液晶及专用火警总指示灯、故障总指示灯。

3）火灾报警控制器的电压为 AC 220V、50Hz，内置 24V 直流备用电源，能为其连接的部件供电，符合 GB 50116—2013 规定，且具有中文功能标注和信息显示。

4）火灾报警控制器能直接或间接地接收来自火灾探测器及其他火灾报警触发器件的火灾报警信号，发出火灾报警声光信号，指示火灾发生部位，记录火灾报警时间，并予以保持，直至手动复位。

5）火灾报警控制器在火灾报警状态下由火灾声光警报器控制输出。可设置其他控制输出，用于消防联动设备等设备控制，每一控制输出应对应有手动直接控制按钮。

6）火灾报警控制器具有故障报警功能、屏蔽功能、监管功能、自检功能、信息显示与查询功能、系统兼容功能（仅适用于集中、区域和集中区域兼容型控制器）、电源功能及软件控制功能。

7）火灾报警控制器故障报警功能满足 GB 4717—2005 的要求。控制器所设的专用故障总指示灯，无论控制器处于何种状态，只要有故障信号存在，该故障总指示灯应点亮。故障声信号能手动消除，再有故障信号输入时，能再次启动；故障光信号应保持至故障排除。控制器能显示所有故障信息，在不能同时显示所有故障信息时，未显示的故障信息手动可查。控制器的故障信号在故障排除后，可以自动或手动复位。当控制器采用总线工作方式时，设有总线短路隔离器，短路隔离器动作时，控制器能指示出被隔离部件的部位号。

8）火灾报警控制器的操作级别符合 GB 4717—2005 的相关规定。

9）火灾报警控制器宜设有报警确认功能，报警确认时间为 5～55s。当收到警报时，每项警报事件必须按动确定按钮一次以确保操作员对事件全部确认。

10）火灾报警控制器宜配置内置式打印机。

11）任一台火灾报警控制器所连接的火灾探测器、手动火灾报警按钮和模块等设备总数和地址总数，均不应超过3200点，其中每一总线回路连接设备的总数不宜超过200点，且应留有不少于额定容量10%的余量；任一台消防联动控制器地址总数或火灾报警控制器（联动型）所控制的各类模块总数不应超过1600点，每一联动总线回路连接设备的总数不宜超过100点，且应留有不少于额定容量10%的余量。

12）消防联动控制系统各类设备的主要部件，采用符合国家有关标准的定型产品，同时满足GB 16806—2006相关条文的要求。

13）气体灭火控制器、电气火灾监控设备、消防设备电源状态监控器、消防应急广播设备、消防电话、传输设备、消防控制室图形显示装置、模块、消防电动装置及消火栓按钮符合GB 16806—2006的相关规定。

14）系统软件设计应采用开放式、标准化和模块化设计，组态灵活，对系统的修改和增减简易、方便。系统软件界面采用实用、简捷的人机对话系统交互式图形显示窗口技术，信息检索速度快、提示清晰，整个软件操作过程为中文提示。另外，主机操作还具备操作管理功能，设定系统操作人员的操作密码、操作级别、软件操作的权限。

15）为了实现与安防系统、楼宇控制系统的联动和集成，火灾报警控制器具有良好的通信和扩展能力，包括：

CAN总线卡，可组成60台以下网络型火灾自动报警系统；

RS485总线卡，连接火灾自动报警系统中其他子系统（防火门监控系统、消防广播系统、气体灭火系统、电气火灾监控设备、消防设备电源状态监控器等）；

RS232串口卡，连接消防控制室图形显示装置或城市FAS系统；

Modbus卡，工业电子设备之间数据传送；

物联网终端，将系统运行信息及数据上传给智慧消防物联网云平台；

无源节点信号，将控制信号传输到被控对象。

8.5.2 探测器的选型

1. 点型感烟火灾探测器

1）符合《点型感烟火灾探测器》（GB 4715—2005），通过3C认证，检测报告在有效期内。

2）每个探测器上应有红色报警确认灯。

3）当被监视区域烟参数符合报警条件时，探测器报警确认灯应点亮，并保持至被复位。

4）通过报警确认灯显示探测器其他工作状态时，被显示状态与火灾报警状态有明显区别。

5）探测器连接其他辅助设备（例如远程确认灯、控制继电器等）时，与辅助设备间连接线开路和短路不应影响探测器的正常工作。探测器在探头与底座分离时，会发出故障信号。

6）除非使用特殊手段（如专用工具或密码）或破坏封条，否则探测器的出厂设置不会被改变。探测器在任意设置的条件下只能通过专用工具、密码或探头与底座分离等手段实现现场设置。

7）探测器能防止直径为［（1.3±0.05）mm］的球形物体侵入探测室。

8）探测器应能不断记录探测值随时间的变化数据，并与探测器内存储的火灾模式比较（或经主机比较），判断、确认火灾的发生，不发生误报。

9）探测器采用软地址编码（或编码器编码）。若探测器拆卸后重新安装调换了位置，探测器的地址码可以方便地重新改写。

10）探测器具有强抗干扰能力。

11）对温度、湿度、风速、电源电压等环境因素变化能自动补偿。

12）通过火灾报警控制器，可以预设探测器在不同日期、时间的不同级别的灵敏度。

13）具有防尘、防霉、防潮、防静电、防干扰、防小虫及微生物的性能。

2. 点型感温火灾探测器

1）符合《点型感温火灾探测器》（GB 4716—2005），通过3C认证，检测报告在有效期内。

2）探测器能够监测环境状态，并与探测器内置的火灾特性曲线参数比较或经主机进行比较。每个底座上均装有供电电源极性反接时的保护电路、防止电压脉冲干扰的保护电路、报警确认灯及可连接遥距指示灯的接口。

3）探测器的感温元件（辅助功能的元件除外）与探测器安装表面的距离不小于15mm。

4）当被监视区域温度参数符合报警条件时，探测器报警确认灯应点亮，并保持至报警状态被复位。通过报警确认灯显示探测器其他工作状态时，被显示状态与火灾报警状态有明显区别。

5）探测器连接其他辅助设备（例如远程确认灯、控制继电器等）时，与辅助设备之间的连续线断路和短路不影响探测器的正常工作。

6）除非使用特殊手段（如专用工具或密码）或破坏封条，否则探测器的出厂设置不会被改变。

7）探测器采用软地址编码或编码器编码。若探测器拆卸后重新安装调换了位置，探测器的地址码可以方便地重新改写，不会产生错报。

8）探测器具有强抗干扰能力。

9）对温度、湿度、电源电压等环境因素变化能自动补偿。

10）具有防尘、防霉、防潮、防静电、防干扰、防小虫及微生物的性能。

3. 点型可燃气体探测器

1）符合《可燃气体探测器 第1部分：工业及商业用途点型可燃气体探测器》（GB 15322.1—2019），通过型式检验认证，检测报告在有效期内。

2）对探测器进行调零、标定、更改参数等通电条件下的操作不会改变其外壳的完整性。

3）探测器具有防止极性反接的保护措施。

4）探测器在被监测区域内的可燃气体浓度达到报警设定值时，能发出报警信号。再将探测器置于正常环境中，30s 内能自动（或手动）恢复到正常监视状态。

5）探测器的量程和报警设定值符合《爆炸性环境用气体探测器 第1部分：可燃气体探测器性能要求》（GB/T 20936.1—2017）的规定。

6）探测器的气体传感器发生脱落时，探测器能在 30s 内发出故障信号。

7）探测器采用满足《爆炸性环境 第1部分：设备 通用要求》（GB/T 3836.1—2021）要求的防爆型式。

8.5.3 其他设备选型

1. 手动火灾报警按钮

1）符合《手动火灾报警按钮》（GB 19880—2005），通过 3C 认证，检测报告在有效期内。

2）报警按钮从正常监视状态进入报警状态可以通过击碎启动零件或使启动零件移位完成，并能从前面板外观变化识别且与正常监视状态有明显区别。

3）报警按钮设红色报警确认灯，报警按钮启动零件动作，报警确认灯点亮，并保持至报警状态被复位。

4）报警按钮动作后仅能使用工具通过对启动零件不可重复使用的，更换新的启动零件或对启动零件可重复使用的，复位启动零件进行复位。

5）操作启动零件时不会对操作者产生伤害。报警按钮外壳的边角经过钝化处理，减少使人受伤的可能性。

6）每一手动报警按钮宜配有一个消防电话插孔。

2. 火灾声光警报器

1）符合《火灾声和/或光警报器》（GB 26851—2011），通过 3C 认证，检测报告在有效期内。

2）火灾声光警报器同时满足火灾声警报器和火灾光警报器的

性能要求。

3）火灾声光警报器能在4h内可靠运行，并能持续发出警报信号。

4）火灾声光警报器能在规定的供电电压上、下限值之间保持正常工作状态。

5）操作启动零件时不会对操作者产生伤害。报警按钮外壳的边角经过钝化处理，减少使人受伤的可能性。

6）声光警报器的工作电压为DC 24V，功耗低、报警声响强、闪光指数大，且方便安装。

7）控制器能手动消除和启动火灾声光警报器的声警报信号，消声后，有新的火灾报警信号时，能重新启动。

3. 消火栓按钮

1）符合《消防联动控制系统》（GB 16806—2006），通过消防产品检测认证，检测报告在有效期内。

2）消火栓按钮的工作电压采用不大于36V的安全电压。具有通过联动控制器向消火栓水泵控制器发送启动控制信号并接收水泵启动回答信号的功能。

3）消火栓按钮从正常监视状态进入启动状态可以通过击碎启动零件或使启动零件移位完成，进入启动状态的消火栓按钮应能从前面板外观变化清晰识别且与正常监视状态有明显区别。

4）消火栓按钮动作后能使用工具通过更换新的启动零件或复位启动零件进行复位。

4. 消防应急广播

1）符合《火灾自动报警系统设计规范》（GB 50116—2013）的相关条文，通过型式检测认证，检测报告在有效期内。

2）主要设备包括：播放机、传声器、混音扩大器、前置扩大器、功率放大器、控制继电器、选择器和附件、控制和监视屏等。

3）消防应急广播系统的联动控制信号由消防联动控制器发出。当确认火灾后，能同时向全楼进行广播。

4）消防应急广播的单次语音播放时间为10～30s，可采取1次火灾声警报器播放、1次或2次消防应急广播播放的交替工作方式循环播放。

5）在消防控制室能手动或按预设控制逻辑联动控制选择广播分区、启动或停止应急广播系统，并能监听消防应急广播。在通过传声器进行应急广播时，能自动对广播内容进行录音。

6）消防应急广播与普通广播或背景音乐广播合用时，应具有强制切入消防应急广播的功能。

第9章 智能化系统

9.1 智能化系统配置要求

9.1.1 智慧酒店智能化系统概述

本章结合酒店建筑的特点，以“服务”为基础，以建设智慧酒店、实现酒店建筑碳达峰、碳中和为目标，充分运用物联网（IoT）技术、大数据（DT）、人工智能（AI）等前沿技术，做到功能实用、技术适时、安全高效、运营规范和经济合理，具有适用性、开放性、可维护性和可扩展性。旨在切实提升宾客入住体验，提高酒店管理效率和水平，营造安全洁净的酒店空间环境，实现绿色建筑、超低能耗建筑建设目标。

9.1.2 酒店智能化系统配置要求

设计原则要求满足数字化酒店的业务应用需求，适用国际、国内各连锁酒店的技术要求，符合智能建筑设计标准和规范，达到智能建筑验收标准和酒店的星级评定。酒店智能化系统配置见表9-1-1。

表 9-1-1　酒店智能化系统配置

智能化系统		其他服务等级酒店	三星及四星等级酒店	五星级及以上酒店
信息化应用系统	公共服务系统	Ⅱ	Ⅲ	Ⅲ
	智能卡应用系统	Ⅲ	Ⅲ	Ⅲ
	物业管理系统	Ⅱ	Ⅲ	Ⅲ
	信息设施运行管理系统	Ⅰ	Ⅱ	Ⅲ
	信息安全管理系统	Ⅱ	Ⅲ	Ⅲ
信息化设施系统	信息接入系统	Ⅲ	Ⅲ	Ⅲ
	综合布线系统	Ⅲ	Ⅲ	Ⅲ
	移动通信室内信号覆盖系统	Ⅲ	Ⅲ	Ⅲ
	用户电话交换系统	Ⅲ	Ⅲ	Ⅲ
	无线对讲系统	Ⅱ	Ⅲ	Ⅲ
	信息网络系统	Ⅲ	Ⅲ	Ⅲ
	有线电视系统	Ⅲ	Ⅲ	Ⅲ
	有线电视系统与卫星电视接收系统	Ⅰ	Ⅱ	Ⅲ
	公共广播及背景音乐系统	Ⅲ	Ⅲ	Ⅲ
	多媒体会议系统	Ⅰ	Ⅱ	Ⅲ
	信息导引及发布系统	Ⅱ	Ⅲ	Ⅲ
	时钟系统	Ⅰ	Ⅱ	Ⅲ
建筑设备管理系统	建筑设备监控系统	Ⅱ	Ⅲ	Ⅲ
	建筑能效监管系统	Ⅱ	Ⅲ	Ⅲ
公共安全系统	入侵报警系统	Ⅱ	Ⅲ	Ⅲ
	视频安防监控系统	Ⅲ	Ⅲ	Ⅲ
	出入口控制系统	Ⅲ	Ⅲ	Ⅲ
	电子巡查系统	Ⅰ	Ⅱ	Ⅲ
	安全检查系统	Ⅰ	Ⅱ	Ⅲ

（续）

智能化系统		其他服务等级酒店	三星及四星等级酒店	五星级及以上酒店
公共安全系统	停车场管理系统	Ⅲ	Ⅲ	Ⅲ
	残卫紧急呼叫系统	Ⅲ	Ⅲ	Ⅲ
	安全防范综合管理（平台）系统	Ⅱ	Ⅲ	Ⅲ
智能化集成系统	智能化信息集成（平台）系统	Ⅱ	Ⅲ	Ⅲ
	集成信息应用系统	Ⅱ	Ⅲ	Ⅲ
机房工程（可合并多种功能应用）	信息接入机房	Ⅲ	Ⅲ	Ⅲ
	有线电视前端机房	Ⅲ	Ⅲ	Ⅲ
	信息设施系统总配线机房	Ⅲ	Ⅲ	Ⅲ
	智能化总控机房	Ⅲ	Ⅲ	Ⅲ
	信息网络机房	Ⅱ	Ⅲ	Ⅲ
	用户电话交换机房	Ⅲ	Ⅲ	Ⅲ
	消防控制室	Ⅲ	Ⅲ	Ⅲ
	安防监控中心	Ⅲ	Ⅲ	Ⅲ
	应急响应中心	Ⅰ	Ⅱ	Ⅲ
	智能化设备间（弱电间）	Ⅲ	Ⅲ	Ⅲ
	机房安全系统	Ⅰ	Ⅱ	Ⅲ
	机房综合管理系统	Ⅰ	Ⅱ	Ⅲ

注：Ⅲ——需配置，Ⅱ——宜配置，Ⅰ——可配置。

9.2 智能化系统设计

9.2.1 信息化应用系统

1. 酒店信息化系统设计概述

信息化应用系统包括：公共服务系统、智能卡应用系统、物业管理系统、信息设施运行管理系统、信息安全管理系统等。以酒店公共服务专业业务应用为基础，提供多种生物识别数据，按照安全级别授权管理，针对建筑信息设施进行高效的管理，建立健全的安全管理体系。各种信息类设备、操作流程、应急响应符合规范要求。

系统设计以信息化设施系统为媒介，采集建筑设备管理系统和公共安全系统的各类全数字数据，应用和服务于智慧酒店各类专业化业务，使智慧酒店的运营更加规范化和程序化，为物业管理系统及信息设施运行系统提供数据支撑，提供各子系统的数据安全管理，信息化应用系统应遵循各酒店管理公司的标准和要求，满足星级酒店的评定标准。

2. 公共服务系统设计

此系统应具备客人访客接待管理和公共服务信息发布的功能，主要服务于酒店对于访客人员信息的登记和查验，以保障酒店客人的安全，并针对酒店各类公共服务类信息及时有效的发布，宣传和展示酒店的服务类信息的全方位服务，平台可通过多种方式（如短信、微信、公众号、APP 等方式）实现。此功能应集成于酒店管理软件的功能模块。

3. 智能卡应用系统设计

智能卡应用系统主要采用“一卡通”进行应用，此系统采用以太网传输方式，各控制器通过 TCP/IP 通信协议，将酒店客房电子锁子系统、门禁管理子系统、电梯控制管理子系统、停车场管理子系统、员工考勤管理子系统和消费管理子系统等各应用按照项目的实际需要集成到一个或多个子系统中。各系统服务器如需要彼此通信，则通过网络交换协议实现通信功能。一卡通系统分类如下：

（1）客用一卡通

客人办理的“一卡通”卡片由酒店前台工作人员验明客人身份后制卡并发出，供酒店入住客人乘用酒店授权区域电梯、进出客房使用，并且能够在酒店服务区域进行刷卡消费。

（2）员工一卡通

酒店员工的“一卡通”卡片由酒店人事部制卡并发出，实现员工考勤、通过相应授权区域的门禁、进行更衣室洗浴和员工餐厅就餐。

一卡通系统功能应用如下：

1）一卡通卡可与门禁、考勤、消费、梯控、停车场管理系统使用一张感应卡。

2）管理主机能及时收集消费机交易资料，进行汇总处理，对每天、每月或每时间段消费记录进行汇总统计，并列表打印，还可对个人消费记录、收款记录、退卡、发卡、卡片挂失等进行管理。

3）停车场既提供内部车辆使用，又考虑临时车辆的停泊。对“固定长期车辆”使用一卡通，“临时车辆”采用临时卡进行管理，共享出入口设备。

4）在通往客房层的直梯内设置梯控，酒店客人办理入住后，通过刷一卡通后，操作电梯操控键盘能到达自己想去的楼层。

5）酒店电子门锁也纳入一卡通系统应用，并具备加密功能。

4. 物业管理系统设计

1）酒店建筑及机电设备的运行管理与维修服务，按照酒店固定资产设备清单对整个酒店的运行设施进行周期的管理和维护，统计和分析所有设施的运行生命周期，定期维护、保养、更新和记录，保证整个酒店的建筑设施数据实时更新。

2）针对酒店设施的安全设施，例如安防安全、消防安全、应急突发事件做好定期的安全检查和维护更新。

3）针对酒店客房内的配置物品定期进行收集、统计，尤其一些重要的安全设施要定期校验及检测，例如防毒面具等。

4）针对酒店的防疫设施及措施要及时统计、更新，并将数据共享至公共服务系统。

5. 信息设施运行管理系统

此系统主要针对智慧酒店的电子应用设备进行运行维护管理，包含服务器、交换机、路由器、防火墙及各终端设备，监测各设备的运行状态、资源配置、参数性能等应用服务功能，并定期进行维护管理，可以大大降低维护和更新设备成本，延长设备的使用寿命，服务于各设备全寿命周期，并为物业管理系统提供硬件基础支撑。

6. 信息安全管理系统设计

此系统主要为智慧酒店的网络设备提供安全防护，对所有电子设备 IP 地址、网络访问域名、网络流量、访问内容等各类信息进行收集、监测、分析、报警、阻截和隔离处置，监测各用户的网络行为，分析异常数据，营造一个安全洁净的网络环境，保证各系统畅通运行及数据安全。

9.2.2 信息化设施系统

1. 酒店信息化设施系统设计概述

酒店信息化设施系统包括接入系统、综合布线系统、移动通信室内信号覆盖系统、用户电话交换系统、无线对讲系统、信息网络系统、有线电视系统与卫星电视接收系统、公共广播及背景音乐系统、多媒体会议系统、信息导引及发布系统及时钟系统。

该系统为酒店建筑公共服务专业业务提供基础物理设施的支撑，采集各专业需求的数字数据，建立高速的数字传输通道，提供高清的音视频数据，展示各种专业业务的应用，实现高效、高速的数字化应用架构。充分利用互联网 +，为酒店提供全面覆盖的 WiFi 服务、5G 服务、客房及酒店管理服务、高清电视信号及视频点播服务、4K 影像发布、GPS 时钟及物联网时钟服务。

2. 接入系统设计

在靠近市政管网的地下一层或者一层设置弱电进线间，酒店的弱电主干管槽与之贯通，考虑多家电信网络服务商的光纤接入，同时考虑容纳移动通信信号的光纤接入，预留酒店室外智能化系统的光纤线路及 UPS 电源的线路，为避免后期各单位施工工序问题，应设计并完善各家管道布局图及机房布置图。

3. 综合布线系统设计

（1）系统架构

综合布线系统负责语音及数据传输，以结构化模式进行综合管理，可以采用两种系统架构。一是采用传统方案，使用二层结构：核心层交换机设在 IT 机房，接入层交换机设置在各楼层弱电间，水平采用星形布线。数据主干采用 50/125μm 多模光缆，语音传输主干采用三类大对数电缆，水平布线采用六类 UTP；二是全光网架构，采用二层光纤到房间（FTTR）室内全光组网结构：汇聚光头端设在IT机房，主FTTR设备设置在各楼层弱电间，水平采用点到多点光电复合缆布线，从FTTR设备设置在客房及其他信息点。

（2）布线原则

- 标准客房设计1个电话点，弱电井引至写字台、床头柜、卫生间；1个数据点，弱电井引至写字台；1个IPTV点，弱电井引至电视机背面墙上。
- 商务套房内，每个写字台设置1个数据点，弱电井引至各写字台。
- 若酒店设计客房管理系统，需要为RCU布置1个网线，弱电井引至RCU控制箱。
- 总统套房内设置弱电箱，根据家具的布置设置电话点和数据点，电话点可采用串联方式，串联数量不可超过4部。
- 酒店的公共部分设置无线全覆盖。
- 酒店公共区域电话、数据点位设置原则见表9-2-1。

表9-2-1　酒店公共区域电话、数据点位设置原则

序号	区域位置	设置原则
1	酒店大堂区域	前台接待：一般有8~10个收银台（每一百间客房需设一个收银台），每个收银台4个数据点、2个电话点。前台两边区域另预留4个数据点、2个电话点供两边台备用使用
		礼宾部：2个数据点、2个电话点
		商务中心：设置4个数据点位，供客人上网使用（具体数量依据精装平面确定）
		贵重物品储藏室：设置1个电话点、1个数据点
		行李间：设置1个电话点
		前台办公室：每个标准工位设置1个电话点、1个数据点。并预留2个数据点作为传真、打印机用
		在大堂区域设置3个以上公共电话点位（数量根据精装平面布置而定）
		大堂接待区域设置不少于4个信息发布点（数据点），数量根据精装平面布置而定 预留不少于4个IPTV点（数据点），具体位置及数量依据精装平面确定

（续）

序号	区域位置	设置原则
2	大堂吧	收银台处设置4个数据点、2个电话点。并预留1个数据点、1个电话点。预留4个数据点，2个用于IPTV点、2个用于信息发布点位预留
3	SPA	前台接待处设置3个电话点、3个数据点 每个包间内设置1个电话点 大厅区域设置2个IPTV点（数据点）
4	展厅	接待台设置3个电话点、3个数据点 设置2个信息发布点（数据点）
5	影院	设置3个IPTV点（数据点）
		餐厅区域：收银台设置3个电话点、3个数据点
6	自营商业	在收银台处设置2个电话点、2个数据点，预留1个信息发布点（数据点）
7	自营餐厅	收银台处：设置4个数据点、4个语音点
		餐厅区域设置不少于2个信息发布点（数据点），数量根据精装平面布置而定
		餐厅区域设置不少于2个IPTV点（数据点），数量根据精装平面布置而定
		餐厅包房：设置1个电话点、1个数据点，设置1个IPTV点（数据点）
8	会议室、多功能厅	设置1个电话点、1个数据点（若有分隔，则每分隔区域设置1个电话点、1个数据点）
		在房间门口设置2个信息发布点（数据点）
9	宴会厅	前厅：预留2个电话、2个数据点。预留2个信息发布点（数据点）
		宴会厅区域内每个间隔内设置4个电话点、4个数据点
10	公区电梯厅	设置1个电话点、1个数据点
11	话务员间	按1个数据点+1个数据点/150间客房设置，但不得少于10个电话点、10个数据点。另预留1根50对大对数电缆至PABX室备用

• 酒店后勤区域电话、数据点位设置原则见表 9-2-2。

表 9-2-2　酒店后勤区域电话、数据点位设置原则

序号	区域位置	设置原则
1	办公区	每个标准工位设置 1 个电话点和 1 个数据点 每个办公区设置不少于 2 个数据点,用于传真和打印机 副总经理级以上每工位设置 2 个电话点和 2 个数据点 总监级以上办公室设置不少于 2 个数据点,用于传真和打印机
2	员工餐厅	员工打卡取餐口设置 2 个员工餐厅卡机点位,1 个电话点,覆盖无线信号
3	库房	200m^2 以上设置 2 个电话点、2 个数据点
4	厨房	各厨房设置 2 个电话点、按 pos 出单机设置数据点(员工厨房)。厨师长办公室一个电话,一个网络员工厨房设置 1 个电话点、1 个数据点
5	洗衣房	设置 1 个电话点、1 个数据点
6	制服发放	设置 1 个电话点、1 个数据点
7	医务室	设置 1 个电话点、1 个数据点
8	员工宿舍值班室	设置 1 个电话点
9	工程部办公室	设置 4 个电话点、4 个数据点
10	配电室、空调机房、生活水泵房、锅炉房等机电房	设置 1 个电话点
11	员工餐厅	设置 1 个电话点
12	每个员工培训教室	设置 1 个电话点、1 个数据点

• 出租商铺设置弱电箱。

电话系统自酒店中心机房预留铜缆或者大对数电缆至户内分线箱,网络系统自酒店中心机房预留 1 根 6 芯光纤至户内分线箱。

商户入驻后与酒店协商通过跳线搭接实现语音及网络功能。若入驻商户有直接对接运营商的需求,也可由商户与当地运营商通过联系对接。

4. 移动通信室内信号覆盖系统

为移动信号覆盖系统设置机房，机房装修参考同类机房装修条件，配置电气配电箱，配电箱内只设计总开关，开关下口由运营商自行配置。

在非吊顶区域、弱电竖井为移动信号覆盖系统预留线槽，吊顶区域内由移动信号覆盖厂家配管安装，但应注意满足施工工艺要求。手机信号天线在吊顶内安装，并尽量靠近其他系统检修口，以便维护方便。非吊顶区域应注意规范施工，排布美观。

5. 用户电话交换系统设计

（1）系统架构

酒店程控语音交换机机房应独立设置，或者与网络机房设置在一起但由隔墙分开，并做连通门。话务员室尽可能设置在紧邻电话交换机房区域，话务台的参考规模配置应不少于 1 个/150 间（依客房数量略有调整）。

语音交换机房规模要根据外部进线（电信大对数、光纤）、装机容量、主机及后备电源设备的数量确定。参考机房面积为 $20m^2$/400 间。

备注：除非业主方有明确设计指令，否则不考虑网络 IP 电话系统。自营商业不单独设置电话交换机，其语音接入需求并入酒店程控交换机。

（2）布点原则

• 每标准间客房一个电话号码，即：客房、卫生间使用同一号码，单线号。原则上每套客房单线最多接 4 部话机，若套房隔间需求大于此要求，则另外配置一个交换机端口。每个程控机端口最多允许 4 部电话。

• 每个客房楼层服务间设置一条电话线路（内线电话）。

• 每个客房楼道电梯厅设置一条电话线路（热线电话）。

• 后勤办公电话及酒店公共区域点位分布参照综合布线设置点的要求执行。

6. 无线对讲系统设计

系统设计采用异频全双工中继工作方式，频率为 403MHz 至

470MHz UHF、VHF 频段，铺设低耗射频同轴电缆，多天线发射和接收，多基站互连同波发射，用以达到地下与地下、地面与地面、地面与地下相互间的通话要求，系统覆盖应满足楼宇内部和周边 0.5km 范围的要求。

要求覆盖整个酒店的各个角落，但无线对讲信号覆盖范围不应超出红线 2m。

7. 信息网络系统设计

（1）系统架构

酒店信息网络系统分为办公内网、客用公共外网及弱电设备网三大部分，办公内网和客用公共外网采取物理隔离。

办公内网负责酒店的运营、管理及内部办公，包括酒店前台、大堂接待、宴会会议区、行政酒廊服务台、餐厅收银台、酒店财务出纳、后勤区、货物区、IT 设备机房、消防安防控制室等，基本覆盖酒店的后勤区和功能区。办公内网将通过专用外线、内网网络交换机、路由器、防火墙与总部联系或对外联系。

客用公共外网负责客房区的有线网络应用及无线网络应用；弱电设备网负责承载视频监控、信息发布等系统网络应用；无线网络系统主要是由无线控制器 AC 和无线接入点 AP 组成，AP 接入点之间的距离取决于信号的强度，按 30m 半径连续部署，保证酒店所有区域的无线网络信号无盲区覆盖功能。

（2）配置原则

酒店信息网络系统按照办公内网（简称内网）、客用公共外网（简称客网）及弱电设备网分别配置各自的核心交换机，因为安全需要，客网和内网间需要使用防火墙进行安全隔离，客网出口必须设置防火墙，客网和内网的核心交换机需要提供最少 48 个千兆网络口用于连接服务器。

室内公共区域使用 AP 给客人提供无线接入功能，AP 使用 POE 或 POE + 协议供电。

客房使用面板式 AP 提供无线接入功能，面板式 AP 使用 POE 或 POE + 协议供电，面板式 AP 最少应提供一个千兆以太网口用于连接客房电视系统（IPTV），每间客房至少安装一台面板式 AP，套间原则上在安装电视机的位置必须安装面板式 AP，具体情况以设计时实际情况为准。

（3） 全光网络方案

全光网络相较于传统的交换机网络，具有高带宽、低时延、高可靠、绿色节能等优点。其网络架构采用 P2MP（点到多点）的无源网络架构，如图 9-2-1 所示。

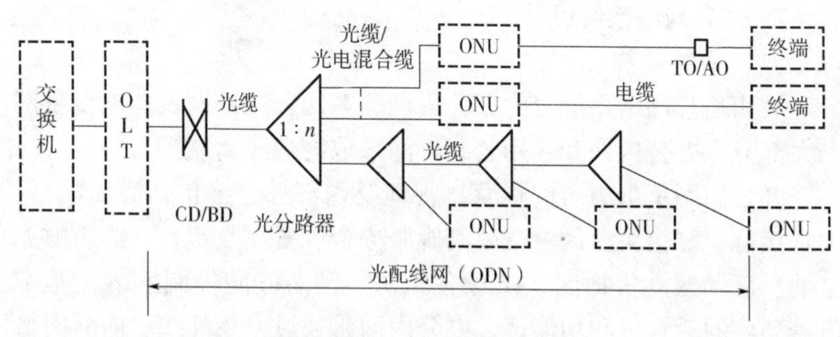

图 9-2-1 全光局域网架构图

• 光网络应由光线路终端（OLT）、光网络单元（ONU）及它们之间相连接的光配线网（ODN）组成。

• 光配线网（ODN）可由光纤配线架（ODF）、光分路器（OBD）、光缆/光电混合缆、对绞电缆及信息插座等组成。

• 光分路器之间、光分路器与 OLT 之间、光分路器与 ONU 之间，宜采用单芯光缆互通。

• 自主局域网中的光网络与公用通信网之间经过光线路终端（OLT）/以太 TL 网核心交换机/防火墙/路由器/配线入口设施互通。

• 全光网络各设施安装位置应符合应用的网络架构要求。

• 光线路终端（OLT）宜设置在建筑物设备间或靠近核心交换机安装的位置。

• 光网络单元（ONU）宜设置在工作区/操作区。

• 光分路器宜设置在建筑物设备间或楼层弱电间。

• 布线系统对 ONU 宜采用光分路器经过光电混合缆中的光纤传送信息，电缆提供安全电源的工作方式。

• 光配线网可采用等比光分路器直接连接光网络单元（ONU），或采用不等比光分路器对光纤链路级联延伸，总级数不宜大于4级。

• 当终端设备采用远程供电方式时，宜采用光电混合缆（光纤与电缆/电线组合），应满足供电距离的要求。

• 光电混合缆应符合《通信用光电混合缆工程技术规范》YD/T 5242等标准要求。

• 光电混合缆宜采用光电一体化连接器成端。光纤采用SC型或小型光纤连接器（如LC、XC型等），电源连接器的型号需要与供电设备的输出端口相匹配。

• 光分路器可采用1×N/2×N等比光分路器或不等比光分路器。当采用光电混合缆远程供电时，光分路器应内置供电单元模块。

在全光网络方案下，对应的无线网络系统由主FTTR设备和从FTTR设备组成，主从设备间通过点到多点光电复合缆连接，提供WiFi无缝覆盖、办公内网/客用公共外网大并发业务接入、高性能业务漫游、酒店网络自助化可视可维能力。

室内公共区域使用从FTTR设备给客人提供无线WiFi接入功能，从设备基于POF（光电复合缆）供电。

客房使用面板从FTTR设备提供无线WiFi接入功能，基于POF（光电复合缆）供电，至少提供1个千兆以太网口用于连接客房电视系统或以太有线终端，每客房至少安装一台FTTR设备，套间原则上在安装电视机的位置必须安装面板式从FTTR设备。

8. 有线电视系统与卫星电视接收系统设计

在满足酒店当地有线电视总体规划的要求下，在酒店内部搭建一套标准的数字电视前端系统IPTV，对中央和地方等数字电视节目、本地数字电视节目、高清数字电视节目、境外卫星电视节目等进行接收/编码、复用、QAM调制，构建高标准的数字电视前端系统。

接收国家广电部规定允许接收的境内、外卫星电视信号。国内频道数量不少于40套，境外节目不少于10套。接收频道内容需根据各地方标准，并与酒店管理公司确定。

根据酒店需求，可选择设置1～2套自办节目（根据具体项目设置）。

9. 公共广播及背景音乐系统设计

有背景音乐需求的区域，如大堂、大堂吧、会议室、餐厅、宴会厅、电影工坊、酒吧、娱乐区、健身房等按背景音乐需求设置扬声器。

设有本地音响的区域，例如宴会厅、多功能厅、会议室、餐厅、酒吧、KTV、SPA等，须在火灾时切断本地音响的电源，切换至消防广播状态。

紧急广播与背景音乐共用扬声器，紧急情况下由消防中心控制强制切换到紧急广播。背景音乐可实现多音源分区管理功能。

传声器、功放、音频控制器、平台软件及计算机、DVD等录播设备均集中装置于消防控制中心。消防广播的功放必须具备足够功率供全酒店所有消防广播一起广播，最少设置1台备用功放器。备用电池或UPS应能支持系统作最少2h全酒店区域广播操作。

地下及裙楼部分（如有）按防火分区划分广播区，地上部分按楼层划分广播区。每广播区的火灾应急广播扬声器线路须有自动监测开路及短路装置，在消防控制中心显示故障状态，并在短路时可自动切断该线路。扬声器线路电线不应有三通接口（注意：应从1个扬声器至另1个扬声器以手拉手方式配线），否则会导致线路失去监测功能及多故障。每个扬声器须有金属（或不燃材料）面板和底箱作保护。

10. 多媒体会议系统设计

(1) 系统功能

配置用于远程视频会议、报告和新闻发布会议的音视频系统。主要包括以下功能模块：矩阵切换系统、显示系统、会议系统、会议发言扩声系统、同声传译系统、智能中央控制系统以及辅助系统等。各子系统通过会议室系统集成，组成一个完整的智能化的会议室。

(2) 设置原则

客房：设置多媒体面板，涵盖内容为2个USB接口、1组AV

音视频接口、1个HDMI接口、1个VGA+3.5mm音频接口、2个10A电源插座。

酒店大堂、自营餐厅：仅设置音频系统，可接收网络音源，并配有就地音源。

餐厅包房、多功能厅、会议室的音频系统：可接收网络音源，并预留就地音源接口（采用1.2m高机柜，内设流动音源，包括具备高低音调节功能的功放CD一体机、2只传声器、带效果器功能的调音设备、2只支架式音箱或吸顶扬声器等）。

餐厅包房、多功能厅、会议室的视频系统：低于150m^2的会议室、餐厅包房采用流动设备，仅预留投影机的接入条件；大于150m^2的会议室、餐厅包房采用固定视频设备（投影机、投影幕、LED显示屏）。

宴会厅音视频：配置固定的音频系统及视频，并配有固定的音控室。音源、调音台、音频矩阵、视频矩阵等主控设备均设置在主控室内。用于系统的音频系统、视频系统（包括音视频矩阵/VGA/RGB信号切换、摄像机、投影仪、等离子监视器、DVD、录像机、传声器、投影幕布升降等）全部接入到控制室的中控系统，由接入中控计算机来控制所有的操作。为了实现全部AV系统的网络化，酒店各个楼层的会议室及背景音乐系统的数字音频处理器和中控进行全网络化控制。在宴会厅区域内设置摄像机，实现中控室内能随时了解现场情况。进行实时或后期视听制作，便于处理音像信号的广播和传输，这些后期音频应用功能特别适用于宴会厅、会议厅及商务中心举办大型商业活动。

宴会厅触摸屏/无线液晶显示控制屏：配置2个中文界面的触摸屏/无线液晶显示控制屏，方便现场控制。可控制厅内所有电子器材及操作，包括投影机、屏幕升降、影音设备、信号切换，以及会场内的灯光照明、系统调光、音量调节等。

宴会厅舞台灯光系统：在宴会厅和会展区域设置用于舞台灯光的升降架，用以后期应付不同的表演活动临时搭设舞台灯光音响。系统可以通过中控系统控制，具有较好的兼容性，满足RS485控制、遥控、手控等各种方式。

11. 信息导引及发布系统设计

酒店信息导引发布系统是以网络、多屏显示和多媒体技术为基础，以不同的存储、传输形式在终端显示器发布会议信息、酒店设施介绍、房型展示、临时通告、紧急信息、天气预告、航班信息、广告等信息的系统。通过系统软件管理平台或其他形式，达到宣传酒店产品、动态资讯等辅助服务、推广经营的目标。

显示端安装位置：大堂、大堂吧、大堂客梯入口、宴会厅入口、会议室、多功能厅、艺术汇、奢侈品店、宴会前厅、室内自营餐饮、室内自营商业、会展区域等。

12. 时钟系统设计

酒店的时钟系统主要设置于前台，实时显示世界各地的时间，通过母钟接收 GPS/北斗卫星的标准时间，通信校正各个子钟的时间，另外可以校正智能化各子系统服务器的时间，时钟的天线安装在屋顶，保证四周无遮挡和屏蔽，注意其安全稳固性和避雷等措施。

9.2.3 建筑设备管理系统

1. 建筑设备管理系统设计概述

酒店设备管理系统包括建筑设备监控系统、建筑能效监管系统。该系统确保建筑设备设施的运行安全、稳定、高效，营造洁净、舒适的运营环境，提升对于建筑设备设施的优化管理及功效管理，通过能耗系统分析及统计，建立高效的运行策略和适宜的维护管理，实现对于可再生能源的管理，达到绿色建筑标准的要求。

2. 建筑设备监控系统设计

（1）系统架构

系统为机电设备提供自动化管理，通过两层或三层控制网络，达到自管要求，同时该系统通过以太网，配合开放式网络协议，如 OPC、ODBC、BACnet over IP 等。系统为分布智能式系统结构，网络结构模式采用集散式或分布式的控制方式，由管理层网络与监控层网络组成，实现对设备自动控制及运行状态的监控。

（2）设置原则

• 实现对酒店内各类设备的监视、控制、测量，应做到运行安全、可靠、节省能源、节省人力。例如：考虑到一般回风风道的温度普遍偏高，酒店大堂室内温度传感器设置需要根据四周最不利点温度进行汇总后取平均值；在新风机组送风风道的最不利点增加风道静压传感器，保证所有房间均能得到相应的新风。

• 实现对空调设备、通风设备、电动阀门的运行工况进行监视、控制、测量、记录。

• 设置采集环境洁净度传感器，例如 CO、CO_2、PM2.5，联动空调系统调节环境洁净度。

• 变配电设置电力监控系统，通过通信接口协议接入系统。

• 对室外泛光、室外园林、室外景观照明以干接点形式或者接口形式进行监视和控制。

• 在空调冷冻机房实现制冷站的群控。建筑设备监控系统通过接口形式，收集制冷站内的各种运行数据进行监测。

• 对热力系统、热源设备的运行工况进行监视、控制、测量，记录。

• 对锅炉、电梯通过接口形式收集的运行状态数据进行监视。

• 对给水排水、强电远传数据的采集、计量，采用远传计量系统，通过接口接入系统。

• 通信接口设置包括但不限于：制冷站群控（包括制冷机组、冷却塔、水泵）、柴油发电机组（监视）、锅炉（监视）、变配电、电梯、智能照明、锅炉、游泳池系统等，通过网关纳入系统监测状态。

3. 建筑能效监管系统设计

能效监控系统主要针对酒店内的电、水、冷热量、燃气使用进行统计、记录、分析，可以按照机电设备的消耗类别采集、动态监测和分析，按周期时间段统计分析出整个酒店的能源消耗，并按照节能措施进行对比，形成降低运营成本的趋势及策略，总结出各种节能措施，为建立绿色节能酒店提供技术手段。例如：对于餐厅、酒吧、娱乐设施来说，此类功能房间的运营时间比较固定，因此对上述区域的机电设备进行分时控制尤为重要，因此在不同情况下比如营业、非营业、半营业状态对空调进行不同模式的切换，保证最低能耗且不影响环境的质量。

对能耗数据、设备运行数据、环境参数等建筑运维相关数据进行查询、对比分析。包括分类分项的能耗数据，如水、暖、电、气等不同种类的能耗数据进行分析；各种设备的运行数据，如运行时间、运行参数、运行效率等；本项目的环境参数，如 CO_2浓度、温湿度等。会议室的环境控制是酒店软实力最重要的展示环节，会议室除了音视频控制之外，不能忽略的还有环境控制。会议室环境控制需要配置一台微环境控制器，用来控制会议室内灯光、窗帘、空调的模式转换工作，检测室内的空气质量并且连锁楼层新风系统，保证会议室内的新风供应。环境控制系统还可以跟会议系统打通，运用人体存在探测器判断室内是否有人，并把实时情况传送到会议系统。

数据对比分析模块可对不同时段同类数据、相同时段不同类数据进行对比分析；可对所查询能耗的下级能耗分布占比进行统计分析。通过丰富的数据对比分析功能，以实现数据的高效管理。

9.2.4 公共安全系统

1. 酒店公共安全系统设计概述

酒店公共安全系统包括入侵报警系统、视频安防监控系统、出入口控制系统、电子巡查系统、安全检查系统、停车场管理系统、残卫紧急呼叫系统、安全防范综合管理（平台）系统。

公共安全系统建设立体式的安全防范管理体系，采集各类数字化高清的安全数据，构建集成共享的数字化管理平台，针对各类安全数据互联和共享，实现高效响应，提供与应急响应中心的数据应用。充分利用 AI 技术，实现高清数字视频监控、AI 视频分析（陌生人识别、人员轨迹分析、异常行为分析、人员集散及热度分析、出入口体温筛查等）、人脸采集及识别应用（人脸自助入住、人脸梯控、人脸消费、人脸门禁、人脸考勤等）、智慧停车、安消一体（安消/热成像摄像机监测、烟雾检测、可见光监控）、智慧安防管理等。

2. 入侵报警系统设计

(1) 系统架构

报警点设备包括门磁开关、报警按钮、报警采集器、报警管理显示计算机及报警软件等。

该系统具有多种报警联动功能，如报警录像、报警联动继电器输出、报警联动视频切换、报警联动球机预置位等。

报警发生后，系统应能手动复位，不应自动复位。在撤防状态下，系统不应对探测器的报警状态做出响应。

与视频监控系统接驳，向视频监控系统发出联动信号，以显示报警位置的画面。

(2) 布置原则

在前台接待处、财务办公室、总经理办公室、收银处、出纳室、HR 办公室、医务室、现金存放处、IT 机房、残疾人客房、残疾人卫生间、贵重物品储藏室、SPA 区域的湿蒸区域（报警信息除传至监控中心外，也应传至 SPA 前台区域，以便及时处理警情）设置紧急报警按钮，与监控值班室相联系。

在裙房（如有）屋面靠近客房一侧应设置红外对射保护客房的安全，设置位置需考虑到安全、可靠、美观、隐蔽。

3. 视频安防监控系统设计

(1) 系统架构

系统采用基于 IP 寻址的全数字高清网络化的视频监控系统。该系统主要由前端摄像机、存储阵列、解码器、显示屏、工作站、管理服务器系统以及专用的安保网络组成。系统采用磁盘阵列进行存储，存储采用 RAID 5 方式，保留时间按照《旅馆业治安管理条例》规定，监控视频保存期不得少于 90 日（24h 制）录像存储。

(2) 布置原则

酒店外道路主要出入口、酒店内各主要出入口、酒店室外园林（应注意防止绿植遮挡、避开生长速度快的植物，采用防水型摄像机）、商街区域等。

电梯前室、电梯轿厢、地下车库、商业走廊、自营餐厅、公共走廊、前台接待、前台保险柜、前台办公室、收银处、ATM 机处、中庭、行李房、游泳池、厨房区域（本区域内的视频应引至该餐厅前台进行监视）、奢侈品店、艺术汇、影院等重要区域设置监控摄像机。

重要办公室、重要机房（生活水机房、IT机房、主配电机房）、员工通道、库房门口、员工出入口、出纳室、卸货平台、收发室、财务室等重要区域设置监控摄像机。

室外上人屋面应设置摄像机。

出租商业内由租户根据后期需求自行布设。

自营商业在贵重物品和收银台等处设置摄像机，摄像机的形式应依据精装布置图配置。

4. 出入口控制系统设计

(1) 系统架构

系统由读卡器、出门按钮、电控锁、门磁、门禁控制器、通信网络、发卡器、管理软件、服务器组成。

出入口控制系统需提供相关的开放接口供其他系统（停车管理系统、梯控、门锁、酒店消费等）接驳，实现一卡通用门禁控制系统主服务器能够控制所有的数据输入、输出、修改、删除和每一个终端设备的监测和设置。

当现场控制器和主服务器之间的通信中断或主服务器发生故障时，现场控制器应能独立进行工作，并将现场所有处理数据存储在现场控制器中，一旦系统通信恢复后，现场控制器中存储的数据自动加载到主服务器中。

通过设置消防输入输出模块控制各相关门禁控制器，当发生火灾时，由消防控制器主机给出信号联动相关区域门禁开启，或通过消防主机给门禁主机一个强切信号。

系统自动连接视频监控系统，将位于（或临近于）事件发生地点的摄像机调整到预设的预制点位置，将现场的情况显示在特定的监视器屏幕上，也可以显示在门禁控制系统的工作站上。同时可根据需要进行录像和图像打印。

(2) 布置原则

在酒店的客区与服务区必要的通道处、后勤主行政办公区入口、IT 机房、财务办公室、出纳办公室等重要办公用房设置门禁系统；出租商业由租户自行设置门禁系统；IT 机房等重要位置设置门禁系统。

5. 电子巡查系统设计

（1）系统架构

系统要求采用无线操作系统，使用带地址码巡更点。通过手提巡更记录器阅读每个位置的巡更点，每部记录器均能通过交接硬件及软件与保安报警系统计算机主机交接，显示预设及实际巡更路线、巡更员记录检查事项等资料，并可按要求打印报告。

通过存于系统计算机主机内的操作软件来设定巡更点编号、巡逻路线及巡察时需要检查的事项，然后由计算机经记录接口将已设定的上述资料传送至记录器（主机可与报警主机共用）。

（2）布置原则

客房层走廊靠近疏散楼梯处、客房层通往室外区域处。

各库房区域、重要机房区域、重要办公室区域、主要后勤走廊尽头。

奢侈品店外围、艺术汇外围、自营餐饮公区走廊靠近疏散楼梯处。

建筑外围、商街等处。

出租商业内由租户自行设置，出租商业户内以外的与酒店公共部分按酒店要求设置巡更系统。

6. 安全检查系统设计

安全检查系统是以传统的安检仪器为基础，通过运用现代计算机技术，采集酒店客人在整个安检流程中的现场视频图像、行李 X 光透视图像，同时在数据高度共享的基础上，系统管理员利用系统开发的各功能模块对上述信息实施有效的整合、汇总、检索，完成对整个安检流程的实时监管、信息查询。

7. 停车场管理系统设计

停车场既提供给内部车辆使用，又考虑临时车辆的停泊。对“固定长期车辆”使用一卡通或者车牌识别，“临时车辆”采用临时卡或者车牌识别进行管理，共享出入口设备。

系统应具有图像、车号比对收费、车位引导、反向寻车等功能，作为防止车辆被盗事故发生的有效技术手段。

在各出入口处及各层连接出入口处设置地感线圈，统计出入停车场的车辆数，满位时禁止车辆继续驶入。

8. 残卫紧急呼叫系统设计

残卫紧急呼叫系统主要设置在卫生间马桶侧上方，当有人发生意外等特殊情况时可以按下报警按钮，通知监控中心安保人员及时处置，由安保人员手动复位报警开关，每个报警点在电子地图上定位显示闪烁，方便安保人员准确定位，及时处置。

9. 安全防范综合管理（平台）系统设计

通过接入视频监控、入侵报警、一卡通、停车场等系统的设备，获取边缘节点数据，实现安防信息化集成与联动。它基于设备、服务、基础信息库、内外部组件等实现应用集成，建立了集酒店监控中心、客流分析应用服务、人脸监控应用服务、车辆管理、巡查考评应用服务、图片巡查应用服务、AI 模型管理服务等业务应用为一体的集中管理平台。通过对应用功能模块进行整合，集预警、查询、定位、管理、分析为一体，从多个业务维度对酒店安全进行管理，是以视频智能为核心的数据应用平台。

其中酒店人脸入住组件为酒店一脸通业务专用组件，提供前台认证比对登记、刷脸入住、人脸梯控业务，为酒店管理人员提供便利。

9.2.5 智能化集成系统

1. 酒店智能化集成系统设计概述

酒店智能化集成系统包括智能化信息集成（平台）系统、集成信息应用系统。各系统集成的内容及接口要求标准化、数字化，针对集成的数据内容进行共享和应用，采用三维立体可视化技术，建立各种应急响应策略，对集成数据进行累计和统计分析，延长各种建筑设施的生命周期。

2. 智能化信息集成（平台）系统设计

结合 BIM 三维可视化的应用，建设智慧集成管理平台，在管理平台上直观看到三维的建筑、设施、设备，并可关联相关的文件、合同、图纸等资料，全面实现所见即所得，大幅提高监管能力和管理效率，实现三维可视化运维管理、移动终端运维管理、全过程数字化运维管理。

系统定义为三个不同层次，即系统（平台）层、感知层和应用层，通过这三个层面将智慧酒店中的各子系统、设备、管理员和使用者进行有效的连接，形成一个完整的体系，打造一个中心（平台），即无数个神经元（用户）的智慧核心管理平台。

通过最顶层的平台搭建，重新定义智慧酒店的管理，将各种不同的子系统连接起来，在同一平台进行呈现和操作，赋予智慧酒店全生命周期管理不同的概念，真正使管理人员的精力集中到为智慧酒店提供更多的价值、为客户提供更多的服务以及提升用户体验品质中来。

摆脱以往依靠经验的管理方式，使设备通过各种传感器进行连接，使所有的管理行为数字化、可视化，所有的工作可预期、可评估、可执行。通过感知底层，可以对建筑内所有的设备进行有效管理，通过计算机手段自动判断、自动报警，使管理更细致化，最终达到提升服务品质、降低管理成本、减小系统风险、提高用户体验感的目标。

因此，在平台的整体方案中，从这三个维度将所有单独的系统纳入到体系中，将零散的设备进行更多的整合，将所有系统的基础数据采用三维立体的图形界面通过移动终端或者大屏幕集中展示，从而为使用者建立一个完整的管理系统，最终形成一个完整的管理体系。

3. 集成信息应用系统设计

集成信息应用系统包含智慧安防、智慧能源、智慧设备监控、智慧环境、智慧物业、智慧指挥中心等标准模块。

（1）智慧安防

可以将现有的视频监控系统、周界报警系统、入侵监测系统、停车场管理系统等的实时数据和历史数据进行接入，并进行模型交互，通过现场设备和参数的反馈在 BIM + GIS 综合管理平台中对现有设备进行控制。

(2) 智慧能源

在能源使用方面呈现多元化的形式，能耗构成极为复杂，合理分配管理能源就显得尤为重要；然而依靠现有的系统，在二维平面进行能耗展示，使管理方和使用方很难快速、准确定位用能不合理的地方，从而不能及时修正能源管理缺陷。

(3) 智慧设备监控

可以将现有的建筑设备管理系统进行接入，通过现场设备和参数的反馈在 BIM + GIS 运营系统中对现有设备进行控制。

(4) 智慧环境

可以将现有的温度监测器、湿度监测器、PM2.5 监测器、CO_2 监测器、负氧离子含量器的系统实时数据和历史数据进行接入，并进行模型交互，通过现场设备和参数的反馈在平台中对现有环境进行监测及报警。

(5) 智慧物业

在三维模型中对各类用能设备、重要设施等进行空间定位。

集成设备设施的设计信息、出厂信息、资产管理信息、维保信息等各阶段、各相关方的信息，从而对设备台账进行全面管理。

(6) 智慧指挥中心

可以将现有的消防系统、紧急广播系统、门禁联动系统、视频监控联动系统的实时数据和历史数据进行接入，并进行模型交互，通过现场设备和参数的反馈在平台中对现有环境进行监测及报警。

9.3 新基建

9.3.1 酒店机房设计

1. 酒店机房工程设计概述

酒店机房是为酒店智能化系统提供安全、可靠的工作环境，为数据传输及存储提供安全、稳定的基础设施，采用集约化设计和有效空间利用的原则，可根据需求自由组合配置，以满足功能需求为主。主要包括信息接入机房、有线电视前端机房、信息设施系统总配线机房、智能化总控机房、信息网络机房、用户电话交换机房、消防控制室、安防监控中心、应急响应中心、智能化设备间（弱电间）等。

2. 酒店机房工程设置需求

酒店机房工程设计是建筑装饰、电气设备、计算机设备、安装工艺、网络智能、通信技术等多方面技术的集成，计算机机房的设计与施工的优劣直接关系到机房内智能化系统是否能稳定可靠地运行。机房工程设计主要包含：机房装饰工程（防静电地板、顶棚吊顶、墙面工程、门窗工程）、电气照明工程（UPS 供电、配电柜、专用电线、配电、灯具等）、精密空调工程、机房综合布线工程、机房消防工程、机房安全系统、机房综合管理系统等。

9.3.2 机房工程设计

1. 机房装饰工程设计

（1）顶棚设计

机房装饰工程顶棚设计内容见表 9-3-1。

表 9-3-1 机房装饰工程顶棚设计内容

机房名称	顶棚设计内容
信息接入机房	找平处理后，刷防尘漆、乳胶漆，不吊顶
有线电视前端机房	
信息设施系统总配线机房	
智能化总控机房	
信息网络机房	
用户电话交换机房	
消防控制室	
安防监控中心	
应急响应中心	
智能化设备间（弱电间）	

（2）地面设计

机房装饰工程地面设计内容见表 9-3-2。

表 9-3-2　机房装饰工程地面设计内容

机房名称	地面设计内容
信息接入机房	地面用水泥压光地面，要求地面整体应水平，不得有起伏现象，地面抹灰层不应有裂纹和超标空鼓现象 在地面作承载力计算并做处理，以达到设备的最大承重要求 找平处理后，刷防尘漆，采用防静电架高地板，架高 200mm 安装，并采用拉丝不锈钢踢脚，铺设接地铜网
有线电视前端机房	
信息设施系统总配线机房	
智能化总控机房	
信息网络机房	
用户电话交换机房	
消防控制室	
安防监控中心	
应急响应中心	找平处理后，刷防尘漆、乳胶漆，不吊顶
智能化设备间（弱电间）	

（3）墙面设计

机房装饰工程墙面设计内容见表 9-3-3。

表 9-3-3　机房装饰工程墙面设计内容

机房名称	墙面设计内容
信息接入机房	机房内墙、柱面均采用腻子找平、刷白色乳胶漆，并设 80mm 高拉丝不锈钢踢脚
有线电视前端机房	
信息设施系统总配线机房	
智能化总控机房	
信息网络机房	
用户电话交换机房	
消防控制室	
安防监控中心	
应急响应中心	
智能化设备间（弱电间）	

2. 电气照明工程设计

机房电气照明工程设计内容见表 9-3-4。

表 9-3-4 机房电气照明工程设计内容

机房名称	电气照明工程设计内容
信息接入机房	机房照度：标准值 300lx；备用应急照明照度：不小于 50lx。照明系统包括照明和辅助插座。灯具采用格栅灯具，格栅灯采用 LED 面光源
有线电视前端机房	机房照度：标准值 500lx；备用应急照明照度：不小于 50lx。照明系统包括照明和辅助插座。灯具采用格栅灯具，格栅灯采用 LED 面光源
信息设施系统总配线机房	机房照度：标准值 300lx；备用应急照明照度：不小于 50lx。照明系统包括照明和辅助插座。灯具采用格栅灯具，格栅灯采用 LED 面光源
智能化总控机房	机房照度：标准值 500lx；备用应急照明照度：不小于 50lx。照明系统包括照明和辅助插座。灯具采用格栅灯具，格栅灯采用 LED 面光源
信息网络机房	
用户电话交换机房	
消防控制室	机房照度：标准值 300lx；备用应急照明照度：不小于 50lx。照明系统包括照明和辅助插座。灯具采用格栅灯具，格栅灯采用 LED 面光源
安防监控中心	
应急响应中心	
智能化设备间(弱电间)	

3. 机房空调工程设计

机房空调工程设计内容见表 9-3-5。

表 9-3-5 机房空调工程设计内容

机房名称	空调工程设计内容
信息接入机房	• 采用工业空调，温度要求 18～28℃，湿度要求 30%～70% • 机房在静态条件下，尘埃粒径≥0.5μm 的尘埃粒数：最大浓度≤18000 粒/升
有线电视前端机房	• 采用工业空调，温度要求(23±1)℃，湿度要求 30%～70% • 机房在静态条件下，尘埃粒径≥0.5μm 的尘埃粒数：最大浓度≤18000 粒/升
信息设施系统总配线机房	• 采用工业空调，温度要求 18～28℃，湿度要求 30%～70% • 机房在静态条件下，尘埃粒径≥0.5μm 的尘埃粒数：最大浓度≤18000 粒/升
智能化总控机房	• 采用工业空调，温度要求(23±1)℃，湿度要求 30%～70% • 机房在静态条件下，尘埃粒径≥0.5μm 的尘埃粒数：最大浓度≤18000 粒/升
信息网络机房	

（续）

机房名称	空调工程设计内容
用户电话交换机房	•采用工业空调，温度要求 18～28℃，湿度要求 30%～70% •机房在静态条件下，尘埃粒径≥0.5μm 的尘埃粒数：最大浓度≤18000 粒/升
消防控制室	
安防监控中心	
应急响应中心	
智能化设备间（弱电间）	•共用酒店内的中央空调，设置出风口、回风口，温度要求 18～28℃，湿度要求 30%～70%

4. 机房综合布线系统设计

机房综合布线系统设计内容见表 9-3-6。

表 9-3-6　机房综合布线系统设计内容

机房名称	综合布线系统设计内容
信息设施系统总配线机房	•采用卡博菲开放式桥架，机柜上走线 •按照核心交换机与服务器的要求布置光纤、6 类线
信息网络机房	

5. 机房消防工程设计

机房内的消防设计因涉及消防验收，由消防设计统一考虑和设计，智能化专业综合布排和配合。

6. 机房综合安全系统设计

机房综合安全系统设计内容见表 9-3-7。

表 9-3-7　机房综合安全系统设计内容

机房名称	安全系统设计内容
信息接入机房	•指纹识别加刷卡进门，刷卡出门，设置紧急出门按钮 •布置红外高清摄像机，无盲区 •布置红外双鉴报警探测器，实现全覆盖
有线电视前端机房	
信息设施系统总配线机房	
智能化总控机房	
信息网络机房	
用户电话交换机房	
消防控制室	•指纹识别加刷卡进门，刷卡出门，设置紧急出门按钮 •布置红外高清摄像机，无盲区
安防监控中心	
应急响应中心	

7. 机房综合管理系统设计

该系统的设计为对上述机房内的精密配电系统、精密空调系统、环境温湿度、漏水报警、UPS 等进行集中监测和管理的资产管理系统。监控系统必须能全天 24h 运行，自动故障报警监测，系统设计具有控制功能，但以监测为主。

供配电系统：在机房重要配电柜上安装专业电量仪进行配电参数监测，可以检测三相相电压、相电流、线电压、线电流、有功功率、无功功率、视在功率、频率、功率因数、电能等参数。

UPS 系统：UPS 的输入输出状态、电池电压、浮充状态、输出电压、电流、功率、频率等。

蓄电池监测：实现对蓄电池的实时监测。主要监测参数包括蓄电池组总电压、总电流、单体电压、单体电流等。

精密空调系统：送风温度、送风湿度、回风温度、回风湿度；回风温度过高/过低，回风湿度过高/过低，送风温度过高/过低，送风湿度过高/过低，空调开/关机状态，风机工作状态等。

机房环境：对机房机柜两侧冷热通道实时监测，对局部过热区及时报警；通过监控中心软件界面可及时了解机房内的物理环境参数。

漏水报警：对精密空调周围进行漏水报警监测，及时发现地板下的漏水位置及漏水的隐患。

新风系统：新风机的运行状态、风机前后的风压、过滤网堵塞状态。

将安防系统集成到动力及环境监控系统中，可灵活调节视频图像的亮度、对比度、饱和度、色调等，设置画面质量和压缩比；通过对采集数据与数据库内相关设定数值进行对比，当采集数据与设定值不符时，触发相关系统动作，从而实现联动功能；探测器监测到有物体移动时将立即产生报警信号送往监控主机，进行报警处理。

第10章 酒店专用系统

10.1 酒店经营及娱乐系统

10.1.1 酒店美容、SPA收费系统

1. 系统构成

系统主要由收银软件、后台管理软件、技师系统软件、金融卫士收银监控系统、手机管理系统、自动售货机等组成，软件的服务器和工作站端可支持 Windows 9X/Server 2003/Server 2008/XP、Windows 7、Netware 3.5。

2. 系统功能

1）可实现开单、录单、收银、办卡、充值、挂失、补办、转账、重新结账、消费查询、消费录入等功能。

2）客户、客服、技师、会员，可通过手机 APP 和 PC 端管理系统实现 O2O 模式。

3）支持技师坐标式和滚轮式两种排钟方式；支持更多规则的定制智能排钟方式；实时查看技师自己的业绩，方便对钟。

4）可通过大数据分析客人回头率、客人喜好、消费项目等，实现客户营销。

5）可绑定摄像头，实时监控优惠券、会员卡等使用，规避收银漏洞。

6）可实现仓库的进、销、调、存，财务报表、项目实收、成

本控制等基本功能设定。

7）可实现微信注册会员、微信激活实体卡、微信绑定实体卡、会员权益预定、惊喜团购等功能。可通过短信验证会员卡、通知会员余额，完成会员生日短信群发。

8）可绑定自动售货机，实现无人销售，节约人力资源。

10.1.2 酒店餐饮管理系统

1. 系统构成

系统主要由系统服务器、餐饮管理软件、点菜机、打印机等组成。

2. 系统功能

1）创建菜单：从菜品单位、口味、做法、套餐等多维度创建菜单，可设置不同时段、不同餐娱点、不同订餐渠道的菜品详情，支持手机、平板、台式机、点菜机等终端。

2）预订管理：可以录入预订单位、被宴请单位、联系人等，一单可以同时预定多个包厢；可以支持多渠道预订，如微信、电话、到店等。

3）库存管理：可设置菜品成本构成，精确管理食材消耗情况，关联仓库库存，生成成本报表，支持售完和沽清控制。

4）后厨管理：厨房的打印单可以设定一菜一单，多菜一单，支持叫起/起菜打印、催单/加单打印、菜品打折/赠送情况打印。

5）查询管理：支持通过台号，查询已点菜的详细清单，查询当前台号的空闲、占用情况，查询菜类、菜谱、包房名称、估清列表等。

6）结账管理：支持折扣/服务费预设，整单打折、自动计算服务费等功能，可直接转应收账统一结算、预储值或预授权额度结算，并可挂账至客房账务，支持房卡刷卡。

10.1.3 酒店会议管理系统

1. 系统构成

系统主要由会务主机、会务服务器管理系统软件、坐席管理软件、考勤管理软件、人体探测软件、访客管理软件、工单管理软件、会务租赁管理软件、共享工位管理软件、信息发布采编管理服务软件、人脸识别模块、会议设备资产盘点模块等组成。

系统可通过手机APP进行会议预约，会前可以发布会议通知等，会后可以进行会议大数据分析，可以与门禁系统等进行对接，所有设备连接交换机，通过网络传输。

2. 系统功能

（1）会前功能

1）会议预约：支持APP会议预约和Web用户端会议预约功能，APP支持安卓和iOS操作系统。会议预约具有会议时间、地点、主持人、参会人员、会议主题、审核人、资料上传、会议结果、后勤服务等功能模块。会议主题支持自定义会议主题、标签式会议主题。会议结果支持向会议要结果模式，可将会议结果共享、上传、加密。

2）会议审批：具有自动审核、手动审核模式。自动审核模式为发起人提交会议预约信息，预约信息自动审核通过，并通知相关参会人员。手动审核为发起人提交会议预约信息，会议信息同步至审核人员，审核人员查看详情后可通过或拒绝会议，审核结果自动下发至发起人，并将会议通知落实至相关参会人员。

3）会议通知：支持会议信息APP通知、短信通知、邮件通知等功能，将会议邀请、会议变更、会议审核、会议取消等消息通知至相关人员。

4）门口屏会议信息发布：支持与信息发布门口屏对接，支持会议信息推送到门口屏展示，支持将所有会议室信息一览表展示，支持会议信息自动翻页、循环；支持信息发布门口屏一对一、一对多、多对多的会议发布模式。

5）议程管理：支持会议议程分段管理，可设置议程数量及内容，支持门口屏场景互动，将议程同步至会议门口屏。

6）坐席管理：支持多种会议类型选择，支持自定义调整坐席大小和会议桌大小，可以添加会议室设备标识，提高会议室识别率；预约会议时可以进行坐席下发，支持按个人模式下发坐席和按部门模式下发，自动通知参会人员坐席信息；支持坐席导览功能，当参会人员收到会议邀请后，可以使用路线引导，快速查找到会议室及具体坐席。

7）会议签到：支持二维码、门口屏、人脸识别、指纹识别、刷卡签到。

8）VR 导览：通过立体化视图提供现场导航导览服务，提供身临其境般的预览服务，支持切换不同场景的空间、设备、朝向等信息展示，提前了解场景概况。支持浏览场景内门窗、桌椅、投影仪、投影幕、投屏电视等固定资产或设备，可查看该资产的详细参数信息、技术信息、品牌信息等。

（2）会中功能

1）会议议程：支持会议议程分段管理，可设置议程数量及内容，支持门口屏场景互动，将议程同步至会议门口屏。

2）会议记录：APP 内嵌语音服务，可将语音转文字存储，可对会议内容进行记录，支持语音录制和文本输入记录功能；支持会议记录导出为会议纪要并加密上传，将纪要共享协作，可进行整理、查看、追踪。

3）会议投票：支持会议投票表决功能，会议主持人可在会前、会中进行发起投票，支持投票结果显示，支持实名投票和匿名投票；支持 APP 端投票、Web 端投票；投票和表决结果后台实时记录，并可按不同会议类型分类记录存储，投票和表决结果可以表格形式导出。

4）文件预览：支持文件导入记录和预览功能，支持 PDF、Word、Excel 等 20 多种常用文件格式的导入、查看、保存。

5）会议服务：支持后勤服务申请及处理状态实时显示功能，支持查看后勤服务状态、是否已经有人员在处理；支持提供 VIP 一对一专属服务，支持对服务人员进行评价等功能，可以查看进行中或已结束的服务内容，提供后期售后咨询服务。

（3）会后功能

1）资产管理：可实现会议资产录入盘点、资产领用、资产报修、资产共享、二维码巡检等功能。

2）系统管理：支持用户管理功能，管理员可单个添加用户，并且设置用户权限，支持批量导入用户信息；管理员可以添加部门、子部门等信息，并将用户加入到对应的部门中；管理员支持创建多个角色和批量修改、删除角色，可设置角色对应的系统权限。

3）会议大数据分析：支持数据统计服务功能，可为决策提供有力支持；具有会议室预定频率、会议室预定走势图展示；支持各类型的会议信息统计，包括开会频次、人数、会议室使用率、男女比较、职业等，支持以专业的大数据图表进行动态展示。

10.1.4 酒店 VOD 多媒体信息服务系统

1. 系统构成

系统主要由酒店内部局域网、核心交换机、路由器等传输网络以及数字电视系统、数字编码器、卫星码流机、管理服务器等服务端设备组成。

系统基于融合通信技术，采用 C/S 架构设计，在 IP 网络上传输直播、点播、酒店信息发布、音乐和多屏互动的流媒体系统平台。可视化管理后台，可轻松管理前端接收设备、流媒体服务器、终端接入智能电视机等设备。

2. 系统功能

1）通电自动开机：客人入住插入房卡后电视自动开机，超时几分钟无操作电视自动转入屏保状态，屏保状态保持几分钟无操作则自动关机。

2）开机画面/开机视频：系统支持设置开机图片或宣传视频，为酒店定制个性化的开机画面；开机图片支持多幅、自动 PPT 轮播方式展示；开机视频短片支持一键跳过。

3）可显示问候语或欢迎词，可对接到客人姓名。

4）可采用中英文双语呈现，支持自动或手动选择语种。

5）酒店介绍：可向客人展示酒店的各个功能区，如特色客房、营养早餐、便捷洗衣房、健康运动吧、禅意茶室等；系统可通过图文、视频等方式将酒店概况、服务及特色全方位地展示给客人，若为连锁酒店，可链接其他门店展示。

6）支持高清电视直播功能，可实现影视点播功能。

7）在线服务：可实现在线点餐、在线小超市、快速退房等功能。

8）周边旅游：展示酒店周边景区信息，为客人提供导游导览信息等。

10.2　酒店客房控制系统

10.2.1　基本原理

系统是利用计算机管理、网络通信、自动控制等技术，基于客房内智能控制器构成专用的网络，对酒店客房内的灯光、电器、安防、中央空调末端、背景音乐、客房服务等进行智能化管理与控制，实时反映客房状态、客人服务请求以及设备情况等，协助酒店对客房设备及内部资源进行实时控制管理和分析。

系统能按照客房用电设备的状态和酒店管理的需要，在保证舒适性的前提下，实现客房受控用电设备的节能运行，最大限度地节约能源、降低消耗。

10.2.2　系统构成

系统主要由客房控制系统管理中心、网络通信、客房智能控制器（RCU）、客房终端（如门外显示器、智能身份识别插卡取电开关、温控器、控制面板等）等组成，酒店客控系统框图如图 10-2-1 所示。

10.2.3　主要功能

1. 灯光控制功能

系统可对白炽灯、荧光灯、冷阴极灯、LED 灯等灯具进行开关、调光控制，系统可储存多种灯光场景，各场景均可自行调节储存。常见的灯光场景模式可为欢迎模式、睡眠模式、阅读模式、总开关模式、夜灯模式、浪漫氛围模式、各种自定义模式等。

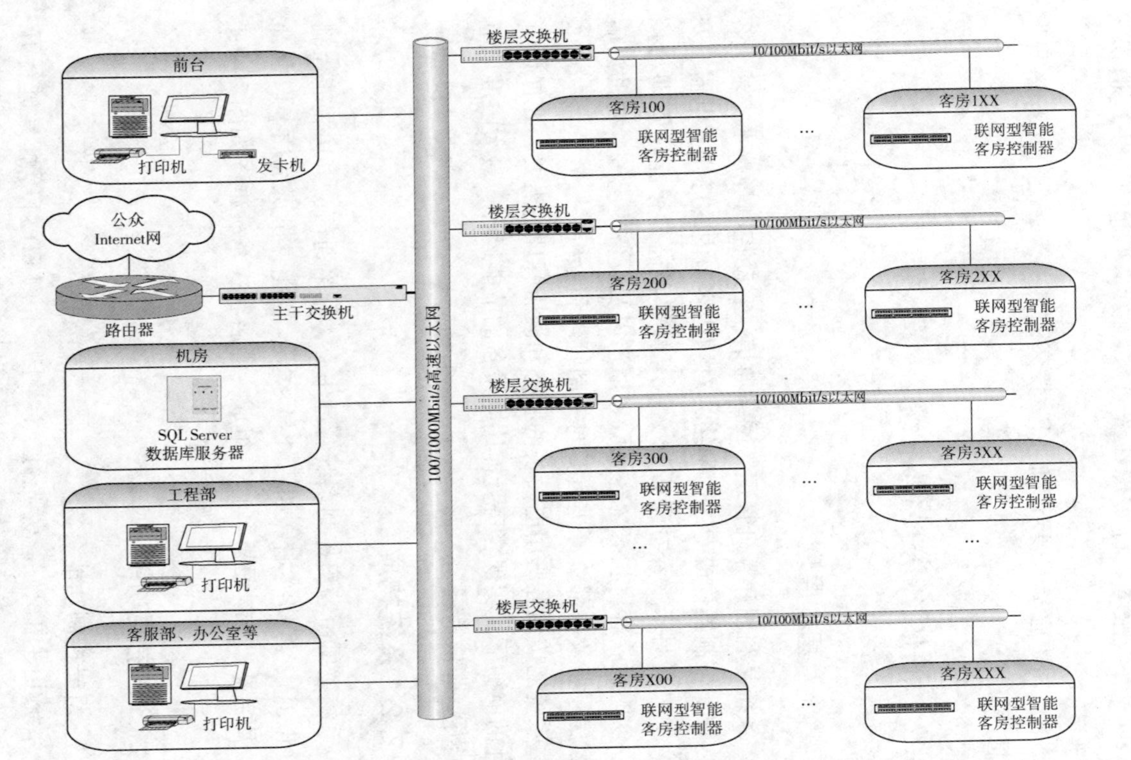

图10-2-1　酒店客控系统框图

2. 空调控制功能

可以实现远程自动控制，客房中心计算机上可显示风速、冬夏转换状态和房间实测温度。前台将客房状态设置为“待租房态”时，房间空调按照网络设置温度自动运行；当前台将客房状态设置为“退租房态”时，房间空调自动关闭。

客人入住后，插入房卡，空调完全可由客人操作控制其温度、风速。当房温达到客人设定的温度时，关闭电磁阀风机低速运行；当房温偏离设定温度2℃时，启动风机低速和电动阀，空调进入正常制冷（热）状态；当客人按空调开关的电源键关闭空调后，温度自动控制失效，风机停止运转；客人拔卡暂时离开房间，此时该房间进入离房保温模式，空调即自动运行于网络设定温度，风机低速运转。

3. 电动窗帘控制功能

系统可自动或手动控制电动窗帘的开启或关闭角度，也可配合各种灯光、空调模式设置电动窗帘的开启和关闭方式。

4. 门铃控制功能

当访客按动门铃开关时会发出叮咚悦耳的声响，提示住客有人来访。当住客通过按控制面板进入“休息或睡眠模式”时，门外显示牌会启动“请勿打扰”功能，这时门铃会被系统禁用，只有解除“请勿打扰”功能后，门铃才恢复正常。

门外显示牌还能显示客房内“客人在房”“请勿打扰”“请即清理”“请您稍候”等服务请求。

5. SOS紧急呼叫开关

此开关按下时，此信号通过网络上传至客房中心计算机及相关部门的计算机上，并立即启动语音报警，保安或客房服务员到场方可通过钥匙解除，计算机上的报警及图标显示消失，并将解除时间自动记录；紧急呼叫功能启用，则勿打扰、请清理、请稍候、退房功能自动失效，只有解除紧急呼叫后这些功能才可恢复使用。

6. 节能控制功能

系统采用感应式智能取电开关进行身份识别，可以对持卡人身份做出判断，对不同身份人员的控制权限分别进行设置，杜绝非法取电。当客人拔卡离开房间时，可以延时切断热水器、部分灯光等电源，有效节能。

系统可对光线照度、红外探测等检测，并通过软件精心设计，对灯光、电器等进行智能控制，达到节电目的。

系统可以对空调末端有效控制，防止能源浪费。

10.2.4 系统设置

1. 系统软件

网络操作系统可采用 Windows 系统；数据库操作系统可采用 SQL 系统；应用软件可采用 C/S 或 B/S 架构。

2. 通信系统

通信系统可有 RS485&TCP/IP 或 TCP/IP 以太网两种网络供选择。RS485&TCP/IP 通信系统的特点为技术成熟、通信稳定、布线简单、成本相对低廉；TCP/IP 以太网通信系统的特点为技术先进、通信速率快、通用性强、普及率高、施工及维护方便。

3. 楼层通信显示器、网络交换机

楼层通信显示器适用于 RS485&TCP/IP 通信系统，通过 RS485 总线与 RCU 实时通信，通过以太网接口接入计算机网络与系统服务器连接。每个楼层通信显示器有独立的 IP 地址，通常安装于弱电井内，采用 220V 供电。一般情况下，每个楼层通信显示器最多可带 30 个 RCU。

4. 楼层网络交换机

楼层网络交换机适用于 TCP/IP 以太网通信系统，通过 5 类线及以上线缆与 RCU 实时通信，通常安装于弱电井内。楼层网络交换机常用规格为 24 口、48 口。

5. 客房智能控制器

安装于 RCU 控制箱内，主要由电源模板、输入主控模块、继电器输出模块、空调输出模块、窗帘输出模块、调光输出模块等组成，可根据项目实际需求选择相应模块路数。

6. 门外显示器

安装于客房门口外，采用 DC 12V 供电，可以显示勿扰、清

理、稍候、有/无人、门铃、房号等信息。

7. 门磁、窗磁

门磁安装于客房门及门框上，用于检测门的开关状态。窗磁安装于客房窗及窗框上，用于检测窗的开关状态。将门和窗的开关状态信息传至 RCU，从而达到安防及智能控制的目的。

8. 插卡取电开关

插卡取电开关设置于客房入口处，插入取电卡后才能使用房间里的用电设备。

插卡取电开关有很多类型，插卡取电开关分类见表 10-2-1。

表 10-2-1　插卡取电开关分类

序号	名称	功能
1	光电型插卡取电开关	任何卡片均可取电
2	光电身份识别型插卡取电开关	识别专用卡取电,并可识别客人卡、服务员卡和管理人员卡
3	识别接触式 IC 卡型	识别接触式 IC 卡,但不识别身份
4	智能型插卡取电开关	识别非接触式低频卡,但不识别身份
5	智能型插卡取电开关	识别非接触式高频卡,但不识别身份
6	智能型插卡取电开关	读取非接触式低频卡数据,通过 RS485 总线与 RCU 通信,可识别持卡人身份
7	智能型插卡取电开关	读取非接触式高频卡数据,通过 RS485 总线与 RCU 通信,可识别持卡人身份

9. 吸顶红外探测器

常安放于卫生间吊顶及衣柜内，用于检测有/无人状态，接入 RCU，实现智能灯光控制以及节能。

10.3　酒店运营系统

10.3.1　酒店会员系统

1. 系统构成

智慧酒店会员管理系统专注于提升酒店自身的服务能力及私域

会员运营能力，主要包含会员增长、会员洞察、会员服务及营销等几大核心子系统，让服务及运营人员成为酒店对外的超级触点及服务窗口，通过微信来触达、服务和运营客户，将住店客人转化成酒店的私域会员，高效且标准化服务、专属个性化服务、精细化会员运营，与客户形成长期的、稳定的联络关系，最终提升用户入住体验，增加酒店订单，提升酒店收益。智慧酒店会员管理系统构成图如图 10-3-1 所示。

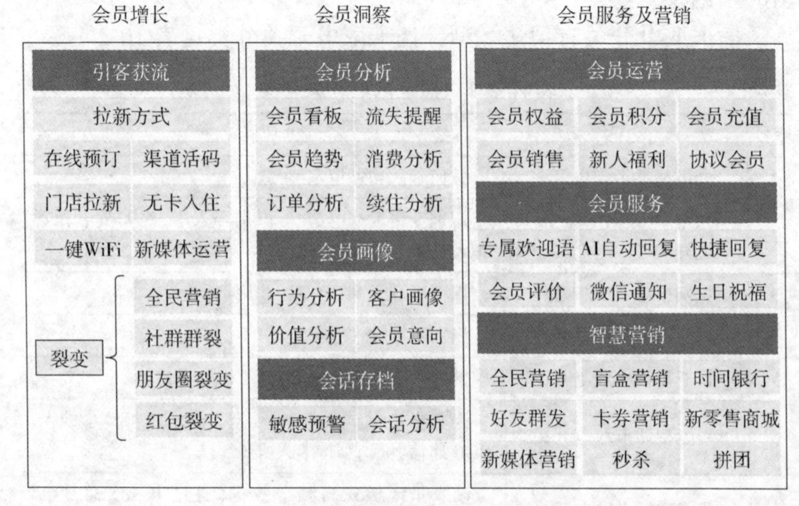

图 10-3-1　智慧酒店会员管理系统构成图

2. 系统功能

1）消费记录查询：客人在酒店本次入住期间的所有消费信息查询；客人在酒店集团所属酒店的所有消费信息查询。

2）积分查询：客人的历史积分查询。

3）积分商城：酒店（酒店集团）的礼品换购信息，并可在此界面一键申请兑换。

4）会员充值、会员在线预订客房。

5）会员画像：系统自动分析会员用户人数、性别、年龄、来源省份、来源城市等数据；系统自动分析用户标签、用户喜好、灯光喜好等内容，提供用户专属服务。

10.3.2 酒店预订系统

1. 系统构成

酒店预订系统有多种形式，可以采用酒店官网网站预订、酒店会员系统预订，也可以对接各种境内或境外网络订房渠道平台（境内如携程、同程艺龙、去哪儿、美团、飞猪等；境外如 Booking、Expedia、Agoda 等），支付方式可支持微信、支付宝、银联等。

2. 系统功能

1）酒店整体介绍：显示当前酒店的文字介绍，关于酒店的其他信息以图片显示。

2）酒店分类介绍：分别针对酒店的住宿、会议、餐饮、娱乐等场所进行介绍。

3）全景预览：客房浏览（图片或360°全景）。

4）客房预订：选房（提供分类检索）、预订及预订支付（银联、支付宝、微信）完整业务流程，房源信息与 PMS 系统直连。

5）绿色模式：勾选绿色模式选项，成为绿色入住客人（例如：夏天空调最低可调至26℃），退房后获得节能积分。

10.3.3 酒店运维管理系统

1. 系统构成

系统是结合计算机技术、网络技术、通信技术、自动控制技术，对建筑内所有相关设备进行全面有效的监控和管理，利用智能化集成系统的实时信息和数据，对关键数据进行保存，对存储数据进行分析，使用各种功能模块对设备进行分类管理。

系统的架构如下：

1）软件结构：基础设备层、支撑平台层、智慧应用层、服务接入层。

2）技术框架：使用 ASP. NET 框架。

3）消息队列：采用 AMQP 高级消息队列协议。

4）即时通信：用于客户端与客户端、客户端与服务器之间的即时通信和消息推送服务。

5）加密技术：为保障数据安全，在平台登录、敏感数据传输、对外数据对接中使用数据加密技术保障数据安全。

6）数据处理：对数据进行标准化加工，在数据加工池中处理数据的报警、联动等；同时将重要数据发送到存储队列进行存储，过滤不需要存储的次要数据，最后在客户端进行数据的展示；推荐数据库为 Microsoft SQL Sever 2012 中文标准版。

7）通信接口：接口标准化、规范化，接口协议应采用国际通用的接口标准（BACNet、OPC、Modbus、KNX、SNMP、CBus、MBus 和 IEC 104 规约等）。

2. 系统功能

（1）客户端功能

1）Web 管理端：Web 管理端为 B/S（浏览器/服务器）端，支持目前市面上主流浏览器，如 Internet Explorer 浏览器、Mozilla Firefox 浏览器、Google Chrome 浏览器等。Web 端的主要功能包括系统数据维护（如设备录入、报警设置等）、系统参数配置（数据采集频率、接口配置等），同时还包括数据统计等功能。

2）APP 管理端：APP 管理端与系统具备基础数据同步、任务下载、任务执行、故障隐患数据采集与录入、任务数据上传等功能。

（2）设备运维系统功能

1）资产分组管理：设施设备按类型进行分组管理，同时可提供按备件和工具等进行二次分组的功能，数据项包括分组编码、分组名称、分组类型、分组备注、分组图标、分组排序和父级分组等，提供管理员对数据的查询、修改、新增、删除操作功能。

2）资产信息管理：可对设施设备资产的基础信息进行管理，数据项包括资产编号、资产名称、资产状态、资产图标、资产备注、资产数量、楼层、分区、房间和坐标系等；同时用户可查询设备设施资产参数信息和智能化设备的运行信息。

3）设备巡检管理：制定巡检计划，对设施设备的巡检结果、巡检参数、巡检日期等信息进行记录。

4）设备维护管理：对设施设备的维修包括预防性维修和故障

维修两类，预防性维修是在设备未发生故障时预先对设备进行维修的过程。

5）设备报修、故障报警管理：对设施设备出现的故障进行登记，由运维人员负责维护；填写报修名称、故障时间、故障描述，系统自动生成报修编号、状态、制定日期、制定人、执行人、核查人等信息；报修登记后需要工作人员在现场勘查，确定真实故障设备，然后登记需要维护的设备；构建设备故障知识库，基于业务现状智能化分析设备层因素，指导快速排障；设备报警状态统一管理和确认；报警和工单系统打通，后续支持 AI 智能派单，效率倍增。

6）设备状态集中监控：设备状态集中远程可视，运行状态日常监控；冬/夏季等场景化应用，通过模式设定一键多类设备协同，简化设备控制流程。

7）运营量化管理：运营指标实时在线，可监管、可量化，支撑管理决策。

10.4 酒店物联网系统

10.4.1 酒店智慧机器人多流程服务系统

1. 系统构成

系统是机器人（自带驱动装置、信息采集装置、逻辑处理装置、传输装置、业务工具装置）与无线定位系统进行对接，结合自带的 GPS 定位系统，实现酒店内的精确定位和轨迹定位，替代酒店重复性较高或具有标准规程的岗位，节省运营成本的同时，提升旅客的入住体验。

2. 系统功能

1）可实现送餐、送物服务，为客人提供全新的购物及服务体验。

2）可实现在大厅为客人提供引领带路、呼叫电梯等服务。

3）可实现酒店环境清洁、消毒服务。

4）可实现酒店安防巡逻、安防门岗等功能。

10.4.2 酒店资产设备管理系统

1. 系统构成

系统是利用 RFID 或二维码电子标签技术，采用 PDA 参集资产电子标签的数据，设置定位器等，通过资产管理系统平台和软件对酒店资产设备移动状况、实时状态等信息进行实时和定时监控与统计分析。

系统可采用 B/S 或 C/S 构架，可支持 Windows 7/10，Windows Server 2008 及以上的服务系统平台，系统数据库可支持 SQL Server 2008 以上版本。

2. 系统功能

1）一站式管理：主要包括固定资产的新增、修改、退出、转移、删除、借用、归还、维修、计算折旧率及残值率等日常工作。

2）资产盘点：通过 RFID 的实时数据采集，实现对资产信息的快速登记和实时更新，同时自动保存盘点历时记录，并可随时查询。

3）自检/巡检：可实现系统自动派发或管理员自动派发自检/巡检任务，执行人员可快速记录到系统，填补 RFID 标签和物资人为分检。

4）批量入库：可实现批量录入资产，只需要由 RFID 自动扫描入库，就可将资产的入库信息同步更新到后台，从而提升入库效率。

5）自动报警：对资产丢失、非法标签拆卸、未授权移动等状况，系统可实时在管理界面进行查看并处理报警信息。

6）报表分析：实现对资产相关管理信息、人员及部门信息、运行状态、数据报表等查询管理，并根据管理需求形成对应的数据。

10.4.3 酒店布草洗涤管理系统

1. 系统构成

系统基于 UHF 超高频 RFID 技术，将超高频（UHF）洗衣标签嵌入到布草中，并将标签信息与被标识布草的信息进行绑定，通过 RFID 读写器设备对标签信息的获取，来达到对布草的实时跟踪管理。

2. 系统功能

1）酒店布草自动化、精细化的高效管理，可实现快速收衣、分拣、全自动盘点、取衣等功能，降低出错率，减少运营成本。

2）可实现快速查找等功能，追踪布草的状态和位置信息。

3）记录客户资料及洗衣统计，生成各类报表，可随时查询和打印信息。

4）通过布草洗涤数据的统计分析功能，可精确得到每一个单品布草的洗涤情况、使用寿命分析等数据，掌握布草的质量等关键指标，并根据这些分析数据，在布草达到清洗的最多次数时，系统能够接收到警报，及时提醒工作人员进行更换。

第11章　建筑节能系统

11.1　概述

11.1.1　酒店建筑耗能特点

1. 季节性

酒店建筑能耗季节性非常明显：夏季，酒店建筑能耗以制冷为主；冬季，南方酒店建筑能耗以空调制热为主，北方酒店建筑冬季通常采用暖气供热，空调制热概率较小。

2. 波动性

酒店建筑能耗随着入住率的变化而变化。旺季、淡季、白天、夜晚等不同季节不同时段入住率变化非常大，能耗波动较大。

3. 集中性

酒店建筑能耗主要集中在制冷机房、锅炉房、洗衣房、厨房等保障建筑功能正常运转的区域，客房能耗一般较分散。

11.1.2　酒店建筑节能方式

1. 主体造型、围护结构节能

酒店建筑节能贯穿建筑从设计、施工、运营直至结束的整个寿命周期。因此，建筑造型设计、自然能源的利用、维护结构墙体、门窗等保温、隔热措施的采用，是建筑实现节能的最基本保障。

2. 设备节能

酒店建筑设计、建设过程中，耗能设备的选择至关重要，是酒店建筑投入使用后，能够实现节能的前提。因此，所有机电设备应选择先进、节能型设备，从根本上实现设备节能。

3. 运维节能

酒店建筑投入使用后，各个能耗系统采用科学、合理、先进的运维方式，避免浪费，从而达到节能的目的。

4. 新技术节能

随着社会科技的进步，不断有新技术出现。把新技术及时应用到酒店建筑中，同样能起到节能作用。

11.1.3 酒店建筑绿色节能评价标准

1. LEED 认证评价标准

LEED 认证由美国绿色建筑委员会于 2003 年推行，从“选址与交通”“可持续场地”“节水”“能源与大气”“材料与资源”“室内环境质量”“创新”“区域优先”等 8 个方面进行考察，含有 12 个先决条件（必须满足），43 个得分点，满分 110 分。

LEED 标准分为认证级、银级、金级、铂金级，共四个等级。LEED 评价标准详见表 11-1-1。

表 11-1-1 LEED 评价标准

评价等级	先决条件	得分标准
认证级	必须满足	40 ~ 49 分
银级	必须满足	50 ~ 59 分
金级	必须满足	60 ~ 79 分
铂金级	必须满足	≥80 分

2. WELL 认证评价标准

美国 WELL 建筑标准包括空气（air）、水（water）、营养（nourishment）、光（light）、健身（fitness）、舒适（comfort）、精神（mind）7 大类别，其中先决条件（必须满足）41 条，优选项 61 项，合计 102 个条款。与 LEED 不同的是，WELL 标准不设置总分数，而是通过判断满足的条款数量来划分等级。

WELL 认证分为办公建筑及试用标准两大类，适用于酒店建筑的标准为试用标准。WELL 认证分为银级、金级、铂金级，共三个等级。WELL 认证评价标准详见表 11-1-2。

表 11-1-2　WELL 认证评价标准

评价等级	先决条件	优选项
银级	必须满足	满足优选条文总数 20%
金级	必须满足	满足优选条文总数 40%
铂金级	必须满足	满足优选条文总数 80%

3. 绿色三星认证标准

国内适用于酒店建筑的绿色建筑评价标准有：《绿色饭店建筑评价标准》（GB/T 51165—2016）、《绿色建筑评价标准》（GB/T 50378 —2019）。

中国绿色建筑评价标准由“安全耐久”“健康舒适”“生活便利”“资源节约”“环境宜居”5 类指标组成。每类指标均包括控制项和评分项，评价指标体系还统一设置加分项（提高与创新），控制项总分 400 分（必须满足），评分项合计 500 分，加分项总分 100 分，计算后总分 100 分。

绿色建筑评价标准共分为基本级、一星级、二星级、三星级，共四个等级。绿色建筑评价标准详见表 11-1-3。

表 11-1-3　绿色建筑评价标准

评价等级	控制项	得分
基本级	必须满足	无要求
一星级	必须满足	60 ~ 69 分，且每类指标的评分项得分不小于其评分项满分值的 30%
二星级	必须满足	70 ~ 84 分，且每类指标的评分项得分不小于其评分项满分值的 30%
三星级	必须满足	≥85 分，且每类指标的评分项得分不小于其评分项满分值的 30%

11.2 酒店建筑电气节能措施

11.2.1 机电设备节能

1. 变压器能耗级别划分及选择

酒店建筑电力变压器应选择满足《电力变压器能效限定值及能效等级》(GB 20052—2020)的评价标准。目前，电力变压器能效等级分为三个等级，其中 1 级能效最高，损耗最低。详见表 11-2-1。

2. 电动机节能措施

(1) 采用节能型电动机

酒店建筑使用的电动机应符合《电动机能效限定值及能效等级》(GB 18613—2020)能效限定值及能效等级的规定，低于能效等级 3 级的电动机不允许采用。

(2) 采用与负载匹配的电动机

合理选择电动机容量，使电动机运行在负载率 70% ~100% 的经济运行区域。如果电动机容量选择过大，将造成投资增加，电动机功率因数和效率降低，导致能源浪费。

(3) 采用星三角系列三相异步电动机

电动机类型应优先选用星三角系列电动机，此类电动机具有效率高、起动性能好等优点。

(4) 采用变频调速电动机

在条件允许的情况下，三相异步电动机尽量采用变频调速控制方式，能够最大限度达到节能作用。以水泵为例：在水泵效率一定的情况下，流量降低时，转速同比例降低。输出功率与转速的 3 次方成比例下降。

3. 电梯控制节能措施

(1) 电梯群控技术

酒店建筑内，当同一电梯前室有多于一部电梯时，宜采用电梯群控技术，优化电梯使用，减少电梯空载运行。

表 11-2-1 10kV 干式三相双绕组无励磁调压配电变压器能效等级

额定容量/kV·A	1级								2级								3级								短路阻抗(%)
	电工钢带				非晶合金				电工钢带				非晶合金				电工钢带				非晶合金				
	空载损耗/W	负载损耗/W			空载损耗/W	负载损耗/W			空载损耗/W	负载损耗/W			空载损耗/W	负载损耗/W			空载损耗/W	负载损耗/W			空载损耗/W	负载损耗/W			
		B(100℃)	F(120℃)	H(145℃)		B(100℃)	F(120℃)	H(145℃)		B(100℃)	F(120℃)	H(145℃)		B(100℃)	F(120℃)	H(145℃)		B(100℃)	F(120℃)	H(145℃)		B(100℃)	F(120℃)	H(145℃)	
30	105	605	640	685	50	605	640	685	130	605	640	685	60	605	640	685	150	670	710	760	70	670	710	760	4.0
50	155	845	900	965	60	845	900	965	185	845	900	965	75	845	900	965	215	940	1000	1070	90	940	1000	1070	
80	210	1160	1240	1330	85	1160	1240	1330	250	1160	1240	1330	100	1160	1240	1330	295	1290	1380	1480	120	1290	1380	1480	
100	230	1330	1415	1520	90	1330	1415	1520	270	1336	1415	1520	110	1330	1415	1520	320	1480	1570	1690	130	1480	1570	1690	
125	270	1565	1665	1780	105	1565	1665	1780	320	1565	1665	1780	130	1565	1665	1780	375	1740	1850	1980	150	1740	1850	1980	
160	310	1800	1915	2050	120	1800	1915	2050	365	1800	1915	2050	145	1800	1915	2050	430	2000	2130	2280	170	2000	2130	2280	
200	360	2135	2275	2440	140	2135	2275	2440	420	2135	2275	2440	170	2135	2275	2440	495	2370	2530	2710	200	2370	2530	2710	
250	415	2330	2485	2665	160	2330	2485	2665	490	2330	2485	2665	195	2330	2485	2665	575	2590	2760	2960	230	2590	2760	2960	
315	510	2945	3125	3355	195	2945	3125	3355	600	2945	3125	3355	235	2945	3125	3355	705	3270	3470	3730	280	3270	3470	3730	
400	570	3375	3590	3850	215	3375	3590	3850	665	3375	3590	3850	265	3375	3590	3850	785	3750	3990	4280	310	3750	3990	4280	
500	670	4130	4390	4705	250	4130	4390	4705	790	4130	4390	4705	305	4130	4390	4705	930	4590	4880	5230	360	4590	4880	5230	
630	775	4975	5290	5660	295	4975	5290	5660	910	4975	5290	5660	360	4975	5290	5560	1070	5530	5880	6290	420	5530	5880	6290	
630	750	5050	5365	5760	290	5050	5365	5760	885	5050	5365	5760	350	5050	5365	5760	1040	5610	5960	6400	410	5610	5960	6400	6.0
800	875	5895	6265	6715	335	5895	6265	6715	1035	5895	6265	6715	410	5895	6265	6715	1215	6550	6960	7460	480	6550	6960	7460	
1000	1020	6885	7315	7885	385	6885	7315	7885	1205	6885	7315	7885	470	6885	7315	7885	1415	7650	8130	8760	550	7650	8130	8760	
1250	1205	8190	8720	9335	455	8190	8720	9335	1420	8190	8720	9335	550	8190	8720	9335	1670	9100	9690	10370	650	9100	9690	10370	
1600	1415	9945	10555	11320	530	9945	10555	11320	1665	9945	10555	11320	645	9945	10555	11320	1960	11050	11730	12580	760	11050	11730	12580	
2000	1760	12240	13005	14005	700	12240	13005	14005	2075	12240	13005	14005	850	12240	13005	14005	2440	13600	14450	15560	1000	13600	14450	15560	
2500	2080	14535	15445	16605	840	14535	15445	16605	2450	14535	15445	16605	1020	14535	15445	16605	2880	16150	17170	18450	1200	16150	17170	18450	

（2）变频调压调速拖动技术（VVVF）

电梯起动过程中，VVVF 技术使电梯在低频条件下起动，无功电流小，降低了起动电流，降低了能耗；电梯稳速运行过程中：电梯轻载上行（或重载下行）时，VVVF 电梯工作在再生发电制动状态，不需从电网中获得能量；电梯制动过程中，VVVF 电梯不需从电网中获得任何能量，电动机运行在再生发电制动状态，电梯系统的动能转化成电能消耗在电动机外部电阻上，实现了节能，同时避免了制动电流引起的电动机发热现象。

经实际运行测算比较，采用 VVVF 控制的电梯，节能达 30% 以上。VVVF 系统还可以提高电气系统功率因数，降低电梯线路设备的容量和电动机的容量达 30% 以上。

（3）电梯能量回馈技术

电梯的工作特性决定了电梯有一半的运行状态为发电状态，通常将这部分能量通过再生电阻发热的形式消耗掉。能量回馈技术将这部分电能经过多重整流技术处理后，将电能反馈到楼宇电网中。同时，电阻耗能部件取消，降低了机房的环境温度，改善了电梯控制系统的运行温度，延长电梯使用寿命的同时间接起到节能作用。电梯能量回馈技术可实现节电 30% 以上。

（4）扶梯节能措施

扶梯采用变频感应起动技术，原理是，在电梯首尾处各安装一对红外传感器开关，乘客通过电梯时，红外传感器开关被触发并输出开关信号至变频器；变频器立即加速到主频率，并使电梯以工频运行；人流通过后变频器自动停止，电梯不再运行，直到再一次检测到红外触发信号；这种控制方式节能效果十分显著，无人时扶梯已完全停止，基本不耗电，可实现节电 30% 以上。

4. 灯具及光源节能措施

酒店建筑的照明灯具及光源，在满足相应场所照明相关技术要求的前提下，应尽可能选用高效节能光源。各类光源发光效率对比见表 11-2-2。

表 11-2-2　各类光源发光效率对比

序号	光源种类	发光效率/(lm/W)	寿命/h
1	节能灯	50～90	6000
2	细管径荧光灯	60～108	5000～165000
3	无极荧光灯	80～140	60000
4	高压钠灯	80～150	16000～32000
5	金属卤化物灯	70～120	5000～20000
6	陶瓷金属卤化灯	80～110	15000
7	LED 光源	100～120	35000
8	白炽灯	5～15	1000
9	粗管径荧光灯	50～70	5000
10	卤钨灯	12～34	1000～3000
11	高压汞灯	35～70	6000

11.2.2　电气系统节能

1. 合理选择负荷中心

负荷中心可以区分为总负荷中心与区域性负荷中心。总负荷中心可根据工程规模以及负荷设置一个或多个，区域性负荷中心是总负荷中心的次级，可视具体工程分设于建筑的各区域。

酒店建筑通常的做法是将制冷站、换热站、洗衣房、生活水泵房、消防水泵房等大负荷设备用房集中设置于地下设备分区，因此这个区域往往是酒店的负荷中心，宜在此设置中心变电所以及柴油发电机房。厨房区以及大型会议、演艺区域也是用电大户，客房是酒店的主要功能，应根据具体负荷估算设立中心变电所或区域配电室。其他区域负荷较分散，主要设备是空调机房、防排烟机房、照明负荷、电梯等，应根据负荷分布情况，进行技术比较，在相对靠近负荷中心（非平面中心）的位置设置区域配电室。

负荷中心技术比较可参照《民用建筑电气设计标准》（GB 51348—2019）中公式 24.2.2 计算选择。

2. 选择线缆线径及材质

（1）减少线缆数量及降低线径措施

1）负荷计算应准确，需满足载流量、电压降、动热稳定等多方面技术要求，选择合理的线缆截面面积，避免造成有色金属浪费。

2）采取分区域集中供电的方式，设立多个区域性负荷中心，避免小负荷直接从变电所供电。

3）对于自然功率因数较低的区域配电室及大功率设备，当远离变电所时，可考虑就地无功补偿，提高功率因数，降低电流，从而降低配电干线线径。

4）交替性、季节性负荷由同一配电系统供电。例如，北方地区的换热站、热风幕在冬季使用，而空调设备在夏季使用，这两类负荷可以由区域配电室同一进线供电。

（2）优化线路敷设路径

合理规划线缆路由，避免迂回供电，缩短线缆长度，既可减少建设期线缆的投资成本，又可降低运营时期电能损耗。

（3）线缆材质选择

应尽量选用电阻率较低的铜芯线缆，除消防负荷、截面面积 $10mm^2$ 及以下的、特殊场所使用的线缆外，可综合衡量初期投资、使用寿命及长期运行时的电能损耗，适当选择铝合金或铝芯电缆。

3. 无功补偿及谐波治理

（1）无功补偿

无功补偿可以最大限度减少供配电系统的电能损耗。

无功补偿装置按安装位置分为集中补偿、就地补偿和分组补偿。应根据酒店规模、用电负荷、配电系统结构等合理选择补偿位置。

分组补偿和就地补偿设置于区域配电室和自然功率因数较低的大功率设备处，如制冷机组。可以局部减少区域总负荷和个别设备的视在功率和负荷电流，有效降低了配电线路截面面积。当制冷机组等自然功率因数较低的设备采用高压配电时，需就地设置高压无功补偿装置，并与设备同时投入或切除运行。

集中补偿设置于变电所处，可减小变压器容量，整体改善电网质量，补偿后的功率因数不应小于0.95，满足电力部门对电网功率因数的要求。

无功补偿装置按补偿快慢分为实时动态补偿和静态补偿，按投切是否可以实现自动化分为自动补偿和固定补偿。

由于酒店建筑用电负荷具有季节性、波动性，波峰负荷与波谷负荷相差悬殊，且每天早、中、晚负荷无时无刻不在变化，为防止变压器轻载状态下配电系统电压升高，电压偏差过大，因此应采用实时动态无功自动补偿装置。

（2）谐波治理

为了降低动力设备能耗，提倡使用变频调速设备，可以根据负载实时输出匹配动力。变频设备节能的同时又成为谐波源，如空调、水泵、电梯等变频调速设备，另外有些酒店还有演艺场所，所设置的调光设备、气体放电灯以及大量的LED灯驱动电源都是谐波源。谐波可对旋转电机、变压器产生影响，产生电机的附加损耗和转矩，增加变压器的磁滞损耗、涡流损耗以及铜耗，另外谐波还增加输配电线路感抗，从而增大线路附加损耗。

应对谐波源本身或者在谐波源设备附近采取技术措施进行抑制，通常可在含谐波负载的配电装置处并联有源滤波器，对动态变化的谐波电流进行快速实时的跟踪和补偿，从而抵消非线性负载所产生的谐波电流。谐波治理前后测试数据见表11-2-3。

表11-2-3　谐波治理前后测试数据

状态	各项测试参数									
	基波电流/A	有功功率/kW	视在功率/kV·A	无功功率/kvar	功率因数	5次谐波电流	7次谐波电流	11次谐波电流	13次谐波电流	17次谐波电流
治理前	214.8	46.7	49.2	15.4	0.95	30.5	18.3	8.6	8.1	7.4
治理后	202.6	45.5	47.3	11.4	0.97	5.4	5.9	4.5	3.9	3.5
下降率(%)	5.7	2.6	3.7	25.9		82.3	67.8	47.7	51.9	52.7

4. 充分利用自然光及照明控制

（1）自然光的利用

自然光是最优良、最舒适的照明能源，应采取措施加以充分利用，在一定条件下替代人工照明，达到节能目的。

1）综合权衡节能《公共建筑节能设计标准》（GB 50189—2015）中对窗墙比的要求以及《建筑采光设计标准》（GB 50033—2013）中对旅馆建筑的采光标准值要求，设置采光窗的面积。

2）可随室外自然光照度变化，由智能照明系统自动或就地手动调节人工照明照度。

3）自然光无法直射的区域可采用导光装置、反光装置将自然光引入室内，或将自然光转化为电能作为人工照明的电源。

4）结合装修设计，提高房间各表面的反射比，从而提高光的利用率。

（2）照明系统的控制

照明系统的精准化控制也是降低照明能耗的有效办法，对于酒店不同场所及区域，智能照明控制系统应采取不同的控制方案，结合员工就地管理以及住客节能意识共同作用加以实现。

1）酒店大堂、办公区设置智能照明控制系统，可根据时间、人员停留、自然光照控制，根据白天、傍晚、晚上、深夜等设置场景自动控制，工作人员也可随时灵活就地控制，照明系统可调色温，自动满足昼夜照明节律和视觉要求，至少有30%的运行时间，用户能够控制其直接环境中的光照度、色温和颜色，以及重置自动设置。

2）公共走廊、电梯厅采用LED光源时，兼顾客人体验，可设置自动亮暗调光控制。

3）地下车库的车道和车位分开控制，满足车行安全时充分考虑节能需求，可设置红外或雷达感应灯具，采用LED光源时，也可设置自动亮暗调光控制。

4）公共卫生间采用定时与人体感应相结合的方式进行控制，人流量大的时间段开启全部灯光，人流量小的时间段，保留部分基本照明甚至全部熄灭，启动人体感应，有人时开启相应区域灯光。

5）客房配电箱应装设独立开关，采用钥匙、门卡锁钥匙节能开关或者传感器组，控制除外进门处廊灯和“不间断电源”插座外的所有照明和插座。

6）酒店楼梯间一般利用率极低，楼梯间照明可独立配电，采用雷达控制或红外人体感应等控制方式。

7）泛光照明采用智能控制并辅以手动控制，实行重大节日、平时及深夜等不同时间段或情景模式的控制方案，能根据日出日落时间调整泛光开闭时间。

8）园区照明由智能照明控制系统控制或配电系统设置经纬程控时控等控制设备。

5. 减少三相负荷不平衡造成的能耗

（1）三相负荷不平衡的危害

1）三相负荷不平衡时中性点偏移，线路压降增大，导致过载相上的设备电压偏低，效能下降，降低供电系统的效率，过载相上设备电压偏高，长期运行，缩短设备寿命，严重时可以导致过载相线缆烧断、开关烧毁、设备绝缘击穿等，引发火灾或人身伤亡。

2）三相负荷不平衡会导致电压偏移，增大中性线电流，增加线路损耗，不利于节能。

（2）造成三相负荷不平衡的原因及解决方案

酒店建筑存在大量的单相负荷，如照明系统的光源、单相插座、电力系统的空调室内机或风机盘管、单相通风机及水泵、厨房工艺设备、单相交流充电桩等。最大的单相负荷群是客房用电，酒店客房多按单相配电，传统酒店管理中客房的入住往往是前台随机分配，极易造成供电系统的三相负荷不平衡。

针对以上造成酒店建筑三相负荷不平衡的原因，可以采取以下技术和管理措施，尽可能控制三相负荷不平衡度小于15%：

1）准确统计各单相负荷的功率，合理分配各回路负载，尽量均衡各回路功率，三相分配设计时，尽可能保证三相负荷均衡。

2）照明系统就地控制或智能照明控制系统控制时，开关控制逻辑回路功率减小。

3）电力监测系统与客房管理系统数据实时共享，形成最优入住策略，在满足客人需求的前提下，推荐客房配电系统中某相负荷最小的客房，尽可能减少三相不平衡度。

4）在客房配电系统适当位置设置三相不平衡智能调节装置，

实时、智能地自动对单相配电的客房负荷进行有载换相调度，使三相的负荷趋向均衡，有效地解决三相不平衡问题。

5）变电所处设置部分分相无功自动补偿装置。

6）宜优先选用可支持三相方式接入供电回路的 21kW 交流充电装置。

11.2.3 电气运维节能

1. 建筑能效监管系统节能原理及效果

酒店建筑节能的目标是在满足住客体验，保证提供高品质服务的前提下降低运营的能源消耗，实现净利润的最大化。建筑能效监管系统利用智能仪表对建筑内各用能子系统进行详细分项、分系统计量，并通过相应能耗模型对数据进行统计分析，为运营者提供基础数据，推动建筑节能。

建筑能效监管系统可实现以下节能管理成效：

1）能效监管系统为节能提供数据支撑，使运营管理者掌握酒店耗能的数量与构成、分布与流向。了解能源利用损失情况、设备效率、能源利用率、综合能耗，提高能源管理水平，提升使用者的节能意识。

2）通过能效监管系统，观测相关用能系统的不同时段的动态指标，可以找到相应的能耗漏洞，发现建筑能耗管理、设备、工艺操作中的能源浪费问题，发现隐藏的能耗异常问题，发掘节能潜力，加强管理后获得节能收益。

3）通过能效监管系统制定、优化系统运行策略，明确行为规范、用能规范和制度等的节能方向，为设备升级、改造估算节能预期及回收年限，合理地使用投资。

4）通过能效监管系统中的异常数据，发现系统中某些重点用能设备的故障，提示酒店管理者及时处置。

5）通过能效监管系统核算建筑节能效果，验证经济效益和节能量，对节能效果追踪验证。

2. 建筑设备监控系统节能原理及效果

酒店建筑中冷热源系统、通风机、电梯、水泵等设备是能耗大户，也是节能潜力最大的用电负荷。建筑能效监管系统可以为酒店管理提供准确的用能基础数据，形成最优的节能控制策略，而建筑设备监控系统可以执行预先制定的节能策略，根据设定程序直接自动监视、控制暖通空调、给水排水、电力、照明等用能设备，从而实现以下运行效果：

1）综合调度与科学联动控制用能设备，实现各系统运行的优化，提高设备运行效率，可节约运行能耗，达到节能目的。

2）对用能设备运行情况的监视、控制及管理，可延长设备的使用寿命，从而减少整个建筑生命周期内的设备费用支出。

3）对设备状态和运行信息的实时检测和快速采集、处理，可事先预测设备故障的发生，从而采取措施减少损失或缩短故障发现时间。

4）系统控制的自动化又可降低管理人员工作强度，减少酒店管理人员数量，缩减人员开支成本。

5）用能子系统具备在不影响正常使用需求的情况下可具备自动调节负荷的功能，从而降低可能出现的电能负荷超标。以充电装置为例：宜优先选用具备有序充电调节功能的充电装置，其功能设计可通过后台灵活根据用户组别、充电时段等工作方式调节充电负荷。

6）对一些不能间断的重要负荷，宜搭配选用基于分散式并行架构且模块效率或系统效率最高的不间断电源装置，用以尽可能地降低电能损耗。

3. 制冷站（空调）自动控制系统节能原理及效果

制冷机组本身是一个复杂的系统，均配有功能强大的控制系统，以实现制冷机组本身以及冷却塔、冷却水泵、冷冻水泵的启停控制、故障检测报警、运行参数监测、能量调节与安全保护等。自动控制系统配有标准通信接口，支持 BACnet 或 LonWork 等通信协议，可实现与建筑设备监控系统无缝对接，使其对制冷机组运行进行更为深入、全面的监控，对制冷系统运行参数监控、节能控制和安全保护等提高到新的高度。

制冷站（空调）自动控制系统的主要作用与产生的效果主要

有以下三个层次：

1）基本参数的测量，设备的正常启停与保护。

2）基本的能量调节。

3）制冷机房及水系统的全面调节与控制。

第一层次是使制冷机房及水系统能够安全正常运行的基本保证，是最重要的层次。

第三层次是控制系统发挥自动控制系统的强大运算功能，通过合理的调节控制，节省运行能耗，产生经济效益的途径，也是自动控制系统较常规仪表调节或手动调节的节能效果的优势所在。

4. 智能照明控制系统节能原理及效果

智能照明系统利用计算机处理技术、网络技术、通信技术、传感技术等，根据预设的程序，对酒店照明系统进行实时的、精确的自动控制，在不降低客人体验到舒适度的情况下，起到了节能效果。节能控制模式有三种：区域控制、定时控制、室内检测控制。智能照明系统的实施可产生以下节能效果：

（1）节约照明能耗

智能照明控制系统节能模式可以分区域、分功能大面积统一集中即时控制，避免了人为管理易产生的盲区及滞后操作，减少不必要的照明能耗，又可根据各场所实际使用情况，如人员流动、自然光照等，通过室内检测传感器采集信息，进行分散精准控制。在自然光充足时，通过开关控制或调光控制，使该区域内的照度不会随日照等外界因素的变化而改变，将照度自动调整到最适宜的水平，减少过度照明能耗，实现最大的节能效果。

（2）延长光源寿命

根据不同区域、不同的人流量，进行对照明模式的细分，关掉不必要的照明，自动开启必要的照明，有效减少灯具的工作时间，延长灯具的寿命，减少更换光源的工作量，有效地降低了照明系统的运行费用，同时也免去处理废旧光源带来的环境污染问题。

（3）降低人工成本

不需要有大量管理人员参与控制，系统可自动实现开关和调光功能，远程精准地检测设备故障并实时推送故障信息，帮助运维工程师远程诊断和解决现场问题，从而达到提高运维响应速度、降低运维成本、提高业主满意度，既缩减了管理人员的工作量，也排除了人为因素而引出的故障。

5. **电力监测系统节能原理及效果**

电力监测系统综合利用计算机技术、通信技术、智能电力仪表等监控设备，对变配电系统及电力配电系统的实施数据进行采集、状态监测，可远程控制各开关，能及时对系统中的异常进行反馈，告警维护人员，在事故出现的短时间内做出相应正确处理，保证电网的安全运行。

此系统的电能监测分析功能，可以了解供电系统的运行状况，掌握配电系统的谐波含量、三相电压、电流、功率因数、有功功率、无功功率等变量，制定最优的供电方案，降低电网损耗。

11.3 低碳酒店电气节能新技术

11.3.1 可再生能源的应用

1. **太阳能在酒店建筑中的应用**

(1) 光伏发电系统

太阳能是无偿的、取之不尽的绿色能源，如果对其加以充分利用，既节约了常规化石能源，又具有较大的环保效益。对于酒店建筑，由于其体量大，屋顶、墙面、外窗等外表面均适于安装太阳能光伏发电装置，太阳光照可以最大化加以利用，另外，由于酒店管理的系统化，对光伏发电装置的运营期维护工作也非常有利。

光伏发电系统分为以下几大类：

1）按是否并入公共电网系统分为并网光伏发电系统和独立光伏发电系统。并网发电系统又可按是否允许向主电网馈电分为逆流光伏发电系统和非逆流光伏发电系统。

2）按是否设置储能装置分为带储能装置系统和不带储能装置系统。

3）按负荷形式分为直流发电系统、交流发电系统和混合发电系统。

4）按是否允许向主电网馈电分为逆流光伏发电系统和非逆流光伏发电系统。

酒店建筑的用电负荷很大，光伏发电量远远小于实际耗电量，几乎不会存在可以向电网馈电以及多到可以储存备用的可能，因此适合于酒店建筑的光伏发电形式一般采用并网、不带储能装置、非逆流、交流光伏发电系统。光伏组件与酒店建筑主体结合类型见表11-3-1。

表11-3-1　光伏组件与酒店建筑主体结合类型

光伏组建类型	特点	建筑表现形式	安装形式
建材型	太阳能电池与瓦、砖、卷材、玻璃等建筑材料复核在一起，成为不可分割的建筑材料或构件	光伏瓦、光伏砖、光伏屋面卷材、光伏幕墙、光伏窗、光伏采光顶等	在平屋面上铺设光伏卷材或在坡屋面上铺设光伏瓦，替代部分或全部屋面材料，直接替代建筑幕墙的光伏幕墙，直接替代或全部采用采光玻璃的光伏采光顶
构件型	与建筑构件组合在一起或独立成为建筑构件的光伏构件	由普通光伏组件或根据建筑要求定制的雨棚构件、遮阳构件、栏板构件、檐口构件等	一般为支架式安装，包括：在平、坡屋面上安装的通风隔热屋面形式，在构架上安装的屋面形式（如遮阳棚、雨棚），在墙面上安装的通风隔热墙面形式等
安装型	在屋顶或墙面上架空安装的光伏组件	普通太阳能电池组件	在平屋顶上安装、坡屋面上顺坡架空安装以及在墙面上与墙面平行安装等形式

（2）光导管技术

太阳光的最直接功能是照明，建筑物通过门、窗进入室内的自然光仅占整体照明的极小一部分，内部房间无法直接使用自然光照明，而光导管技术的利用，可使内部空间得到自然光照。光导管采光系统具有节能、环保、健康、安全、使用年限长等优点。

由于光导管存在安装线路长、需占用一定的层高的弊端，因此对于酒店建筑，最适宜采用此技术的场所是地下室、报告厅、宴会厅、游泳馆等大空间场所，此类房间面积大、层高较高、可结合装修安装。

2. 风力发电技术在酒店建筑中的应用

酒店多为高层或超高层建筑，建筑物越高，受到的风荷载越大，风力资源也越充足，为利用风力发电提供了很好的条件。

风力发电系统一般包括叶轮、传动系统、发电机组、偏航系统、控制系统等，利用叶轮和传动系统将风能转化为机械能，再利用发电机组将机械能转化为电能，控制系统将电能逆变、储存并输出至用能设备。通常风速达到 3～4m/s 时，可以产生电能，实现并网发电，达到 10～16m/s 时可以达到满载发电，并应考虑风力发电机的最大耐风速要求。我国风力资源分布见表 11-3-2。

表 11-3-2　中国风力资源分布表

类型	地区	年有效风能密度/(W/m^2)	风速＞3m/s的年累计小时数/h	风速＞3m/s的年累计小时数/h
丰富区	东南沿海、台湾、海南岛西部和南海群岛、内蒙古、辽宁、吉林、黑龙江、松花江下游地区	＞200	＞5000	＞2200
较丰富区	东南沿海 20～50km 地带、海南岛东部、渤海沿岸、松嫩平原、三江平原、辽河平原、内蒙古南部、河西走廊、青藏高原	150～200	4000～5000	1500～2200
可利用区	闽、粤离海岸 50～100km 地带，大小兴安岭，辽河流域，苏北，长江及黄河下游，洞庭湖、鄱阳湖等地	50～150	2000～4000	350～1500
贫乏区	四川、甘南、陕西、贵州、湘西、岭南等地	＜50	＜2000	＜350

巴林世贸中心是建筑物应用风力发电的成功案例，共设置 3 个直径为 29m 的水平轴风力发电涡轮机组，年发电量可达 120 万kW·h，如图 11-3-1 所示。

图 11-3-1 巴林世贸中心风力发电实景图

11.3.2 BIM 技术的应用

建筑信息模型（BIM）技术应用于智慧建筑管理已成趋势，将传统建筑内独立运行并操作的各类设施与设备，汇集到统一的基于 BIM 3D 可视化图形的 BIM 集成平台上，以 BIM 数据作为核心数据源，通过统一的空间管理、设施管理和可视化监控，实现信息融合、数据共享、业务协同、优化管理。

对于酒店建筑，应建立一套适用于酒店管理需求的 BIM 建模标准，在项目设计阶段就考虑酒店运维与运营需求，依据全生命周期设计理念，建立统一的全过程 BIM 应用管理，确保设计与施工阶段的数据在运营阶段能够充分利用，以保障竣工 BIM 模型与实际竣工项目的一致性。同时也需要建立一套通用的数据标准，将各智能化子系统、建筑空间、BIM 构件属性的数据标准化、通用化，以满足项目对全过程 BIM 数据应用的需求，促进项目数字资产沉淀，为以后的空间管理、运维运营提供决策支持。

BIM 数据应围绕酒店建筑业态进行建筑信息模型分类和编码，建立统一的 BIM 数据编码标准，为后续各业务子系统调用 BIM 数据提供数据基础。

BIM 技术在建设项目中的应用，提升了工程建设行业各环节质量和效率，极大地提高了建筑节能水平。常用的建筑节能 BIM 软件有 Ecotect、eQuest、Vasari Revit、Green Building Studio 等。

BIM 集成模块主要包括 BIM 轻量化引擎、BIM 数据服务，作为支撑与各业务模块集成的核心能力，宜按各业务模块 BIM 应用需求进行集成。

1. BIM 技术在工程设计阶段的节能作用

各 BIM 节能软件都有各自不同的研究方向，在设计阶段针对不同的方向构建模型，有的软件从建筑物的形体、朝向、维护结构等方面进行能耗分析，通过采光模拟、风模拟、日照分析、太阳辐射热分析、室内照度分析等，使设计人员获得建筑物整体及室内空间的模拟结果，在照明系统、室内通风系统、采暖系统等方面优化设计。部分 BIM 软件对能源、成本、LEED 照明、用水效率、太阳能与风力发电量等方面进行分析评估，优化能源使用效率，在设计初期实现碳中立，降低建筑化石能源消耗，提高绿色能源占比。

2. BIM 技术在施工过程中的节能作用

BIM 技术可对土建施工、室内装修等各阶段进行模拟，最大限度对项目各个环节进行有针对性的改进与优化，可实现资源节约管理。主要体现在以下方面：

1）碰撞核查：利用 BIM 技术软件可以对二维图纸中的各专业间设计元素进行碰撞冲突核查，提供最优解决方案，避免施工过程中的设计返工、施工返工，进而避免了返工带来的材料、机械台班、人工等资源消耗。

2）施工计划管理：BIM 技术软件可模拟施工进程，判断建材、人工、设备等资源在各阶段需求，可精确断料，优化下料，避免原始预算手工工作的计量粗放、计划准确性低等弊端，减少材料损耗。

3）协同管理：对于多标段、多项目、多队伍的复杂工程，利用 BIM 技术可实现数据、信息等共享，协同工作，步调一致，提升团队工作效率，避免延误工期、窝工产生的人工、设备资源消耗。

11.3.3 智慧能源管理系统的应用

综合智慧能源管理系统是运用面向服务的设计理念，以先进的现场终端数据采集、传感技术为基础，结合现代工业现场网络通信技术、云平台（IaaS/PaaS）而提出的一套能适用于现场设施综合监控及其全生命周期数据分析运维管理的整体解决方案。系统通常采用C/S和B/S架构体系的混合型模型设计思想，以独立组件松耦合形式构建形成分布式系统，其优点是系统更具弹性，既能部署于云端，也能够适用于现场私有服务器，且系统功能可依据新增定制类组件模块而扩展，从而有效降低用户对系统的整体投入。

DFCloud综合智慧能源管理系统是以配电为核心，汇集各类公共基础设施、重要设备在线监测、预警、分析及远程运营维护于一体的综合型解决方案。其目标为围绕变、配电站（所）各类子系统，打破能源系统信息孤岛的局面，提高能源管理的数字化与信息化程度，建设一套智慧能源管理系统，用于汇总、分析、处理各系统间数据，为设备设施的安全经济运行、合理调配用能、突发事故处置及节能减排管理提供合理化方案依据。同时，为后续的项目管理、成本控制及资源管控提供强有力的技术支持。

1. 智慧能源管理系统实施内容

DFCloud系统实施内容涉及变、配电站（所）能源相关的设备设施和子系统，通过对能源设备设施及系统的分析和点位设计，逐步完善能源计量及监测点位，建立能源系统数据模型，实现能源系统的监测、分析与决策，主要包含：

1）能源监测点位设计。

2）智慧能源系统软、硬件部署。

3）原有各信息子系统数据接入。

4）系统功能定制及能效模型开发。

DFCloud综合智慧能源管理系统的目标是有效提高基础设施运行效率，降低能耗，提升预警能力，提高设施运行效率，延长使用寿命，在增强设备安全可靠运行的同时减轻运维人员工作负担，抑制和减少错误运维。

2. 智慧能源管理系统架构

DFCloud 系统方案架构总体上采用分层分布式拓扑结构，如图 11-3-2 所示，解决现有的能源监测盲区，兼顾已有的各能源子系统的区域数据接入本项目系统后的统一管理。同时，如果现场网络具备内网 WiFi 或 4G/5G 无线通信能力，系统亦可以支持区域移动终端监测运维功能。

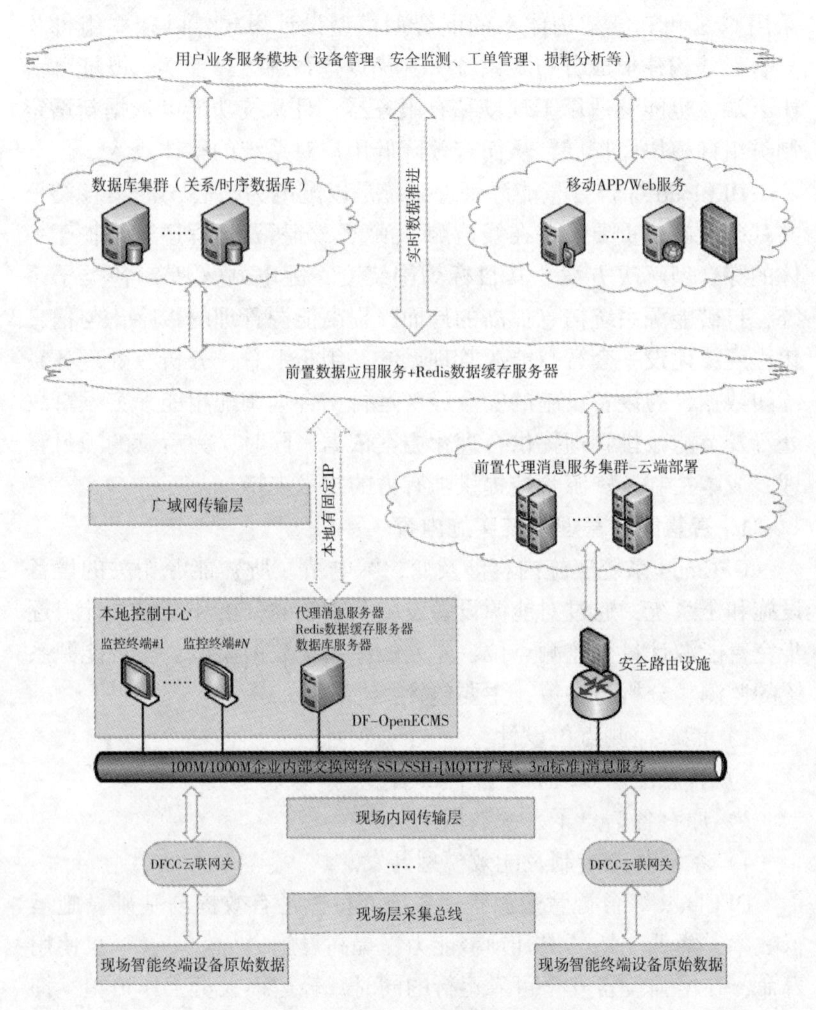

图 11-3-2　智慧能源管理系统架构

DFCloud 系统从总体上划分为变配电站（所）高压侧设施、400V 低压侧设施、变压器、变配电站（所）辅助设施及动环监测子系统等若干信息接入部分，对各区域分别做勘察并将各区域所属的子系统数据、新增的监测点数据通过就近部署智能通信网关接入区域数据网，再经区域节点交换机接入系统主干网络，实现与集控中心的数据交换。同时，如区域具备独立辅控条件，则系统可在该区域设置独立的辅控二级站点，构成本地控制中心，配置独立工作站，实现集控到分区辅控二级管理模式。这种典型的分级管理模型既可增强系统的整体弹性，又增加了系统的整体可靠性和安全性，便于后期的系统分阶段调试、规模扩展及终端数据问题排查。

根据不同的应用场景，基于 DFCloud 系统的弹性架构设计，使其上层业务既能够部署于本地物理服务器，也能够适用于云端多 ECS（弹性节点）部署。系统的实际数据承载容量可随时根据需求弹性扩充，从而既保护了用户初始投资，又提升了系统应用的灵活性。

第12章 优秀酒店案例

12.1 工程基本信息

本项目建设地点位于海南省三亚市海棠湾，为某一国际酒店管理公司旗下的两个品牌酒店，分别是五星级酒店和奢华酒店。酒店共计钥匙间540间，其中五星级酒店168间钥匙间；奢华酒店372间钥匙间。总建筑面积约14万m^2，地上建筑面积约10万m^2，地下建筑面积约4万m^2。建筑地上32层，地下2层，建筑高度160m，为一座超高层公共建筑。建筑耐火等级为一级，抗震设防烈度为6度。建筑结构形式为地下钢筋混凝土框架结构，地上为钢结构，地基基础形式为主体采用桩基，裙房采用天然地基。

12.2 电气系统技术策略

本项目为同一家酒店管理公司旗下的两个酒店品牌，由同一个酒店运营团队负责经营管理，从机电系统和机房的设置上针对以下两个方案进行了充分的讨论：

方案1：两个酒店品牌的机电用房和机电系统完全分开，便于日后一旦酒店管理公司发生变化时，业主可以有更灵活的应对措施。此方案的缺点是需要占用更多的机房面积和竖向机电管线敷设的土建空间，机电设备初始投资费用也会增加。

方案 2：两个酒店品牌的机电系统和机电用房合用，但对水、电、气等能源消耗要分别进行计量。此方案可以节省机房面积和机电管线排布占用的空间，但日后如果更换为两家及以上的酒店管理公司进行运营，则机电系统很难有清晰的界面划分，会造成管理上的一定难度。

结合建筑平面功能房间的排布情况以及机电顾问对机电系统的方案对比情况，最终确定按照方案 2 实施。

本项目是五星级酒店建筑，同时也是一座超高层建筑，在电气系统的设计上，重点关注以下技术策略。

12.2.1 酒店建筑电气技术策略

1. 酒店建筑特点

1）建筑功能复杂。旅馆建筑功能复杂，是集餐饮、住宿、娱乐、康体、会议等功能于一体的建筑。

2）智能化系统复杂。除了设置常规的智能化系统之外，还会设有酒店专业的智能化系统，比如酒店管理系统、酒店客房控制系统、酒店客房电子门锁系统、酒店客房点播系统等。

3）顾问公司多，设计界面复杂。通常需要有酒店管理公司、机电顾问公司、室内设计公司、厨洗设计公司、灯光设计公司、景观设计公司、标识设计公司、AV/会议系统设计公司、智能化专项设计公司、幕墙设计公司、绿建设计公司、造价顾问、消防顾问、声学顾问、交通顾问等通力合作，共同参与完成。

2. 技术策略

1）电气系统设计应满足规范标准和酒店管理公司的技术标准。

2）准确划分负荷分级，作为确定供电电源方式的依据。

3）柴油发电机组的供电范围应满足规范标准和酒店管理公司的要求。

4）应结合当地市政条件和供电方案确定高低压主接线形式。

5）多顾问公司配合，注意设计界面的划分，做好一次土建设计阶段的预留条件和配电系统的框架。

6）关注酒店管理公司的对特殊场所（如大堂、宴会厅、行政酒廊、客房等）的机电设计要求。

7）酒店管理公司的技术要求和国家规范相抵触时，严格执行国家规范；不抵触时，可按要求严者执行。

8）设计时应特别关注国际品牌酒店对于生命安全系统的特殊要求。

9）采用成熟的电气设备和技术，保证系统运行的稳定性和运维的便利性。

10）采取绿色节能技术措施，在提升环境品质和客人入住体验的同时，降低运维成本。

12.2.2 超高层建筑电气技术策略

1. 超高层建筑特点

1）建筑体量大，用电量大，供电半径长。

2）需要两路或多路市政电源。

3）建筑功能多样，供配电系统设计需考虑满足多个物业运营管理模式的需要。

4）会设置多个变电所，以及出现楼上变电所的情况。

5）需考虑备用电源和应急电源的设置。

2. 技术策略

电气系统设计的合理性对于超高层建筑的整体设计质量具有关键性的影响。在进行电气系统设计时，对供配电系统的安全性、保障性的要求较高。供电可靠性要求越高、用电负荷越大、供电半径越长，供配电系统的技术、经济合理性就越发重要。本项目的电气设计着重关注以下技术策略：

1）根据用户和用电设备的规模、功能、性质准确划分负荷等级。

2）负荷密度与建筑功能、建筑面积、建筑高度、附属功能等因素有关，合理确定变压器装机容量。

3）变电所的设置要综合考虑多方面的因素，地上变配电所更要从安全性、经济性等角度考虑，应设置于负荷中心，减少低压电缆和母线长度，减少用铜量，减少线路损耗，考虑设备维修运输便利性、电磁干扰及噪声影响。

4）结合市政电源条件和当地供电部门的要求，选择合理的高低压供配电系统形式。

5）综合考虑应急段负荷及保障段负荷容量，合理设置柴油发电机组的位置及容量。

6）超高层建筑高压线路宜设置独立的竖井。

7）普通线缆和应急线缆应分线槽敷设，有条件的话，普通线槽和应急线槽分竖井敷设。

8）双电源供电的两根电缆宜分设在两个线槽内。

9）各避难层的交直流电源，应按避难层分别供给，并在末端互投。

10）配电干线应按避难层划分供电区域，同一干线不应跨避难层带两个区域单元的用电负荷。

11）超高层建筑采用母线槽时，考虑采用电缆连接铜母线槽配电的方式。

12）超高层建筑中，为了提高供电可靠性，可采用双母线奇偶层供电方式，并在备用母线上预留插接口。

12.3 电气系统设计

12.3.1 设计范围

（1）10/0.4kV 变配电系统

（2）动力配电系统

（3）照明配电系统

（4）防雷及接地安全系统

（5）智能化系统

（6）火灾自动报警及联动控制系统

12.3.2 各系统技术要点

1. 10/0.4kV 变配电系统

(1) 负荷分级（见表 12-3-1）

表 12-3-1 负荷分级

<table>
<tr><th colspan="2">负荷级别</th><th>用电负荷名称</th><th>供电方式</th></tr>
<tr><td rowspan="7">一级负荷</td><td rowspan="4">特别重要负荷</td><td>经营及设备管理用计算机系统用电（安防系统电源、计算机网络及电话机房用电、建筑设备监控系统用电、广播系统电源、信息引导及发布系统电源等、酒店管理系统、消防保安监控室）</td><td>双路市电＋柴油发电机组＋UPS（系统厂商自备）</td></tr>
<tr><td>消防报警及联动系统用电
消防应急广播系统</td><td>双路市电＋柴油发电机组＋UPS（系统厂商自备）</td></tr>
<tr><td>应急照明及疏散指示系统用电</td><td>双路市电＋柴油发电机组＋EPS（系统厂商自备）</td></tr>
<tr><td>所有消防设备用电</td><td>双路市电＋柴油发电机组</td></tr>
<tr><td rowspan="3">一级负荷</td><td>变配电室用电、生活给水设备、污水泵、雨水泵、至少一部客梯、厨房冷库、擦窗机、航空障碍灯、锅炉房、换热机房、隔油池机房、前台及前台办公用电、工程部设备、高级客房</td><td>双路市电＋柴油发电机组</td></tr>
<tr><td>以下区域照明：大堂、前台办公和服务区、公共卫生间、宴会厅、商务中心、大堂吧、餐厅、厨房、工程部、康乐区、公共区走道、会议室、大办公区、员工更衣室、布草间、洗衣房、弱电机房等</td><td>双路市电＋柴油发电机组</td></tr>
<tr><td>客梯、大堂、餐厅、宴会厅、康乐设施、厨房</td><td>双路市电</td></tr>
<tr><td colspan="2">二级负荷</td><td>通风、空调、后勤用房照明、客房、洗衣房、货梯、扶梯</td><td>双路市电</td></tr>
<tr><td colspan="2">三级负荷</td><td>室外景观照明、室外动力、广告照明、地下车库照明、充电桩等</td><td>单路市电</td></tr>
</table>

（2）负荷指标

根据机电方案中不同建筑功能，各主要区域照明小动力用电负荷密度指标按表 12-3-2 给出的参数进行电量预留。

表 12-3-2　负荷指标

区域	负荷密度	单位
标准客房	3.5	kW/间
标准套房	5.5	kW/间
行政酒廊	80	W/m^2
客房走廊、电梯厅	20	W/m^2
大堂	60	W/m^2
前台办公和服务区	80	W/m^2
多功能厅/宴会厅/宴会前厅	100	W/m^2
会议室	75	W/m^2
游泳池	50	W/m^2
健身房(含器械)	120	W/m^2
餐厅	75	W/m^2
酒吧	160	W/m^2
全日餐厅、宴会厨房	1000	W/m^2
员工餐厅厨房	800(有燃气)	W/m^2
	1500(无燃气)	W/m^2
布草间	5.5(不带洗消)	kW
	15(带洗消)	kW
洗衣房(全功能、客洗)	120	kW
办公室	80	W/m^2
车库	20	W/m^2
室外布展	80～125	A
游泳池机房设备	75	kW
室外景观	100	kW
泛光照明	100	kW
宴会厅、多功能厅舞台灯光系统	200	kW

（3）供电电源条件

根据业主方与当地供电部门的沟通结果，为本项目二期酒店提供两路 10kV 市政电源，有一路作为酒店的主供电源，另外一路作为酒店的备用电源。

酒店市政主供电源装机容量需求为 11200kV·A，市政备用电源容量需求为 10400kV·A。

设计规划采用高压电源中性点不接地型式，市政10kV配出侧出口系统短路容量暂按300MV·A计算（此部分内容需供电部门正式确认），高压开关额定短路开断电流按31.5kA选择，根据供电方案确定最终参数。

（4）变电站设置

在首层南北两侧各设置一座变配电所，总装机容量11200kV·A，同时在北侧为自备冷源系统预留一座变电室的土建条件，由于项目采用市政集中冷源，在酒店实际运行期间，是否满足酒店管理公司的技术标准和运营成本的要求，尚待评估。经业主、酒店管理公司、机电顾问公司与设计院进行技术方案比较后，确定为酒店预留自备冷源土建条件。变电站设置情况见表12-3-3。

表12-3-3　变电站设置情况

名称	变压器装机容量/kV·A	位置	配电范围
1#变配电站	4000(2000kV·A×2) 800(800kV·A×1)	地下一层西侧	南侧地下车库、机房、英迪格和丽晶酒店西侧用电负荷 地下车库电动汽车充电桩
2#变配电站	6400(1600kV·A×4)	地下一层东侧	北侧地下车库、机房、英迪格和丽晶酒店东侧用电负荷

（5）高低压系统主接线

高压系统：两路高压电源采用10kV。一路10kV为主供电源，另一路10kV为备用电源，平时由主供电源供电，备用电源进线开关断开，母线联络开关平时闭合。主供电源失电时，备用电源投入使用，母联开关断开。备用电源只为一、二级负荷提供电源。由于计量收费标准不同，电动汽车充电桩的电源从高压主接线上就与酒店电源分开。

低压系统：变压器低压侧0.4kV采用单母线分段。低压母联断路器应采用设有自投自复、自投手复、自投停用三种状态的位置选择开关，自投时应设有一定的延时，当变压器低压侧总开关因过负荷或短路故障而分闸时，母联断路器不得自动合闸；电源主断路器与母联断路器之间应有电气联锁。

图12-3-1所示为高低压主接线示意图。

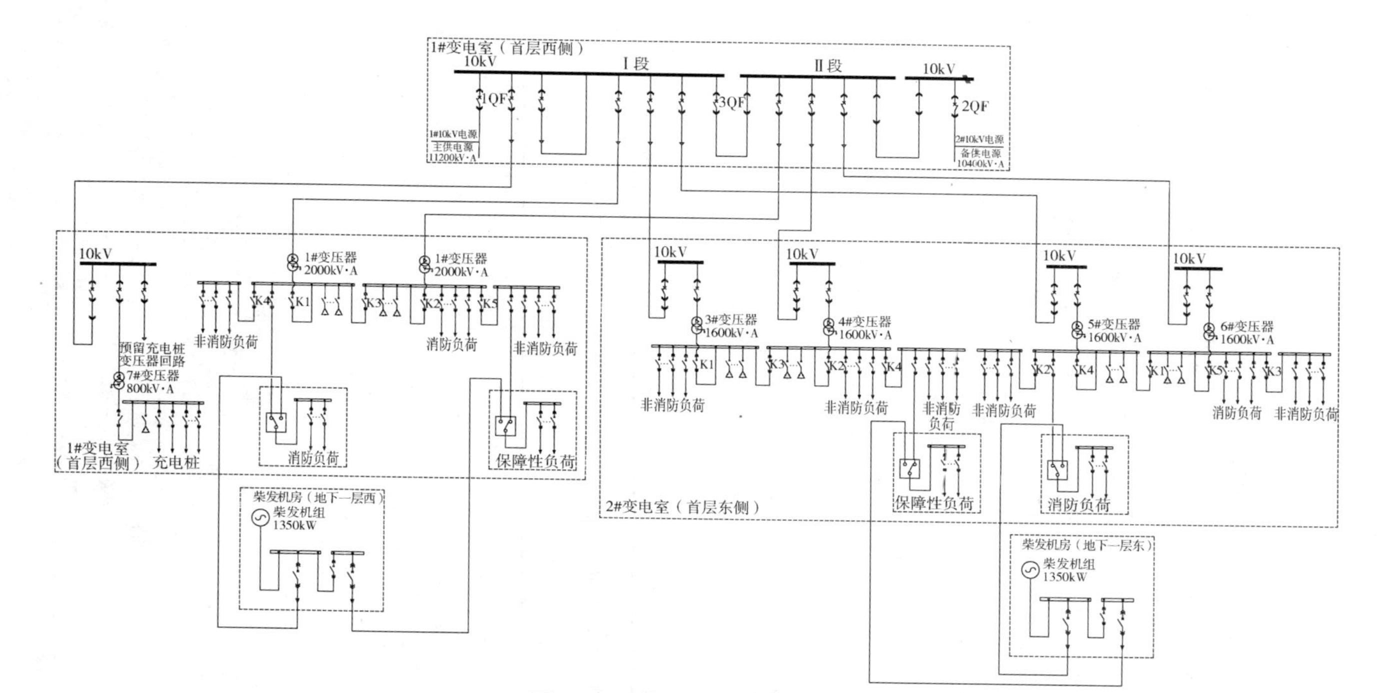

图12-3-1　高低压主接线示意图

(6) 应急电源与备用电源

1) 柴油发电机组。

为一级负荷中特别重要负荷、消防负荷、智能化系统用电负荷、重要客户的特殊用电需求等提供自备电源，在1#2#变电室附近各设置一个柴油发电机房，每个柴油发电机房设置一台1200kW柴油发电机组。设置柴油发电机室外储油罐，南北两侧各设置一个10m³ 的储油罐，满足市电失电时酒店24h运营需求。柴油发电机组主要技术参数见表12-3-4。

表12-3-4 柴油发电机组主要技术参数

机组额定容量/kW	位置	配电负荷名称	中性点接地方式	起动控制方式	起动时间/min	冷却方式	防护等级	绝缘等级	燃油系统	运行方式	性能等级
1×1200kW/每个柴油发电机房	地下一层	保障性负荷	TN-S系统	由成组的2个变压器主进线开关辅助触头分闸的串联信号给出起动信号	15s内的自动起动	闭式水循环风冷	IP23	H级	中间罐方式(丙类液体作为燃料，$V \leq 1m^3$)		G2

2) EPS电源装置。主要技术参数见表12-3-5。

表12-3-5 EPS电源装置主要技术参数

设置场所	负荷类别	容量/kV·A	电源转换时间/s	持续供电时间/min	备注
疏散走道、楼梯间、楼梯间前室、消防电梯前室、地下车库、变配电室、消防泵房、消防控制室、柴发机房、弱电机房、弱电通信机房等	应急照明与疏散指示系统	集中电源额定输出功率不大于5kW,竖井中的集中电源额定输出功率不大于1kW	不大于5s(密集人员场所、高危场所如扶梯上方灯具应急照明投入时间不大于0.25s)	不小于90	系统自带EPS电源
变电所	备用照明	根据设置场所的照明负荷确定容量	不大于5s	不小于180	变电所备用照明是否设置EPS,以当地供电部门意见为准

3）UPS 不间断电源装置。主要技术参数见表 12-3-6。

表 12-3-6　UPS 不间断电源装置主要技术参数

设置场所	负荷类别	容量/kV·A	类型	持续供电时间/min
消防安防控制室	消防负荷	50	静止型、在线式 UPS	180
	安防负荷	350	静止型、在线式 UPS	60
网络机房等弱电系统用电	保障负荷	40	静止型、在线式 UPS	60

2. 动力配电系统

（1）配电方式

1）配电干线采用放射与树干相结合的配电方式。

2）消防负荷、重要负荷、容量较大的设备及机房采用放射方式，就地设配电柜；容量较小的分散设备采用树干式供电。

3）消防水泵、消防电梯、防烟及排烟风机等消防负荷及一级负荷的两个供电回路，消防负荷在最末一级配电箱处自动切换；二级负荷采用双路电源供电，适当位置互投后再放射式供电。

（2）导线选型

1）除注明外全部选用铜芯导线。

2）高压进户电缆型号规格由供电部门确定，拟采用 ZC-YJY22—3×300mm^2、额定电压 8.7/15kV 电缆。

3）从 1#变配电室引至 2#变配电室的 10kV 电缆在室内沿电缆槽盒敷设，采用低烟无卤耐火型电力电缆。

4）高压柜至变压器高压侧采用 6/10kV 交联聚乙烯绝缘、聚烯烃护套无卤低烟阻燃 B 级铜芯电力电缆。

5）变压器至低压柜、低压柜并排间联络采用密集型阻燃母线槽；低压大型设备采用密集型阻燃母线槽。

6）发电机应急母线采用耐火型密集母线，竖向干线采用密集型可插接阻燃母线槽，母线的防护等级为 IP65。

7）低压非消防配电干线采用 0.6/1kV 交联聚乙烯绝缘、聚烯烃护套无卤低烟阻燃铜芯电力电缆 WDZ-YJY，符合《电缆及光缆燃烧性能分析》（GB 31247—2014）阻燃 1 级 B1（d0，t0，a1）；

消防设备配电干线采用0.75kV矿物绝缘类电缆（阻燃A级），消防支干线采用0.6/1.0kV低烟无卤耐火电缆WDZN-YJY，符合GB 31247—2014阻燃1级B1（d0，t0，a1）；符合《在火焰条件下电缆或光缆的线路完整性试验 第21部分：试验步骤和要求 额定电压0.6/1.0kV及以下电缆》（GB/T 19216.21—2003）试验条件、XF306.2耐火Ⅱ级。

8）非消防配电分支线的导线采用750V交联聚乙烯绝缘无卤低烟阻燃型铜芯导线WDZ-BYJWDZ-BYJ［符合GB 31247—2014阻燃2级B2（d1，t1，a2）］，穿热镀锌钢管暗敷，消防配电分支线导线采用750V交联聚乙烯绝缘无卤低烟阻燃耐火型铜芯导线WDZN-BYJ［符合GB 31247—2014阻燃2级B2（d1，t1，a2）］；符合GB/T 19216.21—2003试验条件、XF306.2耐火Ⅲ级，穿热镀锌钢管暗敷。

9）消防用控制电缆采用交联聚乙烯绝缘聚烯烃护套无卤低烟阻燃耐火铜芯控制电缆WDZN-KYJY-450/750V，符合GB 31247—2014规定的燃烧性能B1级、燃烧滴落物/微粒等级不小于d1级，烟气毒性等级不小于t1级；耐受供火温度不小于750℃，持续运行时间不小于90min。

10）非消防用控制电缆采用交联聚乙烯绝缘聚烯烃护套无卤低烟阻燃铜芯控制电缆WDZ-KYJY-450/750V，符合GB 31247—2014规定的燃烧性能不小于B1级、燃烧滴落物/微粒等级不小于d1级，烟气毒性等级不小于t1级。

3. 照明配电系统

（1）照明种类及电压等级（见表12-3-7）

表12-3-7 照明种类及电压等级

照明种类	电压等级/V	备注
正常照明	AC 220V	电缆夹层、电梯井道照明电压采用AC 36V；水下灯电压采用不大于AC 12V
应急照明及疏散指示系统	DC 36V	应急照明及疏散指示系统主机供电电压为AC 220V，灯具电压主要采用DC 36V，由系统供应商提供电压转换功能

（2）照明设备的选型

主要功能区域照明设备的选型及参数见表12-3-8，精装区域以照明顾问提供的参数为准。

表12-3-8　主要房间或场所照明设备技术参数

主要房间或场所	灯具规格	光源种类	色温参考范围/K	显色指数	统一眩光值	灯具分类	镇流器	安装方式	防护等级	备注
大堂、宴会厅	筒灯或顶棚灯	金属卤化物灯或LED灯	3300～4200	不低于80	22	I类	节能电感式	吸顶	不低于IP20	由精装修设计最终确定
走廊	筒灯	LED灯	3300～4000	不低于80	19	I类		嵌入式	不低于IP20	
办公室	格栅直管灯	LED灯	3300～4000	不低于80	19	I类		吊杆式		有顶棚处为嵌入式安装
客房	筒灯	LED灯	＜3300	不低于80		I类		嵌入式		
会议室	格栅直管灯	LED灯	3300～4000	不低于80	19	I类		嵌入式		
餐厅	筒灯或顶棚灯	LED灯	3300～4000	不低于80	22	I类		吸顶、嵌入式		根据装修要求确定
电子信息机房	格栅直管灯	LED灯	3300～4000	不低于80	19	I类		吊杆式		有顶棚处为嵌入式安装
车库	盒式直管灯	LED灯	＜4000	不低于60		I类		吊杆式		

(3) 应急照明

应急照明设计主要技术参数见表12-3-9。

表12-3-9　应急照明设计主要技术参数

类别	设置场所	照度要求	供电方式	应急照明投入时间	连续供电时间
备用照明	变配电室	不低于正常照明照度	双路电源末端互投+蓄电池	≤5s	蓄电池供电时持续工作时间不小于3h
	消防泵房、风机房	不低于正常照明照度	双路电源末端互投	≤5s	
	消防控制室	不低于正常照明照度	双路电源末端互投	≤5s	
	弱电、通信机房	不低于正常照明照度	双路电源末端互投	≤5s	
疏散照明	疏散走道	不低于3lx	主电源+蓄电池	不大于5s(密集人员场所、高危场所,如扶梯上方灯具应急照明投入时间不大于0.25s)	蓄电池供电时持续工作时间不小于1.5h
	楼梯间、楼梯间前室、消防电梯前室、合用前室	不低于10lx	主电源+蓄电池		蓄电池供电时持续工作时间不小于1.5h
	商铺	不低于3lx	主电源+蓄电池		蓄电池供电时持续工作时间不小于1.5h
	地下车库	不低于1lx	主电源+蓄电池		蓄电池供电时持续工作时间不小于1.5h
	变配电室	不低于1lx	主电源+蓄电池		蓄电池供电时持续工作时间不小于1.5h
	消防泵房	不低于1lx	主电源+蓄电池		蓄电池供电时持续工作时间不小于1.5h
	消防控制室	不低于1lx	主电源+蓄电池		蓄电池供电时持续工作时间不小于1.5h
	弱电、通信机房	不低于1lx	主电源+蓄电池		蓄电池供电时持续工作时间不小于1.5h
	自动扶梯上方	不低于1lx	主电源+蓄电池		蓄电池供电时持续工作时间不小于1.5h

(4) 照明控制

照明控制方式见表12-3-10。

表12-3-10　照明控制方式

房间或场所	控制方式	与其他系统接口	备注
应急照明及疏散指示系统	应急照明及疏散指示系统主机集中控制	与消防联动主机有通信接口	
地下车库的一般照明、公共走廊、大堂、宴会厅、餐厅、公共卫生间、景观照明、泛光照明等处	智能照明控制	具备纳入智能化系统集成平台的通信接口 预留BA接口	现场墙面设智能照明控制器
办公室、小型会议室、服务用房、机房	现场墙面开关手动控制		
客房	就地智能面板控制及RCU控制		
楼梯间	红外感应控制		

4. 防雷及接地安全系统

(1) 建筑物防雷等级、电子信息系统雷击风险评估

本项目预计年雷击次数1.984次/a，按二类防雷建筑设计。

电子信息系统雷电防护等级为B级。

(2) 防雷保护措施

1) 接闪器。采用钢结构支架和金属屋面的部分，可直接利用钢结构支架和金属屋面作为接闪器，其他混凝土屋面部分采用热浸镀锌圆钢做接闪器。接闪器技术参数见表12-3-11。

表12-3-11　接闪器技术参数

种类	材料	结构	截面要求	固定支架的间距/mm	安装方式	备注
接闪带	热浸锌钢	单根圆钢	直径不小于10mm	1000	女儿墙顶部明敷	直径10mm
接闪网	热浸锌钢	单根圆钢	直径不小于10mm		屋面防水保温层以上建筑做法内暗敷	直径10mm，网格不大于10m×10m或12m×8m
接闪杆	热浸锌钢	单根钢管	直径不小于25mm		在屋面卫星接收天线、单个需保护的设备处设置	

2）引下线。防雷专用引下线必须采用焊接或卡接器与接闪器连接，且必须采用焊接或螺栓与接地装置连接。引下线技术参数见表 12-3-12。

表 12-3-12　引下线技术参数

材料	结构	截面要求	敷设方式	备注
柱内主筋	两根圆钢	每根直径不小于16mm	暗敷	两根直径不小于16mm 柱内主筋
外墙钢柱、竖向幕墙龙骨等	随结构型材	满足 GB 50057—2010 表 5. 2. 1 要求		各部件之间应保持电气贯通

3）接地装置。本项目主体采用桩基，裙房采用天然地基，拟利用基础钢筋网作为自然接地体，当接地电阻大于 1Ω 时补打水平人工接地体。防雷引下线水平段位于室外主要出入口时，室外埋深小于 1m 的位置，引下线上方敷设 80mm 厚防止跨步电压沥青层，宽度超过环状接地母带 2m。

敷设在混凝土中作为防雷装置的钢筋或圆钢，当仅为一根时，其直径不应小于 16mm；若为有箍筋连接的钢筋时，其截面面积总和不应小于一根直径 16mm 钢筋的截面面积。

用作防雷装置的结构构件内有箍筋连接的钢筋或成网状的钢筋，其箍筋与钢筋、钢筋与钢筋应采用土建施工的绑扎法、螺钉、对焊或搭焊连接。单根钢筋、圆钢或外引预埋连接板、线与构件内钢筋应焊接或采用螺栓紧固的卡夹器连接。构件之间必须连接成电气通路。

（3）防侧击措施

该建筑为超高层建筑，高度为 160m，应采取下列防侧击措施：

1）利用建筑金属外幕墙（铝单板幕墙、铝蜂窝板幕墙等）、玻璃幕墙的铝合金龙骨等作为接闪器。

2）建筑物内钢构架和钢筋混凝土的钢筋应相互连接。

3）利用钢柱或钢筋混凝土柱子内钢筋作为防雷装置引下线；结构圈梁中的钢筋应每 3 层连成闭合环路作为均压环，并应同防雷装置引下线连接。

4）将45m及以上外墙上的栏杆、门窗等较大金属物直接或通过预埋件与防雷装置相连，水平突出的墙体应设置接闪器并与防雷装置相连。

5）垂直敷设的金属管道及类似金属物除应采取防止雷电反击的措施外，在顶端和底端还应与防雷装置连接。

（4）电涌保护器

电涌保护器技术参数见表12-3-13。

表12-3-13　电涌保护器技术参数

设置位置	试验等级	冲击电流/标称放电电流/kA	电压保护水平/kV	导线截面面积/mm^2	
				SPD连接相线铜导线	SPD接地端连接铜导线
变配电室低压柜	GB 18802.11—2020 Ⅰ级分类试验	10/350 μs/15kA	≤2.5kV	不小于6	不小于10
为屋面、庭院等室外区域（LZP0）设备供电的配电箱	GB 18802.11—2020 Ⅱ级分类试验	8/20 μs/60kA	≤2.5kV	不小于6	不小于10
层配电箱	GB 18802.11—2020 Ⅱ级分类试验	8/20 μs/30kA	≤2.5kV	不小于4	不小于6
弱电机房、通信机房、消防控制室、电梯配电箱	GB 18802.11—2020 Ⅱ级分类试验	8/20 μs/30kA	≤1.5kV	不小于4	不小于6
弱电竖井配电箱	GB 18802.11—2020 Ⅲ级分类试验	8/20 μs/5kA	≤1.5kV	不小于2.5	不小于4

（5）总等电位联结及特殊场所接地及安全防护

1）建筑物做等总电位联结，在变配电所设总等电位端子板并与室外防雷接地装置连接，等电位联结系统通过等电位联结带与下列可导电部分连接：

- 保护线（PE）干线。
- 接地干线。

● 进、出建筑物及建筑内各类设备管道（包括：给水管、下水管、污水管、热水管、采暖水管等）及金属件。

● 建筑结构钢筋网及建筑物外露金属门窗、栏杆、百叶窗等。

● 电梯导轨等。

2）在设备机房、消防控制室、电信机房及其他智能化机房等处设有专用接地端子箱，机房内所有设备的金属外壳、各类金属管道、金属槽盒、建筑物金属结构等必须进行等电位联结并接地。在浴室、有淋浴的卫生间设局部等电位端子箱，做局部等电位联结。各层强、弱电配电小间内均设有接地干线及等电位端子箱。

3）燃气表间、燃气锅炉房、燃气厨房内的机械通风设施应设置防静电接地措施。

柴发机房输油管路及储油箱采取导除静电措施。

经过爆炸危险和变配电场所的管网，以及布设在以上场所的金属箱体等，应设防静电接地。

4）浴室、游泳池等特殊场所的安全防护应根据所在区域采取相应的措施，详见本书第 7 章相关内容。

5. 智能化系统

(1) 智能化系统设计范围

本项目主要包含以下智能化基础系统，见表 12-3-14。

表 12-3-14　智能化系统列表

主要系统	子系统名称
信息设施系统	信息网络系统
	语音电话系统
	综合布线系统
综合安防系统	视频监控系统
	入侵报警系统
	出入口控制系统
	无线对讲系统
	离线巡更系统
	电子门锁系统
	停车场管理系统

（续）

主要系统	子系统名称
建筑设备管理系统	楼宇自控系统
	远传计量系统
	智能灯光控制系统
运营相关系统	客房控制系统
	卫星及有线电视系统
	手机信号覆盖系统
	音视频系统（条件预留）
机房工程	

（2）智能化系统服务器和工作站设置

本项目各智能化系统服务器和工作站设置位置见表12-3-15。

表12-3-15 智能化系统服务器和工作站设置位置

主要系统	子系统名称	服务器位置	工作站位置
信息设施系统	信息网络系统	弱电IT机房	弱电IT机房控制室
	语音电话系统		
	综合布线系统		
综合安防系统	视频监控系统	消防安防控制室	消防安防控制室
	入侵报警系统		
	出入口控制系统		
	无线对讲系统		
	离线巡更系统		
	电子门锁系统		
	停车场管理系统		
建筑设备管理系统	楼宇自控系统	消防安防控制室	酒店工程部
	远传计量系统		
	智能灯光控制系统		
运营相关系统	客房控制系统	弱电IT机房	客房部、工程部、前台
	卫星及有线电视系统	电视机房	电视机房
	手机信号覆盖系统	运营商机房	运营商机房
	音视频系统（条件预留）	AV机房	AV控制室
机房工程			

(3) 智能化系统网络划分

根据本项目特点及酒店管理标准，本项目将网络划分为如下几种：

1) 酒店客用网：客用有线网络、无线网络、语音电话系统。

2) 酒店办公网：办公系统、酒店运营系统等。

3) 设备管理网：楼宇自控系统、远传计量系统、停车管理系统、智能灯光控制系统、客房控制系统、出入口控制系统、音视频系统等，通过设备管理网进行传输，各个子系统网络通过划分 VLAN 方式进行逻辑隔离。

4) 视频监控网：视频监控系统单独组网。

以上网络采用物理隔离方式，网络之间如果需要数据交换，必须通过防火墙。

按照酒店管理公司的标准，客用和办公网络要基于酒店集团新一代管理云平台的中央管理，可以通过管理云平台对整个酒店的无线信道、传输功率、客户端连接数等进行统一的管理和优化。业主需配置 5 年的管理云平台软件许可。

(4) 机房需求

机房工程是指为确保智能化系统关键设备和装置能安全、稳定和可靠运行而建设的基础工程，同时也为工作人员提供一个舒适良好的工作条件。机房列表见表 12-3-16。

表 12-3-16　机房列表

序号	机房名称	功能	位置	面积/m^2	备注
1	消防安防控制室	承担综合安防、建筑设备管理系统等系统的搭建	F1	90	
2	弱电 IT 机房	承担酒店客用网、办公网、网络核心层设备、服务器等	F1	40	含 $10m^2$ 弱电 IT 控制室
3	电视机房	接收有线电视信号混合酒店自办节目及卫星电视信号	B1	12	
4	卫星电视机房	接收卫星电视信号	屋顶	24	
5	弱电竖井	布置接入层设备传输弱电干线	每层	2×2.5	地上每层 2 个

（5）典型区域智能化点位设置原则

根据酒店管理公司智能化系统技术标准，按照表 12-3-17 进行点位设计。

表 12-3-17　智能化点位设置原则

系统名称	设置原则	
	典型区域	点位设置原则
综合布线系统	前台、接待台	数据点 3，语音点 3
	办公室	数据点 2，语音点 2
	客梯等候厅	语音点 1
	服务间	数据点 1，语音点 1
	客房	数据点 1，语音点 1
视频监控系统	出入口等室外空间	室外云台摄像机
	酒店大堂出入口	人脸识别摄像机 + 球形摄像机
	公共走廊、前厅、电梯厅、楼梯、电梯、扶梯口	室内彩色半球摄像机
	电梯轿厢	电梯轿厢专用摄像机
	停车场、车库入口、机电用房、后勤走道	枪式摄像机
入侵报警系统	大堂接待台、出纳室、收银台、残疾人卫生间	紧急报警按钮
	贵重物品保管室、出纳室等	双鉴探测器
出入口控制	分界区域，卸货区与候场区的门	双向门禁、刷卡开门、设置破玻按钮
	贵重物品保管室、出纳室、失物招领处、行李间、办公区、机电用房	单向门禁、刷卡开门
	客用电梯	电梯控制、刷卡开门
巡更系统	停车场、后勤区、大堂、餐厅、宴会厅、楼梯出入口、设备层、避难层、屋面、客房层走道及所有进出酒店的出入口等	离线式巡更信息点

（续）

系统名称	设置原则	
	典型区域	点位设置原则
卫星及有线电视系统	餐厅、休息接待区等	数字高清电视信号
	客房、套房	数字高清电视信号及 IHG Studio 信号
客房控制系统	所有客房	每间客房门铃、门闳、空调、灯具、插座等均接入 RCU 控制模块
智能照明控制系统	酒店大堂、宴会厅、多功能厅、餐厅等区域	设置智能灯光控制系统，对灯具进行开关和调光控制，实现节能和照明效果控制

6. 火灾自动报警及联动控制系统

本工程为超高层民用防火建筑，系统的形式为集中报警系统。

消防设计由以下系统组成：

- 火灾自动报警及联动控制、显示系统。
- 火灾警报和消防应急广播系统。
- 消防专用电话系统。
- 可燃气体探测报警系统。
- 电气火灾监控系统。
- 消防电源监控系统。
- 防火门系统。
- 消防设备配电系统。
- 余压监控系统。
- 消防应急照明和疏散指示系统。

（1）火灾自动报警系统设备要求

火灾自动报警系统设备设置具体要求详见表 12-3-18。

表 12-3-18　火灾自动报警系统设备的设置要求

设备名称	设置位置	安装高度	备注
点型感烟火灾探测器	办公室、餐厅、库房、走廊、楼梯间、汽车库、变配电室、柴油发电机房、水泵房	吸顶、无顶棚区域顶板明装	变电室设置气体灭火系统的区域同时安装感烟和感温火灾探测器 客房、套房的感烟探测器为带蜂鸣器底座的感烟探测器,同房间内蜂鸣器应互联
点型感温火灾探测器(定温)	厨房、锅炉房、洗衣房、换热机房、更衣间、行政酒廊备餐间等	吸顶、无顶棚区域顶板明装	位于疏散通道上的防火卷帘两侧各安装 2 只感温火灾探测器 设置气体灭火系统的区域同时安装感烟和感温火灾探测器
可燃气体探测器	厨房、燃气表间	天然气探测器吸顶、无顶棚区域顶板明装	配合灶具、燃气管道定位设置 宴会厨房、中餐厨房、烧腊间应提供带蜂鸣器底座的一氧化碳探测器
手动火灾报警按钮	设置在疏散通道或出入口处	底边距完成面 1.4m 安装	
区域显示器	每个报警区域的出入口	底边距完成面 1.4m 安装	
复显盘	安保值班室、电话服务中心、前台	底边距完成面 1.4m 安装	
火灾警报器	设置在每个楼梯的楼梯口、消防电梯前室、建筑内部拐角等处的明显部位及其他酒店管理公司要求设置火灾声光报警的场所	底边距完成面 2.2m 以上安装	

（续）

设备名称	设置位置	安装高度	备注
消防应急广播	走廊、大厅和车库及其他酒店管理公司要求设置应急广播的场所	吸顶、无顶棚区域壁挂2.5m安装	
消防专用电话分机	消防水泵房、变配电室、通风和空调机房、防排烟机房、消防电梯机房、通信机房等	底边距完成面1.4m安装	
液位传感器	消防水池、屋顶消防水箱	安装高度由设备专业确定	
消防电话插孔	手动火灾报警按钮或消火栓按钮等处	底边距完成面1.4m安装	

（2）消防联动控制系统的显示与控制要求

消防联动控制器应能按设定的控制逻辑向各相关的受控设备发出联动控制信号，并接收相关设备的联动反馈信号。

应能显示消防系统及设备的状态信息，并将信息传输到消防控制室图形显示装置；应具有手动和联动控制功能，详见表12-3-19。

表12-3-19　消防联动控制系统的控制方式及反馈信号

系统名称	联动控制		手动控制	反馈信号
	触发信号	控制对象		
湿式系统	湿式报警阀压力开关的动作信号	启动喷淋消防泵（由触发信号直接控制启动，不受消防联动控制器处于自动或手动状态影响）	• 消防控制室启动、停止喷淋消防泵（硬线） • 现场控制柜启动（消防水泵控制柜应设置机械应急启泵功能）	水流指示器、信号阀、压力开关、喷淋消防泵的启动和停止的动作信号

（续）

<table>
<tr><th colspan="2" rowspan="2">系统名称</th><th colspan="2">联动控制</th><th rowspan="2">手动控制</th><th rowspan="2">反馈信号</th></tr>
<tr><th>触发信号</th><th>控制对象</th></tr>
<tr><td colspan="2">预作用系统</td><td>同一报警区域内两只及以上独立的感烟火灾探测器或一只感烟火灾探测器与一只手动火灾报警按钮的报警信号</td><td>• 开启预作用阀组
• 开启排气阀前电动阀（当系统设有快速排气装置时）
• 湿式报警阀压力开关动作启动喷淋消防泵</td><td>• 启动、停止预作用阀组（硬线）
• 启动、停止排气阀前电动阀（硬线）
• 消防控制室启动、停止喷淋消防泵（硬线）
• 现场控制柜启动（消防水泵控制柜应设置机械应急启泵功能）</td><td>水流指示器、信号阀、压力开关、喷淋消防泵的启动和停止的动作信号，有压气体管道气压状态信号，快速排气阀入口前电动阀的动作信号</td></tr>
<tr><td rowspan="2">自动控制的水幕系统</td><td>用于防火卷帘保护</td><td>防火卷帘下落到楼板面的动作信号与本报警区域内任一火灾探测器或手动火灾报警按钮的报警信号</td><td rowspan="2">启动水幕系统相关控制阀组（雨淋报警阀泄压、压力开关动作，联锁启动水幕消防泵）</td><td rowspan="2">• 启动、停止相关控制阀组（硬线）
• 消防控制室启动、停止消防泵（硬线）
• 现场控制柜启动（消防水泵控制柜应设置机械应急启泵功能）</td><td rowspan="2">压力开关、水幕系统相关控制阀组和消防泵的启动、停止的动作信号</td></tr>
<tr><td>作为防火分隔</td><td>该报警区域内两只独立的感温火灾探测器的火灾报警信号</td></tr>
<tr><td rowspan="2">消火栓系统</td><td>设置及未设置消火栓按钮的系统</td><td>消火栓系统出水干管上设置的低压压力开关、高位消防水箱出水管上设置的流量开关</td><td>启动消火栓泵（由触发信号直接控制启动，不受消防联动控制器处于自动或手动状态影响）</td><td rowspan="2">• 消防控制室启动、停止消火栓泵（硬线）
• 现场控制柜启动（消防水泵控制柜应设置机械应急启泵功能）</td><td rowspan="2">消火栓泵的启动、停止的动作信号</td></tr>
<tr><td>设置消火栓按钮的系统</td><td>消火栓按钮的动作信号</td><td>开启消火栓泵（作为联动触发信号，由消防联动控制器联动控制启泵）</td></tr>
</table>

(续)

系统名称	联动控制		手动控制	反馈信号
	触发信号	控制对象		
气体灭火系统	任一防护区域内设置的感烟火灾探测器、其他类型火灾探测器或手动火灾报警按钮的首次报警信号	启动设置在该防护区内的火灾声光警报器(由专用的气体灭火控制器控制)	—	• 气体灭火控制器直接连接的火灾探测器的报警信号 • 选择阀的动作信号,压力开关的动作信号 • 手动或自动控制方式的工作状态(防护区域内设有手动与自动控制转换装置的系统,其工作状态应在防护区内、外的显示装置上显示并反馈至消防联动控制器)
	同一防护区域内与首次报警的火灾探测器或手动火灾报警按钮相邻的感温火灾探测器、火焰探测器或手动火灾报警按钮的报警信号	• 关闭防护区域的送(排)风机及送(排)风阀门 • 停止通风和空气调节系统,关闭设置在该防护区域的电动防火阀 • 启动防护区域开口/封闭装置(包括关闭防护区域的门、窗) • 启动气体灭火装置(组合分配式系统应首先开启相应防护区域的选择阀) • 启动防护区入口上方表示气体喷洒的火灾声光警报器	在防护区疏散出口门外设置气体灭火装置的手动启动和停止按钮	

（续）

<table>
<tr><th rowspan="2">系统名称</th><th colspan="2">联动控制</th><th rowspan="2">手动控制</th><th rowspan="2">反馈信号</th></tr>
<tr><th>触发信号</th><th>控制对象</th></tr>
<tr><td rowspan="3">防烟系统</td><td>加压送风口所在防火分区内的两只独立的火灾探测器或一只火灾探测器与一只手动火灾报警按钮的报警信号</td><td>开启送风口、启动加压送风机</td><td rowspan="3">• 消防控制室开启、关闭送风口
• 消防控制室启动、停止防烟风机（硬线）
• 现场开启加压送风机
• 降落、升起电动挡烟垂壁</td><td rowspan="6">送风口、排烟口、排烟窗或排烟阀的开启和关闭信号，防烟、排烟风机启动和停止信号，电动防火阀、280℃排烟防火阀关闭的动作信号</td></tr>
<tr><td>任一常闭加压送风口开启的动作信号</td><td>启动加压送风机</td></tr>
<tr><td>同一防烟分区内且位于电动挡烟垂壁附近的两只独立的感烟火灾探测器的报警信号</td><td>降落电动挡烟垂壁</td></tr>
<tr><td rowspan="3">排烟系统</td><td>同一防烟分区内的两只独立的火灾探测器的报警信号或一只火灾探测器与一只手动火灾报警按钮的报警信号</td><td>开启排烟口、排烟窗或排烟阀，停止该防烟分区的空气调节系统</td><td rowspan="3">• 消防控制室开启、关闭排烟口、排烟窗、排烟阀
• 消防控制室启动、停止排烟风机（硬线）
• 现场手动开启排烟风机、补风机
• 现场手动开启常闭排烟阀或排烟口</td></tr>
<tr><td>排烟口、排烟窗或排烟阀开启的动作信号</td><td>启动排烟风机、补风机</td></tr>
<tr><td>280℃排烟防火阀（位于排烟风机入口处的总管上）关闭信号</td><td>停止排烟风机和补风机（直接控制停止，不受消防联动控制器处于自动或手动状态影响）</td></tr>
</table>

（续）

系统名称		联动控制		手动控制	反馈信号
		触发信号	控制对象		
防火门系统		防火门（常开）所在防火分区内的两只独立的火灾探测器或一只火灾探测器与一只手动火灾报警按钮的报警信号	关闭防火门（触发信号由火灾报警控制器或消防联动控制器发出，并应由消防联动控制器或防火门监控器联动）	—	疏散通道上各防火门的开启、关闭及故障状态信号
防火卷帘系统	疏散通道上	防火分区内任两只独立的感烟火灾探测器或任一只专门用于联动防火卷帘的感烟火灾探测器的报警信号	控制防火卷帘下降至距楼板面 1.8m 处（由防火卷帘控制器控制）	在防火卷帘两侧设置手动控制按钮控制防火卷帘的升降	控制防火卷帘下降至距楼板面 1.8m 处的动作信号、下降至楼板面的动作信号、防火卷帘控制器直接连接的感烟、感温火灾探测器的报警信号
		任一只专门用于联动防火卷帘的感温火灾探测器的报警信号	控制防火卷帘下降至楼板面（由防火卷帘控制器控制）		
	非疏散通道上	防火分区内任两只独立的火灾探测器的报警信号	控制防火卷帘下降至楼板面（由防火卷帘控制器控制）	• 在防火卷帘两侧设置手动控制按钮控制防火卷帘的升降 • 消防控制室消防联动控制器手动控制防火卷帘降落	控制防火卷帘下降至楼板面的动作信号、防火卷帘控制器直接连接的火灾探测器的报警信号
电梯系统		—	所有电梯停于首层或电梯转换层	在首层消防电梯入口处设置供消防队员专用的操作按钮	电梯运行状态信息和停于首层或转换层的信号

（续）

系统名称	联动控制		手动控制	反馈信号
	触发信号	控制对象		
火灾声光警报器和消防应急广播系统	—	确认火灾后启动建筑内所有火灾声光警报器、同时向全楼进行广播	选择广播分区、启动或停止应急广播系统	显示消防应急广播的广播分区的工作状态
消防应急照明和疏散指示系统	—	确认火灾后，由发生火灾的报警区域开始，顺序启动全楼疏散通道的消防应急照明和疏散指示系统	—	—

12.4　新技术应用

12.4.1　智能配电系统

1）本项目采用智能配电系统。高低压的变配电系统智能化，要求建立高低压一体化监测控制管理平台，整合本地边缘控制系统和云端的大数据管理平台，真正实现将现场设备的运行状态，包括智能断路器、监测保护设备、通信、监测分析软件和大数据分析进行整合，通过深层次的数据挖掘、管理和分析，实现全生命周期的配电设备监测、管理、分析。

2）高低压监控平台要求模块化设计的系统，按照搭接式的功能结构进行设计；实现电能质量监测功能，实现供电质量的持续监测功能；实现断路器老化分析管理，视频监测开关位置和远程控制功能；要求能耗持续监测、分析和管理，实现能源利用效率的提升；实现报警和故障快速定位，实现故障的隔离、诊断和预防性维护；实现扰动方向性判定，提供灵活的趋势分析和显示工具；要求具备面向设备的建模组态调试、严格的安全认证机制，实现系统的安全可靠运行；具备自嵌防/反病毒软件，实现系统的安全稳定运行；支持双服务器热备运行，互为冗余；要求模块化的人机界面，提供灵活的配置和组态模式。

3）变电站现场需要安装主动运维智能单元，要求可采集智能断路器运行的实时监测数据，通过触摸屏人机界面实现数据交互，获取设备运行及系统运行的状态分析判断结果，通过风险预报预警，可及时发现隐患。同时提供根据运维专家经验出具的运行报告，实现辅助运维，提升运维响应效率；要求提供开放数据接口，本地生成运行报告，本地存储；可提供完整的断路器老化分析、断路器容量分析、单线图动态呈现、电气资产管理、设备状态管理、能耗情况分析以及电能质量分析等功能，可对接“电力顾问专家服务”。

4）高低压配电装置配置移动运维功能，通过智能手机的 APP 应用，实现中低压柜的移动运维功能，包括工单管理、报警管理、资产管理等；本地网页监视，通过 Web 网页端全面实现资产、报警、运维、工单等的监管；可以通过地图导航，通过地图定位设备站点；实现资产管理，提供详细完整的台账信息、实时数据的显示、运维信息管理、历史数据、作业文档、现场照片、运维日志、设计信息等；运维计划管理，周期性维护计划制定，预防性维护计划制定，临时维护任务的工单自动/手动生成及派发；报警管理，应可设置区分不同等级的报警，并能够通过短信通知接收人第一时间获取报警信息，应可通过手机 APP 确认和记录报警事件，通过报警属性来管理、筛选和导出报警信息；要求工单管理，工单创建、工单执行日期提前短信推送给执行人，若当天临时创建工单，创建后立刻短信推送；具备工单执行的现场照片、日志的保存与显示功能；系统管理可以针对不同应用设置不同功能权限管理。

12.4.2 智能预警电缆测温系统

智能预警电缆测温系统由测温主机、智慧电缆、监测管理软件等组成，测温主机安装于变电室值班室。本项目非消防配电干线采用智慧电缆。

系统通过测温传感器对电缆线路进行温度实时监测，从而判断线路是否有温度异常、过载、短路、断路、断相等故障；测温精准度为 ±1℃，故障位置定位 ±0.5m，单台测温主机最多监测 16 条线路。

当故障发生时能够在监控平台发出预警信号，准确显示故障线路的位置、温度、类型和时间，记录故障信息并进行数据存储，生成线路运行状况报告，利用大数据了解线路长期运行的状况，为线路运行状况提供多重参考依据。

附录　酒店管理公司对柴油发电机组供电范围要求

供电范围		A 品牌	B 品牌	C 品牌	D 品牌	E 品牌	F 品牌
重要用电设备/系统	客用电梯			B			
	服务电梯			B			
	每组电梯中的一部电梯	B	B		E	B	B
	消防电梯	E		E		E	E
	消防水泵	E		E	E	E	E
	生活水泵	B	B	B	B		B
	排水泵、污水泵	B	B	B	B	B	B
	车库通风风机	B					B
	消防通风系统	E	E	E	E	E	E
	事故风机			E			
	防火卷帘门	E					
	冷热水设备（锅炉房/冷热交换）	B		B	B		
	航空障碍灯		B				
	大堂、宴会厅的新风和排风系统	B					B
	厨房-冷库	B		B	B	B	B
	厨房-排油烟罩		B	B	B		
	消防应急照明和疏散指示系统	E	E	E	E	E	E
	冷却塔			B			
	员工餐厅				B		

（续）

供电范围		A 品牌	B 品牌	C 品牌	D 品牌	E 品牌	F 品牌
重要机房/区域的照明	变配电所		E/B	E/B			
	发电机房		E/B	E/B			B
	强电间			E/B			
	综合布线机房		B	E/B	B		
	紧急救援中心		E/B	E/B			
	消防控制室		E/B	E/B	E	E	
	安防控制室		B	E/B	B		
	前台			B	B		
	生活水/污水/中水泵房			B			
	锅炉房/热交换/制冷机房			B			
	泳池机房/洗衣机房			B			B
	厨房			B			
	AV 控制室			B			B
	医务室			B			
	大堂/宴会厅/前厅/全日餐厅			B			
	行政酒廊			B			
	会议室/多功能厅			B			
	1/n1 的公共照明	B	B	B	E/B		B
	1/n2 的后勤照明	B	B	B			B
	1/n3 的外部安防照明	B	B	B			B
	1/n4 的车库照明			B	B		
	1/n5 的办公室照明			B	B	B	
	屋顶停机坪			E/B			B
	公共卫生间				B	B	
	健身房				B	B	

（续）

供电范围		A 品牌	B 品牌	C 品牌	D 品牌	E 品牌	F 品牌
重要机房/区域的插座/设备电源	变配电所			B			
	发电机房			B			
	综合布线机房			B			
	IT 机房、空调			B	B		
	紧急救援中心			B			
	消防控制室			B			E
	安防控制室			B			B
	电梯机房空调			B	B		
	ATM 机			B			
	宴会厅 AV 控制室	B		B			B
	前台	B		B	B		B
	餐饮部	B					
	工程技术办公室	B		B	B	B	
	管理办公室	B		B		B	B
	客房部	B			B		B
重要的智能化系统	电话系统	B	B	B	B	B	B
	网络系统	B	B	B	B	B	B
	综合布线系统	B	B	B	B	B	B
	安防系统	B		B	B	B	B
	火灾自动报警和消防联动系统	E	E	E	E	E	E
	移动通信覆盖机房			B			
	有线电视及卫星电视机房			B			
	停车管理系统			B			
	建筑设备监控系统	B		B	B	B	
重要的房间	总统套房		B	B			B
	客房内的冰箱插座	B	B				
	无障碍客房的电动出入口		B				B
	每个客房内的一盏应急灯	E	E	B			

注：表格中 B 表示备用电源、E 表示应急电源，均按各品牌酒店管理公司的要求标注，当酒店管理公司无要求时，参照相应规范归类标注。

参考文献

[1] 中华人民共和国住房和城乡建设部. 旅馆建筑设计规范：JGJ 62—2014 [S]. 北京：中国建筑工业出版社，2014.

[2] 中华人民共和国住房和城乡建设部. 民用建筑电气设计标准：GB 51348—2019 [S]. 北京：中国建筑工业出版社，2019.

[3] 北京市建筑设计研究院有限公司. 建筑电气专业技术措施 [M]. 2 版. 北京：中国建筑工业出版社，2016.

[4] 中国建筑设计研究院有限公司. 建筑电气设计统一技术措施：2021 [M]. 北京：中国建筑工业出版社，2021.

[5] 孙成群. 建筑电气设计与施工资料集：工程系统模型 [M]. 北京：中国电力出版社，2019.

[6] 李蔚. 建筑电气设计要点难点指导与案例剖析 [M]. 北京：中国建筑工业出版社，2012.

[7] 任飞宇，陆柏庆. 五星级酒店厨房电气设计 [J]. 建筑电气，2021，40（10）：49-54.

[8] 陈立群. 基于智慧城市理念的现代酒店业发展探讨 [J]. 企业导报，2014（5）：68，73.

[9] 全国旅游标准化技术委员会. 旅游饭店星级的划分与评定：GBT 14308—2010 [S]. 北京：中国标准出版社，2011.

[10] 吴宏业. 智慧酒店产业发展路径探析 [J]. 中国国情国力，2017（11）：57-58.

[11] 韩军. 信息时代酒店的管理创新 [J]. 锦州师范学院学报（哲学社会科学版），2002，24（1）：74-75.

[12] 廖晶晶. 基于顾客体验的智慧酒店发展与创新研究 [J]. 科技视界，2019（23）：237-238.

[13] 北京照明学会照明设计专业委员会. 照明设计手册 [M]. 3 版. 北京：中国电力出版社，2016.

[14] 中华人民共和国住房和城乡建设部. 建筑照明术语标准：JGJ/T 119—2008 [S]. 北京：中国建筑工业出版社，2009.

[15] 应急管理部沈阳消防研究所. 消防应急照明和疏散指示系统技术标准：GB 51309—2018 [S]. 北京：中国计划出版社，2019.

[16] 中华人民共和国住房和城乡建设部. 建筑节能与可再生能源利用通用规范：GB 55015—2021 [S]. 北京：中国建筑工业出版社，2022.

[17] 全国电线电缆标准化技术委员会. 阻燃和耐火电线电缆或光缆通则：GB/T 19666—2019 [S]. 北京：中国标准出版社，2019.

[18] 全国消防标准化技术委员会防火材料分技术委员会. 电缆及光缆燃烧性能分级: GB 31247—2014 [S]. 北京: 中国标准出版社, 2015.

[19] 中华人民共和国住房和城乡建设部. 民用建筑电气设计标准: GB 51348—2019 [S]. 北京: 中国建筑工业出版社, 2020.

[20] 全国电线电缆标准化技术委员会. 电缆和光缆在火焰条件下的燃烧试验: GB/T 18380 [S]. 北京: 中国标准出版社, 2009.

[21] 中华人民共和国住房和城乡建设部. 旅馆建筑设计规范: JGJ 62—2014 [S]. 北京: 中国建筑工业出版社, 2015.

[22] 全国消防标准化技术委员会防火材料分技术委员会. 电缆或光缆在受火条件下火焰蔓延、热释放和产烟特性的试验方法: GB/T 31248—2014 [S]. 北京: 中国标准出版社, 2015.

[23] 中华人民共和国住房和城乡建设部. 建筑物防雷设计规范: GB 50057—2010 [S]. 北京: 中国计划出版社, 2011.

[24] 中华人民共和国住房和城乡建设部. 建筑物电子信息系统防雷技术规范: GB 50343—2012 [S]. 北京: 中国建筑工业出版社, 2012.

[25] 中华人民共和国国家质量监督检验检疫总局. 雷电防护: GB/T 21714.1~4—2015 [S]. 北京: 中国标准出版社, 2015.

[26] 中华人民共和国国家质量监督检验检疫总局. 低压电气装置 第7-701部分: 特殊装置或场所的要求装有浴盆或淋浴的场所: GB/T 16895.13—2012 [S]. 北京: 中国标准出版社, 2012.

[27] 中华人民共和国国家质量监督检验检疫总局. 低压电气装置 第7-702部分: 特殊装置或场所的要求游泳池和喷泉: GB/T 16895.19—2017 [S]. 北京: 中国标准出版社, 2017.

[28] 中华人民共和国国家质量监督检验检疫总局. 建筑物电气装置 第7-703部分: 特殊装置或场所的要求装有桑拿浴加热器的房间和小间: GB/T 16895.14—2010 [S]. 北京: 中国标准出版社, 2010.

[29] 中华人民共和国住房和城乡建设部. 绿色饭店建筑评价标准: GB/T 51165—2016 [S]. 北京: 中国建筑工业出版社, 2016.

[30] 中华人民共和国住房和城乡建设部. 绿色建筑评价标准: GB/T 50378—2019 [S]. 北京: 中国建筑工业出版社, 2019.

[31] 王毅, 姚世全. 建筑及居住区数字化技术应用指南 [M]. 北京: 中国标准出版社, 2007.

[32] 王再英, 韩养社, 高虎贤. 楼宇自动化系统原理与应用 [M]. 北京: 电子工业出版社, 2011.

[33] 中国建筑西北设计研究院. 实用供热空调设计手册 [M]. 2版. 北京: 中国建筑工业出版社, 2008.

[34] 中国航空规划设计研究总院有限公司. 工业与民用供配电设计手册 [M]. 4版.

北京：中国电力出版社，2016.
[35] 安科瑞电气股份有限公司. 产品标准化设计：能效管理系统设计安装图册（合订本）[Z]. 2014.
[36] 国家标准化管理委员会. 电力变压器能效限定值及能效等级：GB 20052—2020 [S]. 北京：中国标准出版社，2020.
[37] 中国电力企业联合会. 电气装置安装工程　蓄电池施工及验收规范：GB 50172—2012 [S]. 北京：中国计划出版社，2012.
[38] 中国航空工业规划设计研究院. 工业与民用配电设计手册 [M]. 4 版. 北京：中国电力出版社，2016.
[39] 中国建筑标准设计研究院. 柴油发电机组设计与安装：15D202-2 [S]. 北京：中国计划出版社，2015.
[40] 中国建筑标准设计研究院. UPS 与 EPS 电源装置的设计与安装：15D202-3 [S]. 北京：中国计划出版社，2015.
[41] 中国建筑标准设计研究院. 建筑电气常用数据：19DX101-1 [S]. 北京：中国计划出版社，2019.
[42] 深圳市铨顺宏科技有限公司. RFID 酒店布草洗涤管理系统应用 [Z]. 2020.

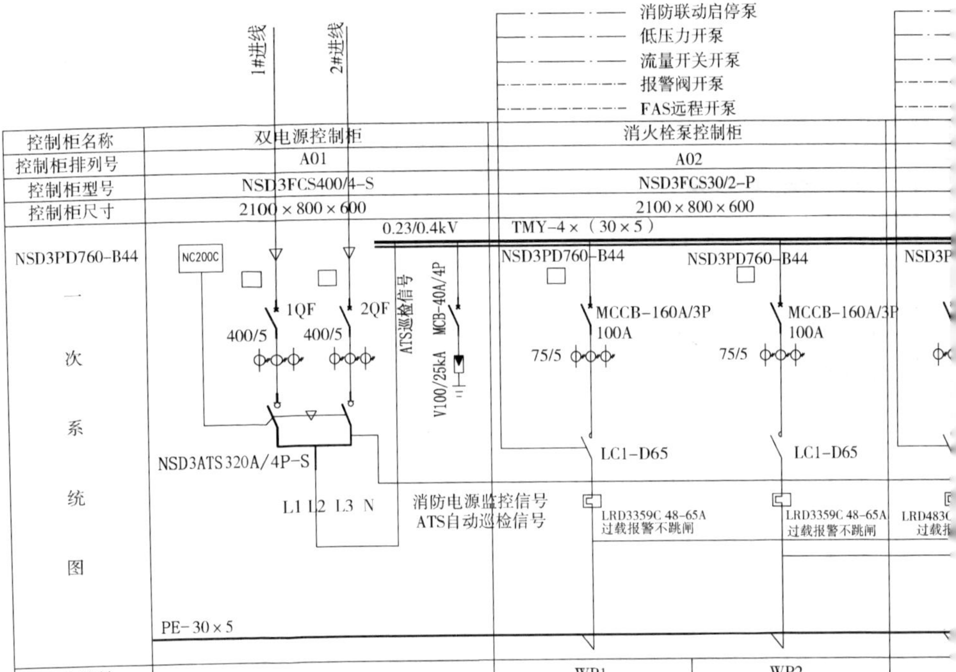

消防联动启停泵
低压力开泵
流量开关开泵
报警阀开泵
FAS远程开泵

1#进线
2#进线

控制柜名称	双电源控制柜	消火栓泵控制柜	
控制柜排列号	A01	A02	
控制柜型号	NSD3FCS400/4-S	NSD3FCS30/2-P	
控制柜尺寸	2100×800×600	2100×800×600	

0.23/0.4kV　TMY-4×（30×5）

NSD3PD760-B44

一次系统图

NC200C　1QF　2QF　400/5　400/5

NSD3ATS 320A/4P-S

L1 L2 L3 N

ATS巡检信号　MCB-40A/4P　V100/25kA

消防电源监控信号
ATS自动巡检信号

NSD3PD760-B44　MCCB-160A/3P　100A　75/5　LC1-D65　LRD3359C 48-65A　过载报警不跳闸

NSD3PD760-B44　MCCB-160A/3P　100A　75/5　LC1-D65　LRD3359C 48-65A　过载报警不跳闸

NSD3P　LRD483C　过载

PE-30×5

回路编号		WP1	WP2
安装容量/kW	140	30	30
计算容量/kW	140	30	30
计算电流/A	280	50	50
用途	消防水泵房进线	消火栓泵1	消火栓泵2
导线型号及规格	BBTRZ-4×185+1×95	WDZBN-YJY-4×25	WDZBN-YJY-4×25
		直接启动	直接启动
备注	K_x=1，cosφ=0.8	一用一备	

1. 消防泵联动控制系统设备为封闭式成套设备，由双电源进线柜、消防泵控制柜、消防泵应急启泵柜及消防泵联动控制柜
2. 控制设备应分别取得独立的CCCF消防产品认证证书。
3. 控制设备柜体防护等级应不低于IP55。
4. 消防泵控制柜应设置机械应急启泵功能，并应保证在控制柜内线路发生故障时由具有管理权限的人员在紧急时启动消防
5. 消防泵机械应急启泵装置应独立成柜设置，并取得CCCF消防产品认证证书及型式检验报告。
6. 应确认所提供的产品满足《消防产品一致性检查要求》XF 1061—2013，确保消防验收顺利通过。
7. ATS为专用一体化PC 级二段式产品，不具备中间零位；励磁线圈驱动形式,负载使用类别应为AC-33A,转换时间小于200m

图4-2-21　消防水泵智慧

—·— 消防联动启停泵
—·— 低压力开泵
—·— 流量开关开泵
—·—·— 报警阀开泵
—·—·— FAS远程开泵

自动喷淋泵控制柜	机械应急启泵柜	消防泵联动控制柜
A03	A04	A05
NSD3FCS110/2-P	NSD3FCS110/4-MES	NSD3FCS-IOT
2100 × 1000 × 600	2100 × 800 × 600	2100 × 600 × 600

760-B44
NSD3PD760-B44
MCCB-400A/3P
320A
250/5
MCCB-400A/3P
320A
250/5
LC1-D170
LC1-D95
LC1-D95
LC1-D170
LC1-D95
LC1-D95
24-198A
不跳闸
LRD483C 124-198A
过载报警不跳闸
NSD3MES 机械应急启动装置
NSD3MES 机械应急启动装置
NSD3MES 机械应急启动装置
NSD3MES 机械应急启动装置
MCB-C6A/2P
NSD3CM （主控单元）
NSD3HMI （人机界面）
NSD3FPM （消防电源监控模块）
NSD3FPC （消防泵监控模块）
NSD3PMD （流量压力监控模块）
NSD3ETD （末端试水模块）
1
2 3
4～11
12 13

WP1	WP2	WP1	WP2	WP1	WP1
110	110	30	30	75	75
110	110	30	30	75	75
180	180	100	100	400	400
动喷淋泵1	自动喷淋泵2				
-95 WDZBN-YJY-3 × 70	WDZBN-YJY-4 × 95 WDZBN-YJY-3 × 70				
星三角启动	星三角启动				
一用一备					

成，均独立成柜，由同一厂家提供，成排布置，便于维护及消防验收。

泵。机械应急启动时，应确保消防水泵在接到报警后5min内正常工作。

，具有RS485通信功能。

物联网控制柜系统图